普通高等教育系列教材

单片机原理与 C51 基础

主　编　赵丽清　惠鸿忠
副主编　李绍静　涂　艳　王至秋
参　编　姜秋鹏　刘立山

机械工业出版社

本书以 80C51 系列单片机为对象，共分为 11 章的内容。为方便读者选择，前 7 章主要围绕单片机芯片本身的引脚、结构、指令及功能来讲解，它们是学习单片机的基础，适合少学时课程使用；后 4 章主要讲解单片机芯片的常用外围接口，方便多学时课程的安排。

　　本书第 1 章主要围绕单片机的发展历史、课程地位、学习方法及学习这些课程必备的基础知识进行介绍。第 2 章从应用者的视角讲解了单片机的结构和引脚功能，着重讲解了"怎样使用"的问题。第 3 章利用大量的图表讲解了 80C51 系列单片机的汇编语言指令功能等内容。第 4 章利用典型实例介绍了 80C51 系列单片机汇编语言的顺序、分支、循环及子程序设计的方法。第 5 章介绍了中断的概念、中断相关的特殊功能寄存器、中断的编程方法和实例。第 6 章介绍了单片机定时/计数器的组成结构及应用实例。第 7 章介绍了串行通信的相关概念，80C51 系列单片机的串行接口、通信模式及其应用实例。第 8 章介绍了存储器及并行口的扩展方法，详细地讲解了外扩芯片的编址技术。第 9 章介绍了键盘、数码管及 ADC0809 和 DAC0832 的接口方法和实例。第 10 章以读者具有一定标准 C 语言基础为前提，介绍了 C51 的语法、结构等知识，同时给出了前述章节中典型例题的 C 语言程序，方便读者进行对比学习。第 11 章介绍了单总线、SPI 总线及 I^2C 总线等串行总线扩展技术。

　　本书以应用者的角度对"单片机原理与应用"这门课程进行了全新的解读，内容精炼，教辅材料齐全，适合各大专院校学生及老师选用。

图书在版编目（CIP）数据

单片机原理与 C51 基础/赵丽清等主编. —北京：机械工业出版社，2012.8（2022.8 重印）

普通高等教育系列教材

ISBN 978 - 7 - 111 - 38914 - 9

Ⅰ.①单… Ⅱ.①赵… Ⅲ.①单片微型计算机 - C 语言 - 程序设计 - 高等学校 - 教材 Ⅳ.①TP368.1②TP312

中国版本图书馆 CIP 数据核字（2012）第 163185 号

机械工业出版社（北京市百万庄大街 22 号　邮政编码 100037）
策划编辑：于苏华　责任编辑：于苏华　王　琪
版式设计：霍永明　责任校对：任秀丽
封面设计：张　静　责任印制：常天培
固安县铭成印刷有限公司印刷
2022 年 8 月第 1 版·第 8 次印刷
184mm×260mm·17 印张·421 千字
标准书号：ISBN 978 - 7 - 111 - 38914 - 9
定价：45.00 元

电话服务　　　　　　　　网络服务
客服电话：010-88361066　机 工 官 网：www.cmpbook.com
　　　　　010-88379833　机 工 官 博：weibo.com/cmp1952
　　　　　010-68326294　金 书 网：www.golden-book.com
封底无防伪标均为盗版　机工教育服务网：www.cmpedu.com

前　言

20世纪70年代，单片机应军事及工业装备的控制需求而问世。目前单片机在智能仪器仪表（数字电压表、数字示波器、医学分析仪器）、家用电器（洗衣机、空调等）、军事装置（夜视仪、导航仪）、实时工业控制（电镀生产线、工业机器人）等诸多领域应用广泛。各种机械设备及装置一旦采用单片机控制，产品的附加值迅速上升。

从本质上讲，单片机和计算机属于同祖同宗。单片机追求的是在满足特定功能的基础上，体积要足够小，终极目标是将尽量多的外设集成到芯片内部；计算机追求的则主要是高速运算、海量存储，对体积没有特别的要求。单片机系统的价格是一般计算机的数百、数千分之一。

自单片机诞生以来，美国Intel公司的MCS-51系列单片机在各领域应用最为广泛。后来Intel公司致力于高端CPU技术，将MCS-51核心技术以专利或技术交换的形式转让给许多国际上著名的半导体芯片生产厂家，形成了目前占有市场份额最多的80C51系列单片机。

本书的主编赵丽清副教授有多年的企业工作经验，自2003年开始从事单片机原理课程教学工作。近3年来主持国家重点科研项目1项，主持省级课题两项，在研经费230余万元。作者团队致力于大学生第二课堂创新教育的研究，近3年指导学生获得了多项国家及省级竞赛奖励。本书融入了该团队多年来从事单片机原理课程教学工作以及科研工作的经验体会，在编写时重点考虑了如下问题：

1）学生是教学环节的核心，因此一门课程要想取得相应的教学成果，首先应该解决"为什么学"和"怎样学"两个问题。本书通过"主编寄语大学生"内容让学生深入体会单片机的课程地位及学习意义，从而引发学生对单片机这一领域的学习兴趣。本书第1章还详细介绍了单片机学习所需要的硬件设备、软件工具及入门方法等具体问题。

2）教师是教学环节的另一主体，因此本书编写的宗旨是内容精炼，适于教师课堂讲授。现在的单片机教材有越编越厚的趋势，编者总想把更多的知识传递给读者，可是对于一个刚刚接触该课程的学生，如果老师会略过大约30%甚至更多的教材内容，学生的感受可想而知，因此这样的教材并不适合初学者阅读。

3）书中融入了作者团队多年的教学方法。例如：对于ROM、RAM的容量及地址这一教学的难点，采用将其类比为大学的宿舍楼和教学楼的方法。这样的类比贴近大学生活，生动有趣，学生更易理解。

4）本书把在单片机课程学习中必须掌握的电子技术基础知识作为课程的知识点融入教材中，无论对教师的授课还是学生的学习都更加方便。

5）本书教辅材料丰富、全面。围绕本书提供了独立运营的网站（http://danpianji.web-200.com/）、教学课件、标准化试题及答案、课后所有习题的标准答案等内容。

本书由赵丽清老师和惠鸿忠老师担任主编，李绍静老师、徐艳老师担任副主编，姜秋鹏老师、刘立山老师参加了编写。全书由赵丽清老师统稿。

由于时间紧迫，书中错误及疏漏之处在所难免，敬请读者批评指正。

编　者

目　　录

第 1 章 绪 论

【学习纲要】

    本章首先要理解单片机是芯片级计算机的表述，掌握单片机芯片内部的构成，理解单片机系统相较同功能的集成电路芯片系统的优势，了解单片机的应用领域，理解单片机与计算机的区别；理解 MCS-51 系列、8051 系列及 80C51 系列单片机的区别和联系，掌握 8 位单片机的主要类型和 16 位单片机的典型机型及其应用领域；掌握目前嵌入式处理器家族的四大类型及其主要应用领域；理解单片机的课程地位，初学者机型选择方法、学习方法和必要的装备；重点理解 keil μVision3 软件在单片机开发中的地位及功能，掌握仿真器与编程器在单片机开发中的作用，理解 Protel、Proteus、串口调试助手和字模提取软件在单片机开发中的作用；掌握二进制逻辑运算规则及图形符号；掌握单片机系统中高电平"1"和低电平"0"的电压范围。

1.1　单片机

1.1.1　单片机的概念

1. 何谓单片机

    "单片机"的称呼由英文名称"Single Chip Microcomputer"直接翻译而来，缩写为 SCM。所谓单片机就是一种集成电路芯片，是采用超大规模集成电路技术把具有数据处理能力的中央处理器（CPU）、随机存储器（RAM，内存）、只读存储器（ROM）、I/O 接口、中断系统、定时/计数器和串行接口等几部分（可能还包括 A/D 转换器电路、脉宽调制电路、显示驱动电路、模拟多路转换器）集成到一块芯片上构成的一个小而完善的计算机系统。虽然单片机只是一个芯片，但从组成和功能上看，它已具有了微型计算机系统的含义，因此也经常称其为微控制器（Micro Control Unit，MCU）、嵌入式微控制器（Embedded Microcontroller Unit，EMCU），它是一个芯片级的计算机。

    单片机因为体积小，通常都藏在被控设备的"肚子"里，这种设计理念被称为嵌入式。单片机在整个装置中，起着类似人类大脑的作用，它一旦出现问题，整个装置即瘫痪。

    单片机是依靠开发者植入的程序才拥有了灵魂，程序可以被反复修改。假设一个不是很复杂的控制功能如果用美国于 20 世纪 50 年代开发的 74 系列集成电路芯片，或者 60 年代的 CD4000 系列集成电路芯片这些纯硬件芯片来设计的话，电路一定是一块大 PCB。如果使用单片机，结果将会是天壤之别，因为单片机通过合理的硬件设计及软件程序设计可以具有体积小、功能强的特点。图 1-1 是目前单片机业界较主流产品之一，深圳宏晶公司出品的 STC89 系列单片机的芯片照片，图 1-1a 是双列直插式封装（DIP），图 1-1b 是贴片式封装。

a)双列直插式封装(DIP)   b)贴片式封装

图 1-1   STC89 系列不同分装形式的单片机外形

2. 单片机的应用领域

单片机的应用领域已十分广泛，如智能仪表（各类检测仪表、数字电压表、数字示波器）、家用电器（洗衣机、空调等）、军事装置（夜视仪、导航仪）、实时工业控制（电镀生产线、工业机器人等领域），单片机在系统中主要起到测量和控制的作用。各种机械装置一旦用上了单片机，就能使得产品升级换代，并会将其名称冠以"微电脑控制"、"智能型"标志。图 1-2 是单片机在仪表、家电、火箭领域的应用图片。其中最左侧的仪表是由本书主编指导本科学生自主研发的水体化合物分析仪器，它能够在线检测水体中氨氮及亚硝氮等化合物的含量，是单片机和分析化学原理相结合的跨学科成果。

图 1-2   单片机应用领域

3. 单片机与计算机的区别

从本质上讲，单片机和计算机（PC）属于同祖同宗，单片机追求的是在满足特定功能的基础上，体积要足够小，终极目标是将尽量多的外设集成到芯片内部；计算机则追求的主要是高速运算、海量存储，对体积没有显著要求。单片机与普通微型计算机的不同之处在于其将 CPU、ROM 和 RAM 三部分，通过内部总线连接在一起，集成于一块芯片上。单片机系统的价格是一般计算机的数百、数千分之一。单片机相对于计算机的 CPU 来说，技术门槛低，几个人就有可能设计出一款单片机。由于各种电子产品对单片机的需求不同，于是单片机体系结构纷繁复杂，形成大公司走高端、小公司创特色的局面。例如某些单片机专用芯片仅提供发声功能，价格不到 1 美元。但是也应该看到另外一种现象，目前高端 32 位单片机正逐步向计算机方向发展。典型例子就是 20 世纪 90 年代出现的 ARM 公司，专门给其他公司提供类似计算机 CPU 功能的内核设计方案，这些公司在 CPU 内核外围将计算机公司在主板上实现的功能进行扩展，区别是计算机在主板上扩展，高端单片机在芯片内扩展。

计算机体系结构分为两种形式，分别是冯·诺依曼结构和哈佛结构。冯·诺依曼结构是一种经典的体系结构，采用程序代码存储器与数据存储器合并在同一存储器里的方式，但程序代码存储器地址与数据存储器地址分别指向不同的物理地址。程序指令宽度与数据宽度一样；数据总线和地址总线共用。哈佛结构是哈佛大学提出的一种结构，这种结构采用数据存储器与程序代码存储器分开的方式，各自有自己的数据总线与地址总线，但这需要 CPU 提供大量的数据线，因而一般很少使用哈佛结构作为 CPU 外部构架。但是对于 CPU 内部，通过使用不同的数据和指令，可以有效地提高指令执行的效率，因而目前大部分计算机体系都采用 CPU 内部的哈佛结构 + CPU 外部的冯·诺依曼结构。有人把 51 系列单片机归为冯·诺依曼结构，原因是 51 系列单片机的 RAM 和 ROM 的总线复用，笔者认为这样不足取，应该是按照空间是否完全重合来辨别。比如 PC 机的代码空间和数据空间是同一空间，所以是冯·诺依曼结构；51 系列单片机的 I/O 接口不够，所以采用了总线复用的形式，但代码空间和数据空间是分开的，所以还是哈佛结构。

1.1.2 单片机的发展历史及产品近况

1. 51 系列单片机的诞生

（1）**第一阶段（1974~1976）：单板机的产生** 单板机是单片机的前身。单片机的设计理念来源于对控制器体积和价格要求严格的工业智能装备领域，例如某工业装备只需要 1s 检测一下环境温度，并能实时显示，如果采用 PC 机，很明显体积和成本均过高。1976 年美国 Zilog（齐洛格）公司的 Z80 是最早按照这种思想设计的处理器，但限于电子线路工艺的发展水平，其 RAM、ROM、I/O 接口仍不能集成于芯片内部，一般将它们与 Z80 做在一块 PCB 上，因此还不能称其为单片机，一般称为单板机。20 世纪 80 年代风靡我国，由北京工业大学研发、生产的 TP801 单板机就是以 Z80 为内核设计的。具有代表性的单板机还有美国 Fairchild（仙童）公司的 F8 系列。

（2）**第二阶段（1976~1978）：单片机的低性能阶段** 最早的单片机是由美国 Intel（英特尔）公司 1976 年推出的 MCS-48 系列，它早已退出历史舞台。

（3）**第三阶段（1978~1983）：单片机的基本发展阶段** 这一时期 Intel 公司的 8031 单片机因为其简单可靠、性能良好而获得了广泛的好评。此后 Intel 公司发展出 MCS-51 系列单片机系统（"MCS"代表了 Intel 公司的产品。），其中基本型产品是 8031、8051、8751（对应的低功耗型号是 80C31、80C51、87C51）和增强型的 8032、8052、8752 单片机。该系列单片机的时钟频率一般在 12MHz 以内。其中 8031 内部还不能集成 ROM，需要外部扩展；8051 内部集成了 4KB 的 ROM，但其 ROM 只能一次性写入程序，不可反复修改擦写；8751 的内部集成了 4KB 的 EPROM，其中的程序可以被紫外线擦除，反复修改。8751 的出现终结了 8031 的时代，因为 8751 的价格与外扩一片 4KB 的 EPROM 的价格是相同的。

MCS-51 系列单片机的典型产品是 8051 单片机。其他单片机都是在 8051 功能的基础上进行增减的。20 世纪 80 年代中后期，Intel 公司已经把精力集中在高档 CPU 芯片的开发研制上，逐渐淡出单片机芯片的开发和生产。由于 MCS-51 系列单片机设计上的成功和较高的市场占有率，Intel 公司以专利转让或技术交换的形式把 8051 的内核技术转让给了世界许多半导体芯片厂家，如 Atmel（爱特梅尔）、PHILIPS（飞利浦）、LG、ADI。这些厂家生产的兼容机与 8051 的内核结构与指令系统相同，并在此基础上不断完善其性能，形成了后来称做"8051 系列单片机"的庞大体系。

2. 51 系列单片机的发展

8051 系列和 80C51 系列单片机通常简称为 51 系列单片机。从 1983 年至今，8 位 51 系列单片机不断自我发展，形成了常盛不衰的局面。这时 8 位单片机追求更低的功耗，从而 8051 系列中的大部分产品已经发展成为 80C51，其字符"C"表示了单片机内部集成电路工艺的 CMOS 化，其功耗更低。更多的外围电路被装入单片机内部，"单片化"设计思想被更大、更广地应用于单片机芯片设计中。在我国市场上曾经风靡的机型有台湾华邦（Winbond）公司的 W78 系列，美国 Atmel 公司的 AT89C5×系列以及 AT89S5×系列单片机，其中 AT89C51、AT89S51、AT89C52、AT89S52 在我国单片机市场上占有较大份额。AT89C51 的时钟频率可达 24MHz，AT89S51 的时钟频率可达 33MHz，它们与 MCS-51 系列中的 87C51 相比，单片机内部采用了 4KB 电写入、电擦除，擦写次数可达上万次的 FlashROM 存储器，取代了 87C51 片内的 EPROM。即便今天，基于 51 设计理念的单片机仍然常盛不衰，并且仍在不断翻新。其中深圳宏晶科技公司对 51 系列单片机进行超强抗干扰、超级加密等一系列完善设计后目前成为中国本土 MCU 的领航者，并且成为世界主要 51 系列单片机供应商之一，其典型的代表是 STC89 系列，它内部设计采用 CMOS 工艺、功耗更低，内核仍然是 51 系列，但功能更强大，成为当今很多电子工程师的首选。

3. AVR、PIC 进入 8 位机主流市场

目前 8 位单片机市场上占有率高的除了采用复杂指令集（CISC）的 51 系列，还有 AVR 和 PIC（Peripheral Interface Controller）系列单片机。其中 AVR 单片机是 1997 年美国 Atmel 公司挪威设计中心的 A 先生与 V 先生共同研发出的，所以就简称 AVR，其第三个字母 R 代表了该芯片 CPU 的精简指令（RISC）结构。目前在相同的振荡频率下，AVR 单片机的执行速度是 8 位单片机中最快的。虽然指令的条目数比 51 系列的 111 条还略多，但是 AVR 单片机大部分指令都为单周期指令，且在一个周期内既可执行本指令功能，同时还能完成下一条指令的读取，因此表现出高速和高效率的优势。目前该单片机的使用数量迅速上升，大有超过 51 系列芯片的趋势。PIC 单片机是美国 Microchip（微芯）公司的产品，PIC 单片机的 CPU 亦属精简指令结构，分别有 33、35、58 条指令。其种类多，芯片抗干扰能力强，也是可以和 51 系列单片机抗衡的单片机。其他如 Motorola（摩托罗拉）单片机、SIEMENS（西门子）单片机、EPSON（爱普生）单片机等诸多公司的单片机也在 8 位单片机市场上占有自己的位置。Microchip 公司的 PIC 系列单片机及 Atmel 公司的 AVR 系列单片机也属于哈佛结构。

4. 16 位和 32 位高档单片机的推出

20 世纪 90 年代初，随着工业控制领域要求的提高，各大公司都开始推出 16 位单片机，但因为性价比不理想并未得到很广泛的应用。但 TI（美国德州仪器）公司出品的 MSP430 系列以其超低功耗的特性在仪器仪表及手持设备领域占有绝对优势。

进入 21 世纪，32 位单片机迅速取代 16 位单片机的高端地位，并且进入主流市场，其中 ARM7 是典型代表。ARM（Advanced RISC Machines）既可以认为是一个公司的名字，也可以认为是对一类微处理器的通称，还可以认为是一种技术的名字。1991 年 ARM 公司成立于英国剑桥，主要出售芯片设计技术的授权。作为知识产权供应商，本身不直接从事芯片生产，靠转让设计许可由合作公司生产各具特色的芯片，世界各大半导体生产商从 ARM 公司购买其设计的 ARM 微处理器内核，根据各自不同的应用领域，加入适当的外围电路，从而形成自己的 ARM 微处理器芯片进入市场。当代高端 32 位单片机系统已经不再是只在裸机环境下开发和使用，大量 PC 所用的 Windows 和 Linux 操作系统被广泛应用于以 32 位高端单片机为内核的智能手机和掌上电脑系统中。

总之，目前市场以 8 位低端和 32 位高端单片机齐头并进的形式存在和发展。8 位单片机的性能得到了飞速提高，处理能力比起 20 世纪 80 年代提高了数百倍，其主要应用在工业控制领域。32 位单片机的主频已经超过 300MHz，性能直追 90 年代中期的个人计算机 CPU，主要应用在高端智能通信设备领域。

1.1.3　嵌入式处理器家族

具有各种不同体系结构的处理器构成了嵌入式处理器家族，它们是嵌入式系统的核心部件。据不完全统计，全世界嵌入式处理器的品种数已经超过 1000 种，按其体系结构主要分为如下四类：单片机（嵌入式微控制器）、嵌入式数字信号处理器（Digital Signal Processor，DSP）、嵌入式微处理器（Embedded Microprocessor Unit，EMPU）以及片上系统（System On Chip，SOC）。

单片机在前面已经做了比较详细的介绍，下面来简单介绍一下 DSP、EMPU、SOC，以及它们之间的关系。

1. 嵌入式数字信号处理器

嵌入式数字信号处理器（DSP）是非常擅长高速实现各种数字信号处理运算（如数字滤波 FFT、频谱分析等）的嵌入式处理器。由于无线通信、各种网络通信、实时语音解压系统、数字图像处理等智能化算法一般都运算量较大，尽管 DSP 技术已达到较高的水平，但在一些实时性要求很高的场合，单片 DSP 的处理能力还是不能满足要求。它与通用微处理器相比，其他通用功能相对较弱。由于 ARM 等微处理器的实时控制能力强，但信号处理能力弱，在互联网和多媒体领域常采用二者融合于系统的双核设计取长补短。Intel 公司的介入将加快数字信号处理器与通用 CPU 二者之间性能的融合。

1981 年，美国 TI（Texas Instruments）公司研制出了著名的 TMS320 系列，首片低成本、高性能的 DSP 处理器芯片 TMS320C10，使 DSP 从概念走向了产品。到 20 世纪 90 年代中期，这种可编程的 DSP 器件已广泛应用于数据通信、海量存储、语音处理、消费类音视频产品中，其最为辉煌的成就是在数字蜂窝电话中的成功。这时，DSP 业务也一跃成为美国 TI 公司最大的业务。21 世纪 DSP 发展进入第三个阶段，市场竞争更加激烈，TI 及时调整 DSP 发展战略全局规划，并以全面的产品规划和完善的解决方案，加之全新的开发理念，深化产业化进程。成就这一进展的前提就是 DSP 每秒处理的百万条指令数（Million Instructions Per Second，MIPS）价格目标已设定为几个美分或更低。

2. 嵌入式微处理器

嵌入式微处理器（EMPU）的基础是通用计算机中的 CPU，即 EMPU 是由通用计算机中的 CPU 演变而来的。与计算机处理器不同的是，在实际嵌入式应用中，EMPU 只保留和嵌入式应用紧密相关的功能硬件，去除其他的冗余功能部分，这样就以最低的功耗和资源实现嵌入式应用的特殊要求。和工业控制计算机相比，EMPU 具有体积小、重量轻、成本低、可靠性高的优点。但是，嵌入式微处理器在功能方面与标准的微处理器基本上是一样的。嵌入式处理器目前最成功的就是 32 位 ARM 系列，其性能已经与几年前的便携式计算机相当，主要有 ARM7、ARM9、ARM11 以及最新的 ARM Crotex 系列。

以 EMPU 为核心的嵌入式系统能够运行实时多任务系统，因此其在多媒体手机、机顶盒、数字电视等领域都应用广泛。

"嵌入式系统"这个名词在业界已经应用很久，但是对它的定义仍然存在很多争论。广义上讲，凡是系统中嵌入了嵌入式的微处理器，如：单片机、DSP、EMPU，都称为嵌入式系统。但还是有人仅把嵌入了 EMPU 的系统称为嵌入式系统。目前人们所说的嵌入式系统多指后者。

3. 片上系统

片上系统（SOC）技术始于 20 世纪 90 年代中期，随着半导体工艺和超大规模集成电路（VLSI）设计技术的飞速发展，在一个硅片上可实现一个更为复杂的系统，这就是片上系统（System On Chip，SOC）。SOC 的核心思想就是把整个应用电子系统（除无法集成的电路）全部集成在一个芯片中，避免了大量的 PCB 设计及板机的调试工作。在 SOC 设计中，设计者面对的不再是电路及芯片，而是根据所设计系统的固件特性和功能要求，把各种通用处理器内核以及各种外围功能部件模块作为 SOC 设计公司的标准库，与许多其他嵌入式系统外部设备一样，成为 VLSI 设计中的一种标准器件，用标准的 VHDL 等语言描述，存储在器件库中。用户只需定义出整个应用系统，仿真通过后就可以将设计图交给半导体器件厂商制作样品。除个别无法集成的器件以外，整个嵌入式系统大部分均可集成到一块或几块芯片中，应用系统的电路板将变得很简洁，这对于减小体积和功耗、提高可靠性非常有利。SOC 使系统设计的技术发生了革命性变化，标志着一个全新时代的到来。

SOC 是在集成电路（IC）向集成系统（IS）转变的大方向下产生的。在单一集成电路芯片上就可以实现一个复杂的电子系统，诸如手机芯片、数字电视芯片、DVD 芯片等。在未来几年内，上亿个晶体管、几千万个逻辑门都可望在单一芯片上实现。

1.1.4 单片机课程的地位及学习方法

1. 单片机课程的地位

单片机是大学电气工程、自动化及其相关专业的一门专业课，有些学校把它列为选修课，在众多课程中，没有显出它有多么重要，为什么要学习它呢？电气工程、自动化类相关专业有很多专业课，这些专业课非常重要，是各个专业存在的必需课程，学完这些课程可以使学习者成为大学者的继承人，但市场对学者继承人的需求太少，大量需要的是产品的研发者，而学习单片机课程就可以成为一个实用的研发工程师。

另外，即使是在校期间，如果单片机实践动手能力强，学生可以参加国内认知度极高的国家级大学生第二课堂创新赛事，比较有代表性的有"全国大学生电子设计大赛"、"挑战杯全国大学生课外学术科技作品竞赛和创业计划大赛"、"全国大学生智能汽车大赛"等。另外还可以参加各省教育厅举办的各类赛事，如山东省规模最大的大学生赛事是"机电产品大赛"，另外，山东省"机器人大赛"的发展也方兴未艾。

据统计，我国的单片机年容量已达 1 ~ 3 亿片，且每年以大约 16% 的速度增长，但相对于世界市场，我国的占有率还不到 1%。这说明单片机应用在我国才刚刚起步，有着广阔的前景。培养单片机应用人才，特别是在工程技术人员中普及单片机知识有着重要的现实意义。

2. 单片机课程的学习方法

学习单片机课程与学习其他理论课程不一样，不能只在课后做作业，而是要实际使用单片机。那又该如何入手呢？下面就单片机的学习方法作一些总结。

（1）**51 系列单片机是初学者的最佳选择**　51 系列单片机经过多年的发展，图书、资料丰富，相应的网站多，答疑解惑都比较容易。初学者选择 51 系列单片机开始，是非常明智的选择。近两年比较典型的 51 系列单片机有：AT89C（S）51 和宏晶公司的STC89C51 芯片。学好 51 单片机，再去学习 AVR、PIC、MSP430 将会触类旁通，也会为 ARM、DSP 等高级可编程硬件设备的学习打下很好的基础。如果在学会单片机的基础上，学会 CPLD 和 FPGA 的开发以及硬件描述语言，就可以在高速产品的开发方面获得一杯羹。一般来说本科生能够熟练掌握除 51 系列单片机外的另外一种单片机或熟悉 ARM 就已经很优秀了，其他留在工作或研究生阶段学习是比较现实的。大家可以参考图 1-3 所

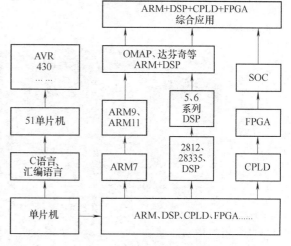

图 1-3　嵌入式硬件技术体系

示嵌入式硬件技术体系来理解自动化及相关专业的嵌入式学习历程。

（2）**扎实掌握单片机内部结构及原理十分必要**　现在有一种观点是只要掌握 C 语言，只需对具体单片机结构及原理稍作了解，就能开发单片机应用系统。实际上由于单片机的硬件资源极其有限，因此只有真正了解单片机内部的结构、时序和寄存器的特点，才能开发出执行效率高、误码率少的代码。当你真正开发项目时就能感到硬件基础扎实的意义。汇编语言的学习可以使学习者更扎实地理解单片机的内部结构和原理，但一定是边动手编程、边学习理论，而不是等到把知识掌握得滚瓜烂熟才开始动手。

（3）**学习过程应突出主要矛盾，分层次推进**　学习过程的第一步应该购买现成的单片机学习板，这样只要代码写错，肯定就是软件的错误，从而不需要去怀疑硬件有问题。学完学习板配套的程序后，就应该用万能板焊接单片机的外围电路，按学习板原理图焊接好电路后，运行已经编好的程序，出了问题肯定是硬件的原因，这样才算是真正入门了。接下来需要学习的是怎么处理多任务，这才是工作中真正用到的，包括时间片的概念、状态机的概念，学会上述知识后，你已经是一名优秀的专业本科学生了。

（4）**初学时的必要装备**　单片机是一门动手能力要求极高的课程，因此不建议使用Proteus 等虚拟软件来学习，一定要真正的调试、焊接电路板。现在学习单片机的成本已经极低了，下面列出初学单片机的必要装备。

首先，一定要有一台个人计算机，无论是台式计算机还是便携式计算机都可以，一般的配置对于单片机的学习来说足矣，如果是便携式计算机尽量购买带 RS232 串行接口的，以后你会感到拥有它还是很方便的。

其次，需要购买一块单片机学习板（开发板），最好具备在线调试（仿真）功能，带学

习视频更好。初学忌买功能全而复杂的学习板，只买基本功能的板子，其电路简单、容易上手。这样的学习板整套价位在 100 ～ 200 元的属合理。学习板套件包括：学习板（开发板）一块、下载线（一般是 USB 下载线，用来连接计算机和学习板，是程序烧录必备的硬件条件，其还用于将计算机 USB 的 5V 电源提供给学习板）、编程软件（实现程序的编辑、编译、软件仿真功能等，一般卖家提供 Keil C51）、下载软件（烧写程序需要使用，在计算机上运行，卖家也免费提供）。图 1-4 是价格在 100 元左右的 51 系列单片机学习板。

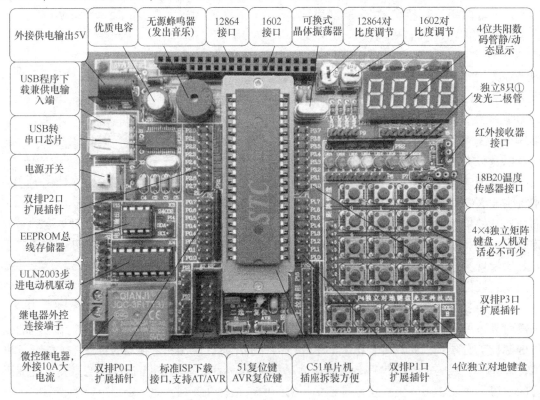

图 1-4   51 系列单片机学习板图片

第三，要有一块万用表，买国产四位半的即可，价格在 150 元左右，经济条件有限的买三位半的也可，价格一般在 80 元以内。

有的人说必备项里应该有示波器，如果加上这一条那恐怕 90% 以上的学生都会放弃尝试，因为即使国产 50MHz 的示波器价格也要上千元了。对于入门级学习有这三条是能够基本满足需求的，要想进一步学习，通过参加各类大赛进入学校实验室，就能够享有更好的学习环境和硬件设备条件，示波器、逻辑分析仪、信号发生器、仿真器、编程器等实验室一般都有配置。

1.2 单片机开发所需软硬件介绍

单片机的开发过程包括硬件电路设计、程序编写（编辑）、编译、仿真调试、烧写（烧录、固化、下载）等过程。程序的编辑是指利用 C 语言或汇编语言在个人计算机上完成程序的书写过程，一般的文本编辑器如 Word 及 Windows 自带的文本编辑器都可以提供程序书写环境，但由于其不具备语法错误识别功能，因此开发者一般都选用专用的单片机程序编辑软件。编译是指将编程语言翻译成单片机能够识别的二（十六）进制代码的过程。烧写是指把编译好的二（十六）进制代码下载到单片机程序存储器（ROM）的过程。仿真调试包括软件仿真和硬件仿真，是指程序不可能一次编写成功，需要借助专业的软、硬件仿真调试工具，利用单步、断点、运行到光标处等功能实现对程序中各变量中间结果的监测。以上的功能都需要专用的软、硬件来完成。51 系列单片机常用的编辑、编译、仿真软件主要是 Keil μVision3，其他还有各大学采购的单片机实验箱厂家开发的简易软件；AVR 单片机有 Atmel AVR Studio，PIC 系列的有 MPLAB，MSP430 系列的有 IAR 等。程序的烧写工作由编程器或下载线来完成，它们都需要在个人计算机上运行下载软件配合其实现功能，该下载软件一般由编程器或下载线供应商免费提供。硬件仿真需要利用专业的单片机仿真器或仿真芯片来完成。编程器和仿真器价格昂贵，专业的要几千元，初学没有购买必要。初学者购买的学习板一般采用 ISP 下载线实现烧写功能，带仿真功能的学习板采用仿真芯片实现硬件仿真，但仿真功能相对专用仿真器弱很多。

1.2.1　关于 Keil C51 及其集成开发环境 Keil μVision3

　　Keil C51 是德国 Keil software 公司开发的用于 51 系列单片机的 C51 语言开发软件。它具有 Windows 风格的可视化操作界面（见图 1-5）；支持汇编语言、C51 语言以及两者混合编程等多种方式的单片机设计；能够完成 51 系列单片机以及和 51 系列兼容的绝大部分类型单片机的程序设计和仿真。

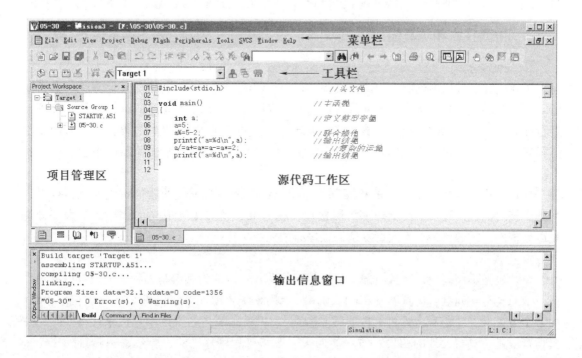

图 1-5　Keil μVision3 集成开发环境界面

Keil C51 在兼容标准 C 语言的基础上，又增加了很多与 51 系列单片机硬件相关的编译特性，其生成的程序代码运行速度快，所需要的存储器空间小，编译后的代码效率几乎可以和汇编语言相媲美。

现在，Keil C51 已被完全集成到一个功能强大的全新集成开发环境（IDE）μVision3 中，该开发环境下集成了文件编辑处理、编译链接、项目（Project）管理、窗口、工具引用和仿真软件模拟器等多种功能，所有这些功能均可在 Keil μVision3 提供的开发环境中极为简便地进行操作。μVision3 的主要功能是：首先，可以自动识别用汇编语言编写的程序（扩展名为 ∗.ASM）或用 C 语言编写的程序（扩展名为 ∗.C）的语法错误；其次，最重要的是能够将上述两类源文件编译为二进制机器语言代码（扩展名为 ∗.HEX），编译效率极高。另外，μVision3 的软件调试仿真功能也很强大，能够在没有目标板硬件（如学习板）的情况下，脱离硬件单独调试程序员编写的软件程序，并能通过单步、设置断点等功能让编程者了解 CPU 正在运行的那条程序，并能监控各寄存器及各变量是否符合编程者的要求。

在学习中应区别 Keil C51 和 Keil μVision3 两个术语。Keil C51 一般简写为 C51，指的是 51 系统单片机编程所用的 C 语言；而 Keil μVision3，可简写为 μVision3，指的是用于 51 系统单片机的 C51 程序编写、调试的集成开发环境。

Keil 公司开发的最新版本为 Keil C51 V9.00 版（即 μV4），已经在编译、仿真 ARM 系列。

Keil 公司是由德国慕尼黑的 Keil Elektronik GmbH 和美国德克萨斯的 Keil Software Inc 两家私人公司联合运营。Keil 公司以制造和销售种类广泛的单片机软件开发工具著称，其 Keil C51 编译器软件自 1988 年进入市场以来成为事实上的行业标准，并支持超过 500 种 8051 单片机变种；支持 C 语言和汇编语言编程。Keil C51 6.0 以上的版本将编译和仿真软件统一为 μVision，目前主要使用的是 μV3 版本。

1.2.2 仿真技术和仿真器

1. 仿真技术

单片机开发过程中没有中间调试过程，仅使用编程器或 ISP 下载线的开发方法叫做"崩溃—烧写"模式。这种模式只能从最终结果检验硬件设计和软件编程是否正确；如果程序运行结果错误，只能改动程序后擦除芯片重新烧写，为了调试一个程序连续烧写芯片数十次是很正常的事情，这样不但麻烦，还会缩短芯片使用寿命，而且无法观察程序运行中的状态。

在单片机开发中一般简单的程序利用 Keil μVision3 本身就有的软件仿真功能，可以大大减少烧写次数。只要不涉及外部扩展接口，在 Keil 上仿真运行成功的程序，绝大部分烧写以后都能正常运行，对于大型复杂的程序必须使用单片机仿真器完成调试。

2. 仿真器

单片机是不停高速运行且内部不可见的智能芯片，因此为其编写的程序或设计的应用系统一般总会存在问题，仿真器（ICE）为用户应用系统软硬件排错提供了高效的技术手段。用一个可见的（指编程者通过软件能够监测到）、可任意停止的虚拟单片机来代替实际单片机运行就是仿真器设计的初衷。仿真器插头一般和实际单片机的引脚数、引脚排列完全一致，用其插头代替实际单片机装到应用系统硬件电路中，运行效果与实际单片机完全一致。

仿真器是指以调试单片机软件为目的而专门设计制作的一套专用的硬件装置。最早的单片机仿真器是一套独立装置，具有专用的键盘和显示器，用于输入程序并显示运行结果。现在仿真器都是利用 PC 机作为标准的输入、输出装置，而仿真器本身成为了 PC 机和目标系统之间的接口，仿真方式也从最初的机器码发展到汇编语言、C 语言仿真，配合仿真器使用的上位机软件与 PC 机上的高级语言编程与调试环境非常类似。图 1-6 是伟福仿真器及仿真插头的外形。

图 1-6　伟福仿真器及仿真插头

目前，随着单片机的小型化，贴片化和具有 ISP、IAP 等功能的单片机的广泛应用，传统单片机仿真器的应用范围也有所缩小。类似 Keil C51 等具有单片机仿真功能的程序软件在调试中的应用逐渐广泛。

3. 硬件仿真和软件仿真

软件仿真是指在不存在实际的单片机应用系统硬件电路的情况下，用上位机仿真软件（即能够实现仿真功能的上位机应用软件，如 Keil 仿真器）对单片机应用系统的软件部分进行调试。硬件仿真是用硬件仿真器或其他替代方法对一个实际的单片机应用系统的软件和硬件部分进行调试，它能真实地反映实际的单片机应用系统存在的问题。很明显，硬件仿真的效果更强大，但不同的硬件仿真器仿真能力各不相同。近年又有仿真芯片推出，即该类芯片除具有一般单片机的功能外，在开发阶段还能够有一定的在线调试功能，但与专业仿真器功能相差甚远。即使不同型号的专业仿真器性能差别也较大。

1.2.3　编程器和下载软件

首先说说编程器，程序编辑好并且通过编译生成了 HEX 格式的二进制烧写文件后，就要用编程器把它烧写到单片机里面。学习阶段购买的学习板会带一条下载线，其完成的功能与编程器相同。编程器的使用需要配合上位机的下载软件来完成，该软件一般由编程器厂家或学习板出售者免费提供。下载软件的界面如图 1-7a 所示，编程器如图 1-7b 所示。

1.2.4　Protel 与单片机

学习单片机还需要掌握一种原理图绘图软件，现在常见的是 Protel 99SE 和 Protel 2004DXP，前者开发时间较早，应用的人比较多，2004DXP 的用户相对较为年轻，元件库和封装库要新一些，但是大多数情况下都需要自己做元件。需要注意的是：99SE 与 2004DXP

有点不兼容。大体上说，鉴于目前业界仍旧使用 99SE 较多，掌握其使用方法的适应能力更强。

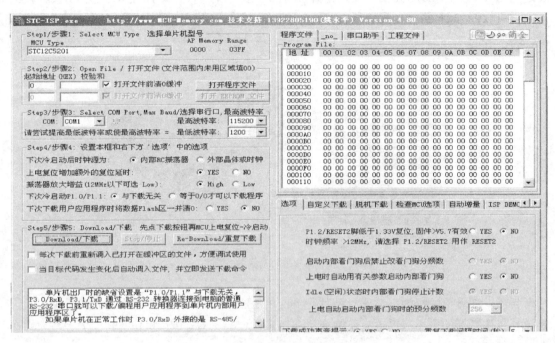

a)下载(烧写)软件的界面

b)编程器

图 1-7   下载软件的界面及编程器

1.2.5   关于 Proteus 软件

　　Proteus 软件是英国 Labcenter electronics 公司出版的世界著名的 EDA 工具软件（该软件的中国总代理为广州风标电子技术有限公司）。它不仅具有其他 EDA 工具软件的仿真功能，还能仿真单片机及外围器件，它的功能包括原理图布图、代码调试、单片机与外围电路协同仿真等，还可一键切换到 PCB 设计，真正实现了从概念到产品的完整设计，是目前世界上唯一将电路仿真软件、PCB 设计软件和虚拟模型仿真软件三者合一的设计平台，其处理器模型支持 8051、PIC、AVR、ARM、8086 和 MSP430 等。2010 年，Proteus 软件即将增加对 Cortex 和 DSP 系列处理器的支持，并持续增加其他系列处理器模型。在编译方面，它也支持 IAR、Keil 和 MPLAB 等多种编译器。

1.2.6 字模提取软件与串口调试助手

单片机测量或控制的结果一般都需要显示，主要选用 LED 点阵显示器或 LCD 液晶显示器。采用 LED 点阵显示器或 LCD（液晶显示器）时，显示的字符要经过字模提取软件转换成字形码，这个过程由人工通过描点也能完成，但是通过字模软件效率要高得多。字模提取软件的界面如图 1-8 所示，图 1-9 是 LED 点阵显示器和液晶显示器。

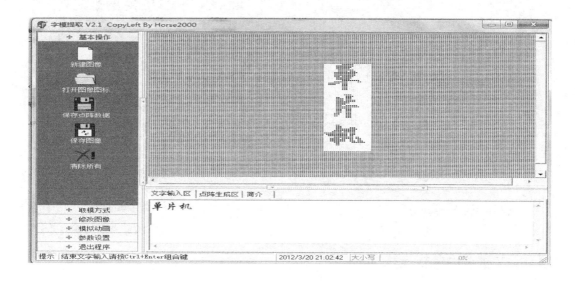

图 1-8　字模提取软件的界面

a)LED点阵显示器　　　　　　　　b)液晶显示器

图 1-9　LED 点阵显示器和液晶显示器

串口调试助手可以实现的功能包括发送、接收 16 进制数、字符串等，在单片机与 PC 进行通信时会用到该类型小软件。有众多发烧友开发出各种版本的此类软件，一般购买单片机学习板时卖方会免费提供比较好用的版本。图 1-10 是串口调试助手的软件界面。

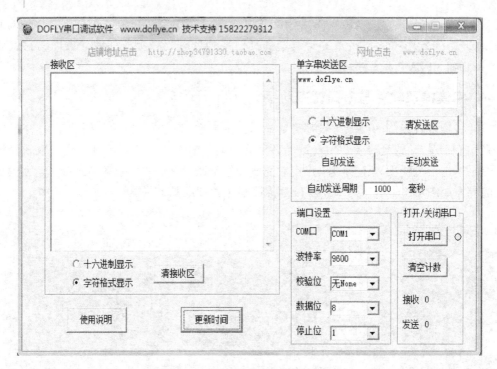

图 1-10　串口调试助手的软件界面

1.3　数字电路基础

1.3.1　二进制的逻辑运算

1. "与"运算

"与"运算是实现"必须都有，否则就没有"这种逻辑关系的一种运算。逻辑与通常用符号"×"或"∧"或"·"来表示。逻辑与的运算规则如下：$0 \wedge 0 = 0$，$0 \wedge 1 = 0$，$1 \wedge 0 = 0$，$1 \wedge 1 = 1$。

与运算的符号如图 1-11 所示。

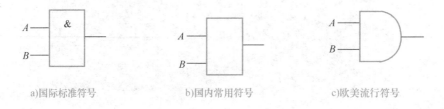

a)国际标准符号　　　　　　b)国内常用符号　　　　　　c)欧美流行符号

图 1-11　与运算的符号

2. 或运算

"或"运算是实现"只要其中之一有就有"这种逻辑关系的一种运算。逻辑或通常用符号"+"或"∨"来表示。逻辑或的运算规则如下：$0 \vee 0 = 0$，$0 \vee 1 = 1$，$1 \vee 0 = 1$，$1 \vee 1 = 1$。

或运算的符号如图 1-12 所示。

a)国际标准符号   b)国内常用符号   c)欧美流行符号

图 1-12   或运算的符号

3. 非运算

"非"运算是实现"求反"这种逻辑关系的一种运算。0 的反是 1，1 的反是 0。非运算的符号如图 1-13 所示。

a)国际标准符号   b)国内常用符号   c)欧美流行符号

图 1-13   非运算的符号

4. 同或运算

"同或"与"异或"运算用得较少，在这里只做简单了解，大家用到时可再查找相关资料。

同或运算是实现"必须相同，否则就没有"这种逻辑关系的一种运算，其逻辑运算符为"⊙"，运算规则如下：$0 \odot 0 = 1$，$1 \odot 0 = 0$，$0 \odot 1 = 0$，$1 \odot 1 = 1$，即两个逻辑变量相同，输出才为 1。

5. 异或运算

"异或"运算通常用符号"⊕"表示，实现"必须相异否则就没有"这种逻辑关系。其运算规则为：$0 \oplus 0 = 0$，$0 \oplus 1 = 1$，$1 \oplus 0 = 1$，$1 \oplus 1 = 0$，即两个逻辑变量相异，输出才为 1。

1.3.2   数字电路中 0 与 1 的定义

单片机是一种数字集成芯片，数字电路中只有两种电平：高电平和低电平。常用的逻辑电平有 TTL、CMOS、RS-232 等。单片机、74LS 系列逻辑芯片采用 TTL 电平信号：+5V 等价于逻辑 1，0V 等价于逻辑 0。当然这是理想状态，实际电压小于 0.4V 即认为是低电平，电压高于 2.4V 即认为是高电平（实际单片机工作在输入和输出状态下高、低电平范围略有差别）。74HC 系列和 CD400 逻辑芯片一般采用 CMOS 逻辑电平。CMOS 能驱动 TTL 电平，即 CMOS 作为 TTL 的输入端时，TTL 电平能正确地识别 CMOS 的高、低电平状态，但反之不可以。CMOS 电路中不使用的输入端不能悬空，否则会造成逻辑混乱，且 HC 系列由于采用 COMS 工艺功耗更低，LS 系列的速度比 HC 略快。PC 机的 9 针串口为 RS-232C 电平，其中高电平为 −12V ~ −3V，低电平为 +3V ~ +12V。这里要强调的是，RS-232C 电平为负逻辑电平。因此当计算机与单片机之间要通信时，需要加电平转换芯片，一般常用的电平转换芯是 MAX232。正逻辑和负逻辑的示意图如图 1-14 所示。图 1-15 是 RS-232 9 针串口的外形及引脚分布。

注意：TTL 电路和 CMOS 电路的逻辑电平关系如下：

1）V_{OH}——逻辑电平 1 的输出电压。

2）V_{OL}——逻辑电平 0 的输出电压。

3）V_{IH}——逻辑电平 1 的输入电压。

4）V_{IL}——逻辑电平 0 的输入电压。

正逻辑　　　　　　负逻辑

图 1-14　逻辑电平的正逻辑和负逻辑

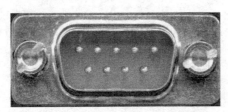
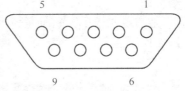

图 1-15　RS-232 9 针串口的外形及引脚分布

TTL 电平临界值：

1）$V_{OHmin}=2.4V$，$V_{OLmax}=0.4V$。

2）$V_{IHmin}=2.0V$，$V_{ILmax}=0.8V$。

CMOS 电平临界值（设电源电压为 +5V）：

1）$V_{OHmin}=4.99V$，$V_{OLmax}=0.01V$。

2）$V_{IHmin}=3.5V$，$V_{ILmax}=1.5V$。

通常情况下，单片机、DSP、FPGA 之间的引脚能否直接相连要参考以下方法进行判断：一般来说，同电压的是可以相连的，不过最好还是好好查看芯片技术手册上的 V_{IL}、V_{IH}、V_{OL}、V_{OH} 的值，看是否能够匹配。有些情况在一般应用中没有问题，但是参数上就是有点不够匹配，在某些情况下可能就不够稳定，或者不同批次的器件就不能运行。

1.4　数制与编码的简单回顾

1.4.1　数制

十进制是人们生活中普遍使用的计数制。十进制中的数用 0、1、…、9 这 10 个符号来描述，计数规则是逢十进一。

二进制是在计算机系统中使用的计数制。二进制中的数用 0、1 这两个符号来描述，计数规则是逢二进一。二进制运算规则简单，便于物理实现；但书写冗长，不便于人们阅读和记忆。二进制数的位可以表示为 0 或 1 这两个值。生活中开关的通与断，指示灯的亮与灭，电动机的启与停都可以用它来描述和控制。

8 个二进制的位构成字节。有些计算机存取的最小单位只能是字节（B）。1 个字节可以表示 2^8（即 256）个不同的值（0~255）。字节中的位号从右至左依次为 0~7。第 0 位称为最低有效位（LSB），第 7 位称为最高有效位（MSB）。

位号：　7　6　5　4　3　2　1　0

字节：

当数值大于 255 时，要采用字（2B）或双字（4B）进行表示。字可以表示 2^{16}（即 65536）个不同的值（0～65535），这时 MSB 为第 15 位。

位号：　15　14　13　12　11　10　9　8　7　6　5　4　3　2　1　0

字节：

十六进制是人们在计算机指令代码和数据的书写与软件工具的显示中经常使用的数制。十六进制中的数用 0、1、…、9 和 A、B、…、F（或 a、b、…、f）这 16 个符号来描述，计数规则是逢十六进一。由于 4 位二进制数可以直观地用 1 位十六进制数表示，所以人们对二进制的代码或数据常用十六进制形式缩写。

为了区分数的不同进制，可在数的结尾以一个字母标识。十进制（decimal）数书写时结尾用字母 D（或不带字母）；二进制（binary）数书写时结尾用字母 B；十六进制（hexadecimal）数书写时结尾用字母 H。

部分自然数的 3 种进制表示见表 1-1。

表 1-1　部分自然数的 3 种进制表示

十进制	二进制	十六进制	十进制	二进制	十六进制
0	0000B	0H	9	1001B	9H
1	0001B	1H	10	1010B	AH
2	0010B	2H	11	1011B	BH
3	0011B	3H	12	1100B	CH
4	0100B	4H	13	1101B	DH
5	0101B	5H	14	1110B	EH
6	0110B	6H	15	1111B	FH
7	0111B	7H	16	10000B	10H
8	1000B	8H	17	10001B	11H

在单片机的程序设计中，有时要用到十进制到十六进制的转换。下面以一个示例说明一下十进制到十六进制的转换方法。

【例 1-1】　若有一个十进制数为 55536，试将其用十六进制表示。

解：十进制向十六进制转换的基本方法是：除以 16 取余倒序，即先求出的余数是最低位。由于：

$$55536/16 = 3471 \quad 余\ 0$$
$$3471/16 = 216 \quad 余\ F$$
$$216/16 = 8 \quad 余\ 8$$
$$8/16 = 0 \quad 余\ D$$

因此，十进制数 55536 的十六进制表示为：D8F0H。

1.4.2 编码

计算机只能对 0 和 1 进行识别，所以在计算机中数以外的其他信息（如字符或字符串）也要用二进制编码来表示。

1. 字符的编码（ASCII 码）

字符的编码采用的是美国标准信息交换代码（American Standard Code for Information Interchange），即 ASCII 码。

一个字节的 8 位编码可以表示 256 种字符。当最高位为 0 时，所表示的字符为标准 ASCII 码字符，共有 128 个，用于表示数字、英文大写字母、英文小写字母、标点符号及控制字符等，如附录 A 所示；当最高位为 1 时所表示的是扩展 ASCII 码字符，表示的是一些特殊符号（如希腊字母等）。

ASCII 码常用于计算机与外部设备的字符传输。如通过键盘的字符输入，通过打印机或显示器的字符输出。

2. 十进制数的编码（BCD 码）

十进制是人们在生活中最习惯的数制，人们通过键盘向计算机输入数据时，常用十进制输入。显示器向人们显示的数据也多为十进制形式。

计算机能直接识别与处理的是二进制编码。用 4 位二进制编码可以表示 1 位十进制数。这种用二进制编码表示十进制数的代码称为 BCD 码。常用的 8421BCD 编码见表 1-2。

表 1-2　8421BCD 码表

十进制数	BCD 码	十进制数	BCD 码
0	0000	5	0101
1	0001	6	0110
2	0010	7	0111
3	0011	8	1000
4	0100	9	1001

由于用 4 位二进制代码可以表示 1 位十进制数，所以采用 8 位二进制代码（1 个字节）就可以表示 2 位十进制数。这种用 1 个字节表示 2 位十进制数的编码，称为压缩的 BCD 码。相对于压缩的 BCD 码，用 8 位二进制代码表示的 1 位十进制数的编码称为非压缩的 BCD 码。此时高 4 位为 0000，低 4 位是 BCD 编码。与非压缩的 BCD 码相比，压缩的 BCD 码可以节省存储空间。若 4 位编码在 1010B ~ 1111B 范围时，不属于 BCD 码的合法范围，称为非法码。2 个 BCD 码进行算术运算时可能出现非法码，这时要对运算的结果进行调整。

1.4.3 计算机中带符号数的表示

1. 原码、机器数及其真值

原码是计算机表达带符号数的一种方式。其规则是最高位作为符号位，用 0 表示正号，用 1 表示负号，数的值用其绝对值表示，这种表示方法称为数的原码表示法，如：

正数 +100 0101B（即 +45H）的原码为：0100 0101B（即 45H）；

负数 -101 0101B（即 -55H）的原码为：1101 0101B（即 D5H）。

这样表示后，该带符号数就可以由计算机识别了，上述的"45H"和"D5H"称为 2 个机器数，它们的真值分别为"+45H"和"-55H"。

2. 反码

正数的反码与其原码相同，负数的反码符号位为 1，数值位为其原码数值位逐位取反。如：

正数 +100 0101B，原码为 0100 0101B（即 45H），反码为 0100 0101B（即 45H）；

负数 -101 0101B，原码为 1101 0101B（即 D5H），反码为 1010 1010B（即 AAH）。

可以证明，二进制数采用原码和反码表示时，符号位不能同数值一起参加运算。否则，会得到不正确的结果。

3. 补码

在计算机中带符号数的运算均采用补码。正数的补码与其原码相同，负数的补码为其反码末位加 1。如：

正数 +100 0101B，反码为 0100 0101B（即 45H），补码为 0100 0101B（即 45H）；

负数 -101 0101B，反码为 1010 1010B（即 AAH），补码为 1010 1011B（即 ABH）。

由负数的补码求其真值的方法是：对该补码求补（符号位不变，数值位取反加 1）即得到该负数的原码（符号位 + 数值位），由该原码可知其真值。如：

有一负数的补码为 1010 1011B，对其求补得到 1101 0101B 为其原码（符号为负，数值为 55H），即真值为：-55H。

补码的优点是可以将减法运算转换为加法运算，且符号位可以连同数值位一起运算。这非常有利于计算机的实现。如：

45H-55H = -10H，用补码运算时可以表示为 $[45H]_{补} + [-55H]_{补} = [-10H]_{补}$

$$[45H]_{补}: \quad 0100 \quad 0101$$
$$+[-55H]_{补}; \quad 1010 \quad 1011$$

————————————————————

结果：1111 0000 "-10H"的补码

对结果再求补，得到原码为：1001 0000B，所以真值为 -001 0000B（即 -10H）。

几个典型的带符号数的 8 位编码见表 1-3。

表 1-3　几个典型的带符号数据的 8 位编码

数 的 真 值	原　　码	反　　码	补　　码
+127	01111 1111B	0111 1111B	0111 1111B(7FH)
+1	0000 0001B	0000 0001B	0000 0001B(01H)
+0	0000 0000B	0000 0000B	0000 0000B(00H)
-0	1000 0000B	1111 1111B	
-1	1000 0001B	1111 1110B	1111 1111B(FFH)
-127	1111 1111B	1000 0000B	1000 0001B(81H)
-128	—	—	1000 0000B(80H)

由表 1-3 可见，采用补码表示有符号数时，单字节表示的范围是：－127～＋128（对应 7FH～80H）。由于 2 个有符号数加减时，结果可能超过此范围（溢出）而使符号位发生错误，所以编写有符号数据运算程序时要对此种情况进行判断并进行相应的处理。

思考题

【1-1】 补码是可以带符号位进行运算的吗？补码的表达范围是什么？

【1-2】 8 位二进制数可以表达的无符号数的范围有多大？12 位二进制数可以表达的无符号数值的范围有多大？16 位二进制数可以表达的二进制数的范围有多大？数值范围从 0000H～7FFFH 共需要几位二进制数才能表达？

【1-3】 在家用电器中使用单片机应属于微计算机的（　　　）。

A）辅助设计应用

B）测量、控制应用

C）数值计算应用

D）数据处理应用

【1-4】 51 系列单片机汇编语言编写程序的扩展名是什么？C 语言编写的程序扩展名是什么？C 语言编译后可以下载的机器码扩展名是什么？

【1-5】 除了单片机这一名称之外，单片机还可称为（　　　）和（　　　）。

【1-6】 单片机与普通微型计算机的不同之处在于其将（　　　）、（　　　）和（　　　）三部分，通过内部（　　　）连接在一起，集成于一块芯片上。

【1-7】 MCS-51 系列单片机的基本型芯片分别为哪几种？它们的差别是什么？

【1-8】 51 系列单片机与 MCS-51 系列单片机是可以等同的概念吗？

【1-9】 8051 与 8751 的区别是（　　　）。

A）内部数据存储单元数目不同

B）内部数据存储器的类型不同

C）内部程序存储器的类型不同

D）内部寄存器的数目不同

【1-10】 简述 8051、MCS-51 系列、8051 系列、80C51 系列以及 51 系列单片机的区别。

【1-11】 试述目前 8 位单片机市场中 3 种市场占有率最高的主流单片机类型。

【1-12】 51 系列单片机是冯·诺依曼结构还是哈佛结构？通用计算机的 CPU 是冯·诺依曼结构还是哈佛结构？PIC 和 AVR 单片机呢？

【1-13】 单片机属于什么逻辑电平类型？还有哪类逻辑芯片与它相同？PC 的 9 针串口属于什么电平类型？TTL、CMOS、RS-232 中哪些电平类型是正逻辑，哪些是负逻辑？

【1-14】 AT89S51 单片机的高、低电平必须是准确的 5V 和 0V，这句话对吗？

【1-15】 51 系列、PIC 和 AVR 单片机的指令系统都属于复杂指令集，这样表述是否正确？

【1-16】 简述目前主流 16 位单片机类型及其出品公司。

【1-17】 什么是"嵌入式系统"？

【1-18】 简述嵌入式处理器家族的组成。DSP、ARM 分别应用于什么领域？

【1-19】 单片机的开发过程包括哪些步骤？试简述什么是程序的编辑、编译、仿真调

试、烧写。

【1-20】 分别绘制与、或、非的国际标准、国内常用及欧美流行逻辑符号。

【1-21】 仿真技术包括哪两种类型？仿真功能最强的是仿真芯片这句话是否正确？

【1-22】 试述 Keil C51 及 Keil μVision3 的区别和联系。

【1-23】 单片机开发最常用的 Keil μVision3 是否具有烧写功能？

【1-24】 单片机编程器的功能是什么？单片机开发过程中部分芯片可以采用下载线代替编程器完成烧写工作这句话是否正确？试举出具有该功能的两种芯片。

【1-25】 试简述 Protel 和 Proteus 软件在单片机开发过程中的作用。

【1-26】 简述串口调试助手的功能及应用场合。字模提取软件在什么时候使用？

第 2 章　80C51 系列单片机基本结构及原理

【学习纲要】

硬件是计算机的物质基础，软件只有通过硬件才能体现它的功能。因此只有学习单片机硬件组成，才能进一步掌握它的整机工作原理。

学习本章时首先要理解单片机的内部组成结构，能够区分 ROM 和 RAM 的功用，掌握 CPU 的时序概念；理解单片机各个引脚的功能，掌握单片机的时钟电路类型，能绘制内部时钟电路，重点掌握 4 个控制引脚的第一功能、单片机最小系统构成及三总线结构；结合字节（Byte）和位（bit）的概念理解存储容量，理解存储器地址的编址方法，熟练掌握数据存储器的内部分区配置；了解常用特殊功能寄存器的基本用途，重点理解 PC、A、B、DPTR、PSW、SP 的使用方法和特点；掌握可位寻址的特殊功能寄存器位地址的四种写法；掌握单片机 4 个并行接口（简称并口）的功能，理解准双向口的工作特点和上拉电阻的使用场合；理解单片机复位电路及原理；理解掉电保护和低功耗设计的概念。

2.1　80C51 系列单片机的内部结构

80C51 系列单片机基本型芯片的内部由 8 个部件组成，即中央处理器（CPU），4KB 的片内程序存储器（ROM），128B 的片内数据存储器（RAM），输入、输出接口（Input/Output，简称 I/O 口，分为 P0 口、P1 口、P2 口和 P3 口），可编程的串行接口（UART），2 个 16 位的定时/计数器（T0、T1），中断系统及特殊功能寄存器（SFR），各部分通过内部总线相连。80C51 系列单片机的基本结构是通用 CPU 加上外围芯片的结构模式，在功能单元的控制上，却采用了特殊功能寄存器的集中控制方法。80C51 系列单片机的内部结构如图 2-1 所示。（注意：1KB = 2^{10}B = 1024B，B 是字节单位，一个字节代表 8 位二进制数，位用 bit 表示，即一个 B 含有 8 个 bit）。

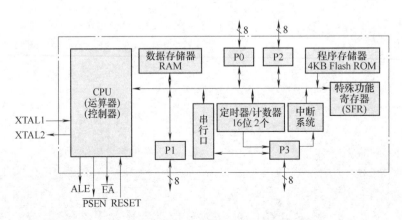

图 2-1　80C51 系列单片机的内部结构

2.1.1　80C51 系列单片机的 CPU

80C51 系列单片机的 CPU 是由运算器和控制器构成的。运算器主要用来对操作数进行算术、逻辑和位运算。控制器的主要任务是识别指令，并根据指令的性质控制单片机各功能部件，从而保证单片机各部分能自动协调地工作。

程序计数器 PC 是控制器中最基本的寄存器，它实际是一个独立的 16 位计数器，是不可访问的，即单片机开发人员不可能通过指令修改、操作它。程序计数器中存放着下一条要执行的指令在程序存储器中的首地址。

PC 的基本工作过程是：CPU 读指令时，PC 的内容作为所取指令的首地址发送给程序存储器，程序存储器该地址中的指令代码将被执行，同时系统将下一条指令的首地址存入 PC，这也是 PC 被称为程序计数器的原因。

PC 内容的变化轨迹决定了程序的流程。由于 PC 是不可访问的，顺序执行程序时自动增加指向下一条指令；执行转移程序，子程序和中断子程序调用时，由运行的指令自动将其内容更改成转向的目标程序地址。

PC 的计数宽度决定了 PC 的地址范围。80C51 系列单片机中 PC 的位数为 16 位，故可对 64KB（ $=2^{16}$B ）的程序存储器单元进行寻址。

复位时 PC 的内容为 0000H，说明程序应从程序存储器的 0000H 单元开始执行。

2.1.2　ROM 和 RAM 的区别

在讲解 ROM 和 RAM 的区别之前先来看一条汇编语言的典型指令：MOV　A，30H。这条指令的功能是把内部 RAM 30H 单元中的数据送给累加器 A。这条汇编语言指令编译成计算机能够识别的二进制代码（参考附录 B）为：E5H 和 30H，其存放在程序存储器中，并且需要占用其两个字节的空间。假设程序运行后，30H 单元中存放的数据是 22H，22H 这个数可能是运算结果或随机变量的值，它并不是程序，因此它不会被存放在 ROM 中，而是存放在数据存储器中字节地址为 30H 的单元内，并且占用数据存储器的一个字节空间。由此可见二者功能上的区别是：程序存储器是用来存放指令代码的，即用来存放汇编语言或 C 语言程序编译后的二进制程序代码；数据存储器是用来存放程序运行中产生的运算结果或随机变量的值。在程序运行时 E5H 30H 不会被改变，并且掉电后该代码不能丢失，仍保存在程序存储器中；而 30H 单元中的内容 22H，程序运行中其数值可能被其他指令修改，并且掉电后不被保存。

但是为什么要把程序和数据分离开来存放呢？为什么不把它们放在一起呢？这是因为在单片机芯片设计过程中出现了一个棘手的问题。在讲这个问题之前，先来了解一下目前为止我们的科技能够制造出的存储器类型，见表 2-1。

表 2-1　存储器的类型及特点

简　　称	全　　称	速度/市场	易失性	特　　点
（MASK）掩膜 ROM（QTP 也是另一种工艺的掩膜 ROM）	掩膜只读存储器	退出市场	掉电存储	早期技术，在芯片生产中间环节由芯片制造商把程序写入，因此成本高，适合批量生产

（续）

简　称	全　称	速度/市场	易失性	特　点
OTP ROM（PROM）	一次可编程只读存储器	退出市场	掉电存储	早期技术，只能被编程器烧录一次程序
EPROM	电信号写入、紫外线擦除的可编程的只读存储器	退出市场	掉电存储	早期技术，电信号写入，紫外线照射芯片中心的圆形玻璃窗擦除，可反复100 次
EEPROM	电信号写入、电信号擦除、可编程的只读存储器	速度很慢	掉电存储	中期技术，成本较低，可擦写上百万次
FLASH ROM（闪存）	快擦写存储器	慢	掉电存储	目前主流技术，成本低，可擦写上万次
DRAM	动态随机存储器	中	掉电丢失	成本低
SRAM	静态随机存储器	快	掉电丢失	成本低、速度快
MRAM	磁性随机存储器	最快	掉电存储	新技术、成本高

从表中会发现，所有的存储器都存在速度、易失性和成本之间的博弈。市场最需要的是速度快、掉电存储且价格便宜的存储器，可是没有一种可以同时完全满足这 3 条要求。SRAM 成本低、速度快，可是如果把程序放进去，掉电后存储器中的程序将全部消失，整个系统完全瘫痪。那 Flash 技术是否可以呢？人们常用的 U 盘就是采用 Flash 技术，它虽然掉电不丢失可是擦写速度慢。MRAM 技术目前来说成本太高，应该是未来的发展方向。由于ROM 和 RAM 对存储的本质需求有差别，ROM 的基本需求首先是掉电存储，RAM 的根本要求是快。因此当今的芯片设计师一般采用的是将程序运行中产生的数据及随机变量存储在SRAM 中，将程序对应的二进制代码存储在 Flash 存储器中。所以，程序和数据要分开存储，是速度、易失性、成本综合利益最大化的结果。当然无论是 ROM 还是 RAM，存储容量越大成本越高。

2.1.3　单片机时序及有关概念

时序是表达指令执行中各控制信号在时间上的相互关系。时序是用时间单位来说明的，80C51 系列单片机的时序单位共有 4 个，从小到大依次是振荡周期、状态周期、机器周期、指令周期，如图 2-2 所示。下面分别加以说明。

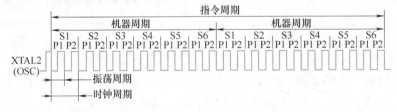

图 2-2　80C51 系列单片机各种周期的互相关系

1. 振荡周期（P）

振荡周期也称为晶振周期，也称为拍，用 P 表示。它就是晶体的振荡周期，或是外部振荡源的脉冲周期，是 80C51 单片机中最小的时序单位。

2. 状态周期（S）

振荡脉冲经过二分频后，就得到单片机的时钟信号。时钟信号的周期称为状态周期或时钟周期，用 S 表示。一个状态周期包含两个拍，分别称做 P1 和 P2，或者前拍和后拍。状态周期是单片机中最基本的时间单位，在一个状态周期内，CPU 仅完成一个最基本的动作。

3. 机器周期

一个机器周期由 6 个状态周期（S1 ~ S6），也就是 12 个拍组成，可依次表示为 S1P1，S1P2，S2P1，S2P2，…，S6P1，S6P2。当振荡频率为 12MHz 时，一个机器周期为 1μs；当振荡脉冲频率为 6MHz 时，一个机器周期为 2μs。请记住这些数据，以后在程序里计算时间或使用定时器都要用到。

4. 指令周期

指令周期就是执行一条指令所需要的时间。指令周期是 80C51 系列单片机中最大的时序单位，一般由若干个机器周期组成。指令不同，所需要的机器周期数也不同，但一条指令的周期应在 1 ~ 4 个机器周期范围内，每条指令所用的机器周期数详见附录 B。

2.2　80C51 系列单片机的引脚功能

80C51 系列单片机有 5 种封装：①40 脚双列直插封装（DIP）方式；②44 脚方形封装方式；③48 脚 DIP；④52 脚方形封装方式；⑤68 脚方形封装方式。其中大部分学习板（开发板）或实验箱中使用 40 脚 DIP（见图 1-1a）。

2.2.1　80C51 系列单片机的引脚

图 2-3 是 80C51 系列单片机的引脚排列（40 脚 DIP）。其中有 2 个电源相关引脚，2 个外接晶体引脚，4 个控制或与其他电源复用引脚，32 个 I/O 引脚，下面分别叙述这 40 个引脚的功能。

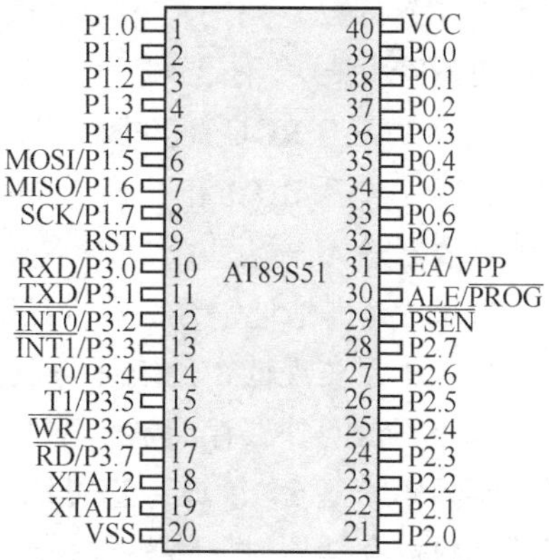

1. 电源引脚（VSS 和 VCC）

VSS（20 脚）：接地。

VCC（40 脚）：正常操作接 +5V 电源。

2. 外接晶体引脚

图 2-3　80C51 系列单片机的引脚

单片机 XTAL1（19 脚）和 XTAL2（18 脚）主要用来构成单片机的时钟电路。时钟电路用于产生单片机工作所需的时钟信号。时钟信号可以由两种方式产生：内部时钟方式和外部时钟方式，下面分别予以介绍。

（1）**内部时钟方式**　一般单芯片工作的系统常采用内部时钟方式。内部时钟方式的电路连接方法是：通过单片机的 XTAL1 和 XTAL2 两端跨接晶体或陶瓷谐振器，就构成了稳定的自激振荡器，其发出的脉冲直接送入内部时钟发生器，如图 2-4 所示。外接晶体振荡时，C_1、C_2 值通常选择为 30pF 左右，一般的学习板均采用外接晶体振荡器；外接陶瓷谐振器时，C_1、C_2 约为 47pF。C_1、C_2 对频率有微调作用，振荡频率范围是 1.2 ~ 40MHz。

为了减少寄生电容，更好地保证振荡器稳定可靠地工作，谐振器和电容应尽可能安装得与单片机芯片靠近。

（2）外部时钟方式 外部时钟方式是采用外部振荡器，外部振荡脉冲信号由 XTAL2 端接入后直接送至内部时钟发生器，如图 2-5 所示。输入端 XTAL1 应接地，由于 XTAL2 端的逻辑电平不是 TTL 的，故建议外接一个上拉电阻。这种方式适合于多块芯片同时工作，便于同步。

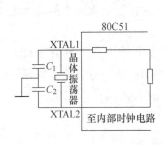

图 2-4　内部时钟电路连接

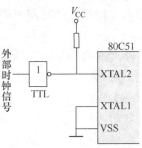

图 2-5　外部时钟脉冲源法

3. 控制引脚（RESET/VPD，ALE/$\overline{\text{PROG}}$，$\overline{\text{PSEN}}$和$\overline{\text{EA}}$/VPP）

这 4 个引脚都有第二功能，在初学阶段极少用到，因此下面给出引脚的两个名称，但只详述第一功能。

（1）RESET/VPD（9 脚） 复位信号输入引脚/备用电源输入引脚。当振荡器运行时，在此引脚上出现两个机器周期以上的高电平，将使单片机复位。

（2）$\overline{\text{PSEN}}$（29 脚） 该脚是片外程序存储器的选通信号输出引脚。在外部程序存储器取指令（或常数）期间，每一个机器周期两次有效。每当访问外部数据存储器时，这两次有效的$\overline{\text{PSEN}}$信号将不出现。

（3）ALE/$\overline{\text{PROG}}$（30 脚） 地址锁存运行信号输入引脚/编程脉冲输入引脚。当访问外部存储器（包括 ROM 和 RAM）时，80C51 系列单片机采用 P0 口作为低 8 位地址输出口，又作为数据输入/输出口。为了使地址与数据不至于混淆，通常 P0 口先做地址线，再做数据线。ALE（允许地址锁存）与 74LS373 或 74HC573 等锁存器配合，将 P0 口输出的低 8 位地址锁存，从而实现低 8 位地址与数据的分离。

即使不访问外部存储器，ALE 端仍以不变的频率周期性地出现正脉冲信号，此频率为振荡器频率的 1/6。因此，它可以用做对外输出的时钟，或用于定时。要注意的是，每当访问外部数据存储器时，将跳过一个 ALE 脉冲。

（4）$\overline{\text{EA}}$/VPP（31 脚） 外部程序存储器访问允许控制引脚/片内编程电压输入引脚。$\overline{\text{EA}}$为该引脚的第一功能，当$\overline{\text{EA}}$端保持高电平时，CPU 访问内部 4KB 程序存储器，但在 PC 值超过 0FFFH（标准的 80C51 系列单片机内部只有 4KB ROM）时，将自动转向访问外部 60KB（1000H ~ FFFFH）程序存储器。当$\overline{\text{EA}}$端保持低电平时，不管是否有内部程序存储器，则只访问外部 64KB（0000H ~ FFFFH）程序存储器，片内的 4KB 程序存储器将不起作用。现在的单片机内部都有 ROM，因此在电路设计时此引脚始终接高电平。

4. 输入/输出引脚（P0 口、P1 口、P2 口和 P3 口）

（1）P0 口（P0.0 ~ P0.7，共 8 条引脚，即 39 ~ 32 脚） 一般 I/O 口引脚或数据/低位地址总线复用引脚。

（2）P1 口（P1.0 ~ P1.7，共 8 条引脚，即 1 ~ 8 脚） 一般 I/O 口引脚。

（3）P2 口（P2.0 ~ P2.7，共 8 条引脚，即 21 ~ 28 脚） 一般 I/O 口引脚或高位地址总

线引脚。

（4）**P3 口（P3.0 ~ P3.7，共 8 条引脚，即 10 ~ 17 脚）**　一般 I/O 口引脚或第二功能引脚。

2.2.2　单片机的最小系统

所谓最小系统是指单片机正常工作的最基本的外围配置，主要包括：时钟（晶体振荡）电路、复位电路，当然还有电源。

图 2-6 所示 51 系列单片机最小系统是利用 XTAL1 和 XTAL2 两个引脚外接晶体振荡器的内部时钟方式，图中电容器 C_1 和 C_2 的作用是稳定频率和快速起振，电容值为 5 ~ 30pF，典型值为 30pF，晶体振荡器的振荡频率典型值为 6MHz、12MHz 或 11.0592MHz，当系统与 PC 通信时常采用 11.0592MHz。

复位电路的设计形式主要包括：上电复位、按键复位和利用专业的复位芯片进行管理。一般学习板上采用的是按键复位，复杂电路系统一般采用复位芯片进行管理，典型的专用复位芯片如 MAX813。图 2-6 中的最小系统采用按键复位形式。

80C51 系列单片机的 VCC 接 +5V，VSS 应该接地。

表 2-2 是图 2-6 中的元器件型号清单。

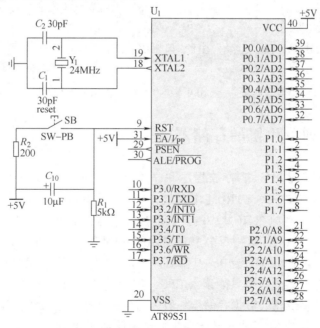

图 2-6　80C51 系列单片机的最小系统

表 2-2　单片机最小系统元器件清单

元器件	数值和说明	数　量
U_1	AT89S51（DIP）	1 个
C_1、C_2	30pF	2 个
C_{10}	10μF 电解电容	1 个
SB	按钮	1 个
R_1	5kΩ	1 个
R_2	200Ω	1 个

（续）

元器件	数值和说明	数　量
Y_1	12MHz 或者 11.0592MHz	1 个
电源	5V、500mA 或者 5V、1A	1 个
程序下载线	串口下载线及相应的下载程序	1 根
实验板	用于手工焊接整个开发电路	1 块

2.2.3 三总线结构

单片机的引脚除了电源、复位、时钟接入和用户 I/O 口外，其余引脚都是为了实现系统扩展而设置的，这些引脚构成了三总线结构，如图 2-7 所示。

1. 地址总线（AB）

地址总线宽度为 16 位，因此外部存储器直接寻址范围为 64 KB。16 位地址总线由 P0 口经地址锁存器提供低 8 位地址（A0 ~ A7），P2 口直接提供高 8 位地址（A8 ~ A15）。

2. 数据总线（DB）

数据总线宽度为 8 位（D0 ~ D7），由 P0 口提供。

3. 控制总线（CB）

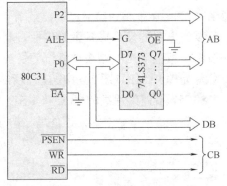

图 2-7　80C51 系列单片机的总线系统

控制总线由 P3 口的第二功能状态和 4 根独立控制线 RESET、$\overline{EA}$、$\overline{PSEN}$ 和 ALE 组成。

2.3 80C51 系列单片机的存储器

单片机的程序存储器中只能存放程序和一些不能更改的常数及表格。例如 MOV A, #30H，参考附录 B 可知该指令在 ROM 中存放为 74H 和 30H 的形式，占用两个字节。源操作数 30H 作为常数就是存放在 ROM 中的。数据存储器用于存放变量的初值和中间及最终运算结果。例如 MOV A, 30H，该指令中 30H 是内部 RAM 的一个地址，该地址的内容是存放在内部 RAM 以 30H 为地址的单元中，其值可以灵活改变。程序存储器一般为只读存储器，即系统运行中程序存储器的内容只能读入 CPU，ROM 中的程序和数据都不能被修改，且掉电后程序不会丢失仍被保持。数据存储器一般为随机存储器，其内容既可以被读出，也可以被写入，比 ROM 读写速度快，但掉电不要求数据必须被保存，即可以使用易失性的存储材料。

80C51 系列单片机对数据存储器进行数据读、写操作有很多指令，但可以操作 ROM 的指令是非常有限的。单片机对程序中指令的读入一般是由 CPU 自动执行的，没有也不需要专门的指令，并且 CPU 会顺序读取 ROM 中的指令。但是当遇到跳转指令、调用子程序指令和中断服务子程序被响应等情况时，会根据指令要求转移到相应 ROM 单元位置去执行相应的程序代码。另外，还有 MOVC 这样的查表指令可以把 ROM 中存放的表格数据读出。

2.3.1 存储器的空间地址

80C51 系列单片机程序存储器每个存储空间存放的是 8 位二进制数表示的程序代码，数据存储器的存储空间存放的是运算结果或变量的值。程序或数据存储器的地址是指程序存储器和数据存储器存储单元的编码。为了方便理解，我们可以把程序存储器和数据存储器理解成两座每间宿舍住 8 人的宿舍楼，宿舍楼的房间号就相当于存储空间地址。标准 80C51 系列单片机程序存储器的那座楼有 4K（$1K = 2^{10} = 1024$）个房间，共需要 4K 个房间号标识。标准 80C51 系列单片机数据存储器的那座楼有 128 个房间，共需要 128 个房间号标识。这两座宿舍楼的大小差别很大。

为了方便找到各个宿舍楼具体房间的位置，在生活中我们有一套编号方法。那么计算机要如何给这些存储器空间编写地址，才能方便 CPU 找到自己所要的程序语句或数据呢？我们知道计算机能够表达的不是低电平（0）就是高电平（1）。假设存储器只有两个空间（理解成房间）要编号，我们就用 1 位二进制数来表示，低电平 0 表示一个房间，高电平 1 表示一个房间，那么意味着 CPU 只需要用一条线与存储器进行连接即可，通过设置这条线的高、低电平就可以找到需要的存储空间，从而找到其内部的程序或数据。那么可以推算：如果是 2 位二进制数就可以表达出 4（即 2^2）个房间号，分别是 00B、01B、10B、11B，CPU 与存储器需要 2 条线连接即可；如果是 3 位二进制数就可以表达 8（即 2^3）个房间号，分别是 000B、001B、010B、011B、100B、101B、110B、111B，CPU 与存储器需要 3 条线进行连接。以此类推，那么 8 条线就可以表达 256 个房间，n 位二进制数就可以表达 2^n 个房间号，CPU 用 n 条线与存储器连接就可以区别出 2^n 个单元。80C51 系列单片机内部有 4KB（即 2^{12}）个程序存储器单元，因此 CPU 需要用 12 条内部总线与内部程序存储器连接，这样 12 条线通过高、低电平的设置可以给 2^{12} 个空间编址，正好是 4KB，其空间地址范围从低到高为 0000H～0FFFH。80C51 系列单片机内部有 128B 的数据存储器，如果对内部数据存储器寻址，需要 7 条总线进行连接，其地址范围从低到高为 00H～7FH。

51 系列单片机外部能够扩展程序存储器和数据存储器的容量最大均为 64KB，这是由于 51 系列单片机的外部地址总线最多可有 16 根（P0、P2 各 8 根）所限制的。并且无论单片机与外部程序存储器还是与外部数据存储器连接均使用这 16 根连接线，其地址范围为 0000H～FFFFH。

80C51 系列单片机的存储器空间分布如图 2-8 所示。

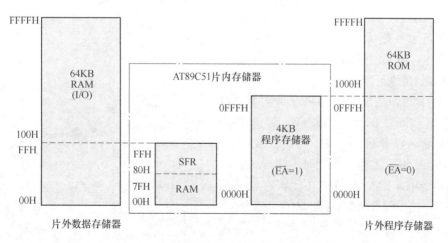

图 2-8　80C51 系列单片机的存储器空间分布

2.3.2 程序存储器

如图2-8所示，80C51系列单片机内部有4KB ROM，片外最多可扩展64KB ROM，但两者都有0000H~0FFFH的地址，CPU该如何区分呢？CPU的控制器专门提供一个控制信号$\overline{EA}$来区分内部ROM和外部ROM编码相同的地址区间0000H~0FFFH：当$\overline{EA}$接高电平时，单片机从片内4KB ROM中取指令，而当指令地址超过0FFFH后，就自动地转向片外程序存储器1000H单元取指令；当$\overline{EA}$接低电平时，CPU只从片外ROM取指令。后一种接法特别适用于采用早期内部无程序存储器的8031单片机，现在的单片机内部都有自己的ROM，因此$\overline{EA}$引脚一般接高电平。

指令在程序中顺序存放，这样CPU就需要把这些指令一条条顺序取出并加以执行，必须有一个部件能追踪指令所在的地址，这一部件就是16位的程序计数器PC（包含在CPU中）。在开始执行程序时，（PC）=0000H，因此CPU都是从程序存储器的最低地址0000H单元内存放的指令开始执行，然后PC中的值就会自动增加，增加量由本条指令在程序存储器中所占的字节数决定，可能是1、2或3，以指向下一条指令的起始地址，保证指令顺序执行。PC总是存放着将要执行指令的首地址，而非CPU正在执行指令的地址。

在程序存储器中，有6个单元具有特殊功能。0000H是所有执行程序的入口地址，80C51系列单片机复位后，CPU总是从0000H单元开始执行程序，其他5个入口地址都与中断相关，详见表2-3。

表2-3 5个中断源的中断入口地址

中断源	入口地址	中断源	入口地址
外部中断0	0003H	定时器T1	001BH
定时器T0	000BH	串口	0023H
外部中断1	0013H		

使用时，通常在这些入口地址处存放一条绝对跳转指令，使程序跳转到用户安排的中断程序起始地址，或者从0000H起始地址跳转到用户设计的初始程序上。

2.3.3 数据存储器

数据存储器主要用来存放经常要改变的数值，即变量和中间结果，通常都是由随机存储器RAM（Random Access Memory）构成。RAM从物理空间上一般可以分为片内（单片机内部）和片外（单片机外部）两个部分。由前可知片内存储器的地址范围是00H~7FH，特殊功能寄存器的地址范围是80H~FFH。片外数据存储器的地址空间是0000H~FFFFH。片外RAM的低位地址区段即00H~FFH与内部RAM和SFR单元地址编码重叠，使用时由指令来进行区分，访问内部RAM及特殊功能寄存器采用MOV指令，而访问外部RAM用MOVX指令。

80C51系列单片机的数据存储器配置如图2-9所示。

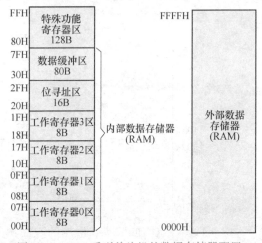

图2-9 80C51系列单片机的数据存储器配置

80C51 系列单片机的内部有 128B RAM，地址为 00H～7FH。该 RAM 应用最为灵活，可用于存放变量的值及运算结果。按其用途可以分为三个区域。

1. 通用工作寄存器区

内部 RAM 从 00H～1FH 安排了 4 组通用寄存器也称为工作寄存器，每组占用 8 个字节，记为 R0～R7。在某一时刻，CPU 只能使用其中一组工作寄存器，工作寄存器组的选择由程序状态字寄存器 PSW 中 RS1、RS0 两位来确定。RS1、RS0 两位有 00B、01B、10B、11B 共 4 种组合，分别依次对应着 0～3 组工作寄存器。各组工作寄存器的名称及其所在内部 RAM 的地址对应关系如表 2-4。

表 2-4　工作寄存器地址

组	RS1	RS0	R0	R1	R2	R3	R4	R5	R6	R7
0	0	0	00H	01H	02H	03H	04H	05H	06H	07H
1	0	1	08H	09H	0AH	0BH	0CH	0DH	0EH	0FH
2	1	0	10H	11H	12H	13H	14H	15H	16H	17H
3	1	1	18H	19H	1AH	1BH	1CH	1DH	1EH	1FH

2. 位寻址区

（1）**位寻址的概念**　位寻址是相对于字节寻址而提出来的。前面把单片机的内部数据存储器 RAM 比喻成宿舍楼，RAM 的字节地址就相当于宿舍楼的房间号，80C51 系列单片机内部的 RAM 共有 128 个房间号，也就是有 128 个字节地址。每个房间包含 8 个床位，每个床位由低到高命名为 0～7 号。但是对于房间号为 20H～2FH 房间的每个床位，80C51 都编了唯一的床位号。这 16 个房间包含的 128 个床位，床位号的编码从 00H～7FH，这就是单片机内部 RAM 位寻址区的位地址。

那么假设某校每周日晚上会要求学生晚 10 点前必须返校回宿舍，当某床位对应的学生按要求返校回到宿舍，我们认为其状态为高电平"1"，某床位对应的学生没返校，将这种状态认为是"0"。一般负责考勤检查的老师会将检查任务分配给学生会的同学，采用抽查某个宿舍或某个人的方法，起到警示的作用。例如，老师今天要单独检查 30H 这个宿舍同学的返校情况，学生会的同学接到命令后首先要找到这个宿舍，然后把这个宿舍学生的返校情况用 8 位二进制数表示，呈报给老师，这个过程叫做字节寻址，它的特点是通过给出字节所在的地址找到数据。另一种情况是住在 20H～2FH 房间的同学都是一年级的同学，这部分同学年龄比较小，需要特别关注，老师会采用抽查某个人的方法加强管理。但是记住每个学生的名字实在不是件容易的事情，于是老师把这 16 个房间的 128 个床位统一编号，每次抽查前，老师给学生会同学的不是某个同学的名字，而是给出一个床位号。那么这个过程就是位寻址，这个位地址单元中的值是 1 则表示这个学生在，是 0 则表示这个学生未按时返校。

（2）**位寻址区**　80C51 系列单片机的位寻址区占用内部 RAM 字节地址 20H～2FH，共 16 个字节，128 位。这个区域除了可以作为一般 RAM 单元进行字节读写之外，还可以对每个字节中的每一位单独进行操作，并且对这些位都规定了固定的位地址，从 20H 单元的第 0 位起到 2FH 单元的第 7 位止，共 128 位，用位地址 00H～7FH 分别与之对应。需要进行按位操作的数据，可以存放到这个区域。位寻址区中字节地址和位地址的对应关系如表 2-5。每一位的位地址可以有两种形式: 可以直接使用位地址, 如内部 RAM 20H 单元的最低位位地址为 00H, 20H 的最高位为 07H; 也可以使用"字节地址. 位序号"来表示, 20H. 0 和 20H. 7 也可以表示内部 RAM 20H 单元的最低位和最高位的位地址。

表 2-5　位寻址区字节地址和位地址的对应关系

字节地址	位 地 址							
	D7	D6	D5	D4	D3	D2	D1	D0
2FH	7FH	7EH	7DH	7CH	7BH	7AH	79H	78H
2EH	77H	76H	75H	74H	73H	72H	71H	70H
2DH	6FH	6EH	6DH	6CH	6BH	6AH	69H	68H
2CH	67H	66H	65H	64H	63H	62H	61H	60H
2BH	5FH	5EH	5DH	5CH	5BH	5AH	59H	58H
2AH	57H	56H	55H	54H	53H	52H	51H	50H
29H	4FH	4EH	4DH	4CH	4BH	4AH	49H	48H
28H	47H	46H	45H	44H	43H	42H	41H	40H
27H	3FH	3EH	3DH	3CH	3BH	3AH	39H	38H
26H	37H	36H	35H	34H	33H	32H	31H	30H
25H	2FH	2EH	2DH	2CH	2BH	2AH	29H	28H
24H	27H	26H	25H	24H	23H	22H	21H	20H
23H	1FH	1EH	1DH	1CH	1BH	1AH	19H	18H
22H	17H	16H	15H	14H	13H	12H	11H	10H
21H	0FH	0EH	0DH	0CH	0BH	0AH	09H	08H
20H	07H	06H	05H	04H	03H	02H	01H	00H

3. 用户 RAM 区

字节地址为 30H～7FH 的区域, 是真正给用户使用的一般 RAM 区, 用户对该区域的访问是按字节寻址的方式进行的。该区域主要用来存放随机数据及运算的中间结果, 也常把堆栈开辟在该区域中。

2.3.4　80C51 系列单片机的特殊功能寄存器 (SFR)

1. 21 个特殊功能寄存器

80C51 系列单片机内部有 21 个特殊功能寄存器。特殊功能寄存器 (Special Function Register, SFR), 又称为专用寄存器。它们与片内 RAM 统一编址, 并离散地占据了部分 80H～FFH 单元, 未占用的地址单元无定义, 用户不能使用, 如果对无定义的单元进行读/写操作, 得到的是随机数, 而写入的数据将会丢失。

特殊功能寄存器主要用于管理片内和片外的功能部件: 定时/计数器、串行口、中断及外部扩展的存储器及芯片等。

表 2-6 列出了这些特殊功能寄存器的符号、名称及地址。这里先概要说明一下, 详细用法在相应的章节进行说明。

表 2-6　80C51 系列单片机特殊功能寄存器一览表

寄存器符号	寄存器地址	寄存器名称	寄存器符号	寄存器地址	寄存器名称
* ACC	E0H	累加器 A	* P3	B0H	端口 3
* B	F0H	B 寄存器	PCON	87H	电源控制寄存器
* PSW	D0H	程序状态字	* SCON	98H	串行控制寄存器
SP	81H	堆栈指针	SBUF	99H	串行数据缓冲器
DPL	82H	数据指针(低 8 位)	* TCON	88H	定时/计数控制寄存器
DPH	83H	数据指针(高 8 位)	TMOD	89H	定时/计数方式选择寄存器
* IE	A8H	中断允许控制寄存器	TL0	8AH	T0 低 8 位
* IP	D8H	中断优先级设置寄存器	TL0	8BH	T0 高 8 位
* P0	80H	端口 0	TH1	8CH	T1 低 8 位
* P1	90H	端口 1	TH1	8DH	T1 高 8 位
* P2	A0H	端口 2			

注：表中带 * 的寄存器可以进行位寻址。

（1）与运算器相关的寄存器（3 个）

1）累加器 ACC，8 位。它是 80C51 系列单片机中使用最频繁的寄存器，用于向运算器提供操作数，许多运算的结果也存放在累加器中。

2）寄存器 B，8 位。它主要用于乘、除法运算，也可以作为 RAM 的一个单元使用。

3）程序状态字寄存器 PSW，8 位。保存运算器运算结果的特征和处理器状态，其 RS1 和 RS0 位用来设置当前工作寄存器组。

（2）指针类寄存器（3 个）

1）堆栈指针 SP；8 位。该寄存器的复位状态为 07H。

2）数据指针 DPTR，16 位。

（3）与串并口相关的寄存器（7 个）

1）并行 I/O 口 P0、P1、P2、P3，均为 8 位。通过对这 4 个寄存器的读/写，可以实现数据从相应口的输入/输出。

2）串口数据缓冲器 SBUF。

3）串口控制寄存器 SCON。

4）串行通信波特率倍增寄存器 PCON。该寄存器的一些位还与电源控制相关，所以又称为电源控制寄存器。

（4）与中断相关的寄存器（2 个）

1）中断允许控制寄存器 IE。

2）中断优先级控制寄存器 IP。

（5）与定时/计数器相关的寄存器（6 个）

1）定时/计数器 T0 的两个 8 位计数初值寄存器 TH0、TL0，它们可以构成 16 位的计数器，TH0 存放高 8 位，TL0 存放低 8 位。

2）定时/计数器 T1 的两个 8 位计数初值寄存器 TH1、TL1，它们可以构成 16 位的计数器，TH1 存放高 8 位，TL1 存放低 8 位。

3）定时/计数器的工作方式寄存器 TMOD。

4）定时/计数器的控制寄存器 TCON。

访问这些特殊功能寄存器仅允许使用直接寻址方式。在指令中，既可以使用特殊功能寄存器的符号，也可以使用它们的地址，使用寄存器符号更能提高程序的可读性。

2. 11 个可以位寻址的特殊功能寄存器的位地址

在 21 个特殊功能寄存器中有 11 个寄存器可以位寻址。表 2-6 中符号左边带"＊"号的特殊功能寄存器都是可以位寻址的，这些特殊功能寄存器的特征是地址可以被 8 整除，下面把可位寻址的特殊功能寄存器的字节地址及位地址一并列于表 2-7 中。由表 2-7 可知，可位寻址的特殊功能寄存器的最低位的位地址与其字节地址相同。

访问这些可位寻址的寄存器中各位时，有 4 种方法：可使用它的位符号，如 PSW 的最高位符号为 CY；可以使用它的位地址，如 PSW 的最高位位地址为 D7H；还可用"寄存器名.位序号"来表示，如 PSW.7 表示 PSW 寄存器的第 7 位等；也可以使用"字节地址.位序号"来表示，如 PSW 的字节地址为 D0H，因此其第 7 位也可写成 D0H.7 的形式。一般使用位符号可使程序易读。

表 2-7　可位寻址的特殊功能寄存器及其位地址

符　号	位　地　址								字节地址
B	F7H	F6H	F5H	F4H	F3H	F2H	F1H	F0H	F0H
ACC	E7H	E6H	E5H	E4H	E3H	E2H	E1H	E0H	E0H
PSW	D7H	D6H	D5H	D4H	D3H	D2H	D1H	D0H	D0H
	CY	AC	F0	RS1	RS0	OV	—	P	
IP	BFH	BEH	BDH	BCH	BBH	BAH	B9H	B8H	B8H
	—	—	—	PS	PT1	PX1	PT0	PX0	
IE	AFH	AEH	ADH	ACH	ABH	AAH	A9H	A8H	A8H
	EA	—	—	ES	ET1	EX1	ET0	EX0	
SCON	9FH	9EH	9DH	9CH	9BH	9AH	99H	98H	98H
	SM0	SM1	SM2	REN	TB8	RB8	TI	RI	
TCON	8FH	8EH	8DH	8CH	8BH	8AH	89H	88H	88H
	TF1	TR1	TF0	TR0	IE1	IT1	IE0	IT0	
P0	87H	86H	85H	84H	83H	82H	81H	80H	80H
	P0.7	P0.6	P0.5	P0.4	P0.3	P0.2	P0.1	P0.0	
P1	97H	96H	95H	94H	93H	92H	91H	90H	90H
	P1.7	P1.6	P1.5	P1.4	P1.3	P1.2	P1.1	P1.0	
P2	A7H	A6H	A5H	A4H	A3H	A2H	A1H	A0H	A0H
	P2.7	P2.6	P2.5	P2.4	P2.3	P2.2	P2.1	P2.0	
P3	B7H	B6H	B5H	B4H	B3H	B2H	B1H	B0H	B0H
	P3.7	P3.6	P3.5	P3.4	P3.3	P3.2	P3.1	P3.0	

3. 5 个常用的特殊功能寄存器

特殊功能寄存器的应用几乎贯穿 80C51 系列单片机学习过程的始终，下面介绍 5 个最常用的特殊功能寄存器。

（1）累加器 A　累加器 A 是一个最常用的 8 位特殊功能寄存器，它既可用于存放操作数，也可用来存放运算的中间结果。在 80C51 系列单片机中，大部分单操作数指令的操作数就取自累加器。许多双操作数指令中的一个操作数，也取自累加器。指令系统中 A 表示累加器，用 ACC 表示 A 的符号地址，即 ACC 在指令中可以替换累加器 A 的地址 E0H。

（2）寄存器 B　寄存器 B 是一个 8 位寄存器，主要用于乘法和除法运算。乘法运算时，B 中存放乘数，乘法操作后，乘积的高 8 位又存于 B 中；除法运算时，B 中存放除数，除法操作后，B 又存放余数。在其他指令中，寄存器 B 可作为一般的寄存器使用，用于暂存数据。

（3）程序状态字寄存器 PSW　程序状态字寄存器 PSW 是 8 位寄存器，用于存放程序运行的状态信息，其格式如下：

D7	D6	D5	D4	D3	D2	D1	D0
CY	AC	F0	RS1	RS0	OV	—	P

1）CY（PSW.7）：进位标志，是累加器 A 的溢出位。加、减法产生进位或借位时由硬件置位，否则清零，乘、除法时硬件自动将其清零。

2）AC（PSW.6）：辅助进位标志，是低半字节的进位位。加、减运算中当低 4 位向高 4 位进位或借位时，由硬件置位，否则清零。CPU 根据 AC 标志对 BCD 码的算术运算结果进行调整。

3）F0（PSW.5）：用户标志位，留给用户编程使用的，用户可根据自己的需要用软件方法置位或复位，并根据 F0 = 0 或 1 来决定程序的执行方式。

4）RS1（PSW.4）、RS0（PSW.3）：工作寄存器组选择位。开发人员用软件改变 RS1 和 RS0 的组合，来选择片内 RAM 中的 4 组工作寄存器之一，作为当前工作寄存器组。

5）OV（PSW.2）：溢出标志位。当执行算术指令时，由硬件置位或清零，根据计算方法的不同，OV 代表的意义也不同，说明如下：

在有符号数的加、减运算中，当运算结果超出 -128 ~ +127 的范围时，即产生溢出，则 OV 由硬件自动置 1，表示运算结果错误；否则 OV 由硬件清零，表示运算结果正确。

在无符号数的乘法运算中，当乘积超出 255 时，OV = 1，表示乘积的高 8 位放在 B 中，低 8 位放在 A 中；若乘积未超出 255，则 OV = 0，表示乘积只放在 A 中。

在无符号数的除法运算中，当除数为 0 时，OV = 1，表示除法不能进行；否则，OV = 0，表示除法可正常进行。

6）P（PSW.0）：奇偶标志位，该位始终跟踪累加器 A 内容的奇偶性。如果 A 中有奇数个"1"，则 P 置 1；否则置 0。

在 80C51 系列单片机的指令系统中，凡是改变累加器 A 中内容的指令，均影响奇偶标志位 P。

（4）堆栈指针 SP　SP 称为堆栈指示器，也称为堆栈指针，它是一个 8 位寄存器。SP 的内容指示出堆栈顶部在内部 RAM 块中的位置。SP 的初值称为栈区的栈底，每当一个数据送到堆栈中或从堆栈中取出，堆栈指针都要随之做相应的变化。SP 始终指向栈顶地址，它可以指向内部 RAM 00H ~ FFH 的任何单元。80C51 系列单片机的堆栈属于向上生长型，在数据压入堆栈时，SP 的内容自动加 1 作为本次进栈的地址指针，然后再存入数据，所以随着信息的存入，SP 的值越来越大；在数据从堆栈弹出以后，SP 的值随之减小。

单片机复位后 SP 的值为 07H，使得堆栈实际上从 08H 单元开始。考虑到 08H ~ 1FH 分别是属于 1 ~ 3 组的工作寄存器区，因为有可能在程序设计中用到这些工作寄存器区，因此虽然原则上栈区可以设在内部 RAM 中的任意位置，但一般在复位后，且程序运行前，把 SP 的值改置为 30H 或更大值，以避免堆栈区与工作寄存器区和位地址区发生冲突。

堆栈是按照"先进的后出、后进的先出"的原则在内部 RAM 区进行数据存取的。

堆栈是为子程序调用和中断操作服务的，功能是保护断点和保护现场。

1）保护断点。无论是子程序调用操作还是中断服务子程序调用操作，最终都要返回主程序。在 CPU 响应中断或调用子程序时，需要把断点处的 PC 值及现场的一些数据保存起来，为程序的正常返回作好准备。

2）保护现场。在单片机执行子程序或中断服务子程序时，很可能要用到单片机中的一些寄存器单元，这会破坏主程序运行时这些寄存器单元中的原有内容。所以在执行子程序或中断服务子程序之前，要把单片机中有关寄存器中的内容保存起来，送入堆栈，这就是所谓的"保护现场"。

堆栈共有两种操作：一种为数据进入堆栈，简称进栈或压栈（指令为 PUSH direct）；另一种叫数据弹出堆栈，简称出栈（指令为 POP direct）。不论是数据进栈还是数据出栈，都是对堆栈的栈顶单元进行操作的。每当一个字节的数据进入堆栈，SP 的值自动加 1；每当一个字节的数据出栈，SP 的值自动减 1。最后进栈的数据所在的单元称为栈顶，栈顶单元的地址就是 SP 的当前值。

(5) **数据指针 DPTR** 数据指针 DPTR 是一个 16 位寄存器，由高位字节 DPH 和低位字节 DPL 组成，用来存放 16 位存储器的地址，以便对外部数据存储器 RAM 中的数据进行读写。DPTR 的值可通过指令设置和改变。

对于 51 系列单片机中增强型的 80C52 型芯片来说，其内部 RAM 是 256B，其中高 128B 与特殊功能寄存器的地址重叠，地址也为 80H ~ FFH，在使用时，可以通过指令的寻址方式加以区别。

2.4 并行 I/O 口及其应用

80C51 系列单片机共有 4 个双向的 8 位并行 I/O 口，分别记为 P0、P1、P2 和 P3。这 4 个端口除了按字节输入/输出外，还可以按位寻址，便于位控功能的实现。

2.4.1 P0 口

P0 口是一个双功能的 8 位并行口，字节地址为 80H，位地址为 80H ~ 87H。端口的各位具有完全相同但又相互独立的电路结构。

1. P0 口用做地址/数据总线

当 AT89C51 外扩存储器或 I/O 时，P0 口作为单片机系统的地址/数据总线使用，此时其为真正的双向口。

当作为地址或数据输出时，P0. X（X 为 0 ~ 7）端口的电路结构能够按指令输出相应的高电平或低电平。

当 P0 口作为地址/数据输入时，其各引脚端口在 CPU 控制下首先呈现高阻抗状态，然后按指令读入引脚上的电平状态。

2. P0 口用做通用 I/O 口

当 P0 口不作为系统的地址/数据总线使用时，此时 P0 口也可作为通用的 I/O 口使用，此时 P0 口为准双向口，且内部无上拉电阻。

P0 口用做输出口时，P0 端口的结构可以正常输出低电平，但必须外接上拉电阻才能按指令的要求有高电平输出，如图 2-10（输出指令：MOV　P0，#0FH）所示。

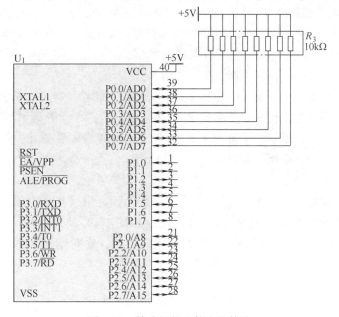

图 2-10　单片机的上拉电阻接法

知识点：

1）上拉电阻。上拉电阻就是从电源高电平引出的电阻接到输出端，上拉电阻可以将不确定的信号通过一个电阻嵌位在高电平，下拉电阻同理，只不过要拉到 GND 上。由于单片机 P0 口内部结构设计的原因，导致其作为普通 I/O 口时，不能够输出高电平，需要外接电阻和电源，用硬件设计拉高口线，从而输出高电平。一般选择 10kΩ 的上拉电阻值，接 5V 电源。

上拉电阻选取原则：①从节约功耗及芯片灌电流能力考虑，上拉电阻应当足够大，电阻大，则电流小；②从确保足够的驱动电流考虑，上拉电阻应当足够小，电阻小，则电流大；③对于高速电路，过大的上拉电阻可能会导致边沿变平缓。综合考虑：上拉电阻常用值在 1~10kΩ 之间选取，下拉电阻同理。

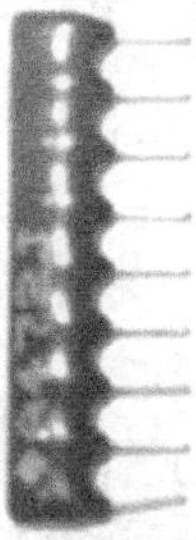

2）排阻。通俗地讲，它就是一排电阻（见图 2-11）。图 2-10 中 P0 口每个引脚上都串联了一个电阻，电阻的另一端接 5V 电源，因为 8 个引脚接法相同，所以把 8 个电阻的另一端全部连接在一起，这样一来，便共有 9 个引脚，其中一个称为公共端。一般在排阻上都标有阻值号，

图 2-11　排阻实物

其公共端附近也有明显标记。例如，阻值号为 103 和 150 的排阻代表的阻值分别为：103 表示其阻值大小为 $10 \times 10^3 \Omega$，即 $10k\Omega$；若是 102 其阻值大小为 $10 \times 10^2 \Omega$，即 $1k\Omega$；150 为 15 $\times 10^0 \Omega$，即 15Ω，其他读法都相同。

我们有时也会看到标号为 1002，1001 等。1002 表示 $100 \times 10^2 \Omega$，即 $10k\Omega$；1001 表示 $100 \times 10 \Omega$，即 $1k\Omega$。

3 位数表示与 4 位数表示的阻值读法都要会，标号位数不同，其电阻的精度不同。一般来说，3 位数的表示精度为 5%，4 位数的表示精度为 1%。还有的标号如：3R0，表示阻值为 3Ω；4k7 表示阻值为 $4.7k\Omega$；R002 表示阻值为 0.002Ω。

P0 口作为输入口使用时（读入引脚指令"MOV A，P0"），不是所有 P0 在源操作数位置的指令都表示读入引脚状态。P0 口实际存在两种读入方式："读锁存器"和"读引脚"。凡遇"读取 P0 口前一状态以便修改后再送出"的情形，都属于"读锁存器"指令，如指令"CPL P1.0"就是"读锁存器"指令。

读引脚指令"MOV C，P0.0"读的是 P0.0 引脚，同样，指令"MOV A，P0"也是读引脚指令，读引脚指令之前一定要有向 P0.0 写"1"的指令，否则 P0 口引脚上将永远为低电平，无法正确反映外部设备的输入信号。当 P0 口外接输入设备时，要想 P0 口引脚上反映的是真实的输入信号，必须要用指令给 P0 口的相应位送一个高电平"1"，如读引脚之前首先执行指令"MOV P0，#0FFH"，方能正确读入引脚数据。

由于单片机复位后，P0 口锁存器自动被置"1"，则复位后 P0 口为输入状态时可省略写"1"操作；在读引脚前凡是不能确认 P0 口状态的，都执行写"1"操作指令是比较稳妥的。

一般情况下，P0 口大多作为地址/数据复用口使用，这时就不能再作为通用 I/O 口使用。

2.4.2 P1 口

P1 口是单功能的 I/O 口，字节地址为 90H，位地址为 90H ~ 97H。P1 口只能作为通用的 I/O 口使用。P1 口为准双向口，但内部有上拉电阻。

P1 口作为输出口时，外部不需要接上拉电阻，端口结构即能够按照指令的要求输出高低电平。

P1 口作为输入口时，由于其端口不呈现高阻抗输入状态，因此为准双向口。P1 口输入也分为"读锁存器"和"读引脚"两种方式，读引脚时，仍必须首先执行向锁存器写"1"操作指令（如指令"MOV P1，#0FFH"），方能正确读入引脚电平的状态数据。

2.4.3 P2 口

P2 口是一个双功能口，字节地址为 A0H，位地址为 A0H ~ A7H。P2 口为准双向口，但内部有上拉电阻。P2 口功能有以下两个方面：

1）作为高 8 位地址输出线使用时，P2 口可以输出外部存储器的高 8 位地址，与 P0 口输出的低 8 位地址一起构成 16 位地址，可以寻址 64 KB 的地址空间。

2）作为通用 I/O 口使用时，P2 口为一个准双向口，功能和使用方法与 P1 口一样。

一般情况下，P2 口大多作为高 8 位地址总线口使用，这时就不能再作为通用 I/O 口使用。

2.4.4　P3 口

P3 口的字节地址为 B0H，位地址为 B0H ~ B7H。由于 80C51 的引脚数目有限，因此在 P3 口电路中增加了引脚的第二功能。P3 口的每一位都可以分别定义为第二输入功能或第二输出功能。

1. P3 口作为第一功能的通用 I/O 口（字节或位寻址时）

P3 口可作为通用 I/O 口使用时使用方法同 P1。

2. P3 口第二功能表（不进行字节或位寻址）

当 CPU 不对 P3 口进行字节或位寻址时，P3 口不需要任何设置工作，就可以进入第二功能操作，详见表 2-8。

表 2-8　P3 口的第二功能

口　　线	第二功能	名　　称
P3.0	RXD	串行数据接收端
P3.1	TXD	串行数据发送端
P3.2	$\overline{INT0}$	外部中断 0 输入端
P3.3	$\overline{INT1}$	外部中断 1 输入端
P3.4	T0	定时/计数器 0 输入端
P3.5	T1	定时/计数器 1 输入端
P3.6	$\overline{WR}$	片外数据存储器"写"选通控制输出
P3.7	$\overline{RD}$	片外数据存储器"读"选通控制输出

2.4.5　I/O 口驱动发光二极管

1. 并口做普通输出口时的驱动方式

与 P1、P2、P3 口相比，P0 口的驱动能力较大（拉电流或灌电流较大，拉电流指从单片机引脚输出的电流，灌电流指流入单片机引脚的电流），而 P1、P2、P3 口的每一位的驱动能力（能够正常工作的最大电流）只有 P0 口的一半。当 P0 口的某位为高电平时，只可提供几十到上百微安的电流，难以驱动外部设备；当 P0 口的某位为低电平，可提供几到十几毫安的灌入电流，简称灌电流。所以，任何一个并口连接外部设备时一般只能用低电平输出的驱动方式。51 系列单片机除对各引脚驱动能力有限制外，一个并口的 8 个引脚总的驱动能力并不是单根口线的 8 倍，也有一定的限制。以器件 AT89S51 为例，每根口线最大可吸收 10mA 的（灌）电流，但 P0 口所有引脚的吸收电流的总和不能超过 26mA，而 P1、P2 和 P3 每个口吸收电流的总和限制在 15mA，全部 4 个并行口所有口线的吸收电流总和限制在 71mA。每根口线的拉电流（从单片机引脚流向外部的电流）约为几十到几百微安。

(1) 单片机驱动发光二极管电路　图 2-12 为使用单片机的并口（P1 口）驱动发光二极管电路的实用方法。但为什么图 2-12 中单片机的引脚连接发光二极管要通过锁存器呢？一方面是因为如果单片机驱动多个发光二极管时，使得每根口线的电流都达到饱和，整个并口就超出了负载范围。解决的办法是加大限流电阻阻值，减小单根口线的电流，但可能会造成二极管亮度降低。如果想要驱动多个发光二极管，并且有较高的亮度要求，最好的办法是采用增加驱动器件（如74HC573、74HC373、74HC245 等）。另一方面是因为在一个稍微复杂的系统中，P1 口不可能仅仅用来点亮发光二极管，当有其他设备也连接到单片机的 P1 口时，其他设备的电平若变化，发光二极管负极的电平就会跟随变化，导致发光二极管无规则闪动。为了保证作其他实验时不影响发光二极管，在发光二极管与单片机之间加入一个锁存器用以隔离。当其他设备工作时，可通过单片机将此锁存器的锁存端关闭，而此时无论单片机 P1 口的数据怎么变化，发光二极管也不会闪动。当需要点亮发光二极管时，可将锁存端一直打开，也就是让锁存器的锁存端处于高电平状态，而此时发光二极管就会跟随单片机的 P1 口状态而变化。

由于 51 系列单片机上电时，如果没有人为地改变过其 I/O 口的状态，其 I/O 口都将默认为高电平，因此上电后，图 2-12 所示的 74HC573 锁存端自动置高电平，并不需要写指令让锁存端置高电平。

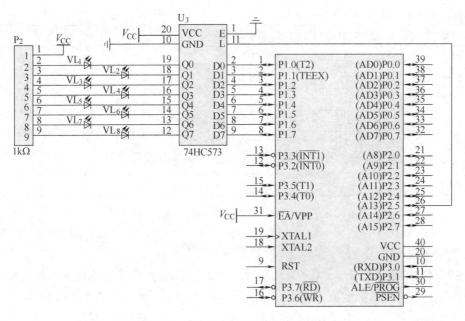

图 2-12　单片机 P1 口驱动发光二极管

知识点：

1）发光二极管及其限流电阻的选择：发光二极管具有单向导电性，通过 2～20mA 电流即可发光，大于 2mA 后电流越大，其亮度越强，但若电流超过 5mA 则亮度变化不再明显，电流过大，会烧毁发光二极管。一般将通过电流控制在 3～20mA 之间。图 2-12 中选用了红色发光二极管，当发光二极管发光时，测量它两端电压约为 1.7V，这个电压又叫做发光二极管的导通压降。给发光二极管串联一个电阻的目的就是为了限制通过发光二极管的电流不要太大，因此这个电阻又称为限流电阻。图 2-13 为发光二极管及贴片式发光二极管的实物。发光二极管的正极又称阳极，负极又称阴极，电流只能从阳极流向阴极。直插式发光二极管的长脚为阳极，短脚为阴极。一般各种颜色的发光二极管的导通压降为 1.7～2.0V，发白光的发光二极管导通压降大约为 3.0～3.2V 之间。

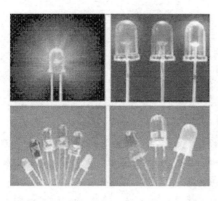

a) 直插式发光二极管   b) 贴片式发光二极管

图 2-13   发光二极管实物

关于与发光二极管串联的限流排阻大小的选择：由欧姆定律可知，$U = IR$，当发光二极管正常导通时，其两端电压约为 1.7V，阴极为低电平，即 0V，阳极串接一电阻，电阻的另一端为 V_{CC}，为 5V。因此加在电阻两端的电压为 5V − 1.7V = 3.3V，计算穿过电阻的电流，有 $3.3V/1000\Omega = 3.3mA$，即穿过发光管的电流也为 3.3mA。若想让发光管再亮一些，可以适当减小该电阻。

2) 74HC573 锁存器：它是一种数字芯片，由于数字芯片种类成千上万，不可能将其全部记住，所以只能用一个学一个，然后弄明白它，日积月累，大家必将能灵活地设计出各种电路。直插式 74HC573 的实物如图 2-14 所示。

图 2-15 为 74HC573 的引脚分布，各个引脚的作用如下：$\overline{OE}$的专业术语为三态允许控制端（低电平有效），通常叫做输出使能端或输出允许端；1D ~ 8D 为数据输入端；1Q ~ 8Q 为数据输出端；LE 为锁存允许端，或称为锁存控制端。

$\overline{OE}$	1	20	VCC
1D	2	19	1Q
2D	3	18	2Q
3D	4	17	3Q
4D	5	16	4Q
5D	6	15	5Q
6D	7	14	6Q
7D	8	13	7Q
8D	9	12	8Q
GND	10	11	LE

图 2-14   直插式 74HC573 的实物   图 2-15   74HC573 的引脚分布

表 2-9 为 74HC573 的真值表。真值表用来表示数字电路或数字芯片工作状态的直观特性，大家务必要看明白。表 2-9 中字母代码的含义如下：H 表示高电平；L 表示低电平；X 表示任意电平；Z 表示高阻态，也就是既不是高电平也不是低电平，而它的电平状态由与它相连接的其他电气状态决定；Q_0 表示上次的电平状态。

表 2-9　74HC573 真值表

输　入			输　出	输　入			输　出
$\overline{OE}$	LE	D	Q	$\overline{OE}$	LE	D	Q
L	H	H	H	L	L	X	Q_0
L	H	L	L	H	X	X	Z

由真值表可以看出，当 $\overline{OE}$ 为高电平时，无论 LE 端与 D 端为何种电平状态，其输出都为高阻态。很明显，此时该芯片处于不可控状态，而我们将 74HC573 接入电路是必须要控制它的，因此在设计电路时也就必须将 $\overline{OE}$ 接低电平。

当 $\overline{OE}$ 为低电平，我们再看 LE 端，当 LE 端为 H 端时，D 端与 Q 端同时为 H 或 L；而当 LE 端为 L 时，无论 D 端为何种电平状态，Q 端都保持上一次的数据状态。这也就是说，当 LE 端为高电平时，Q 端的数据状态紧随 D 端的数据状态变化；而当 LE 端为低电平时，Q 端数据将保持住 LE 变化为低电平之前 Q 端的数据状态。因此将锁存器的 LE 端与单片机的某一引脚相连，再将锁存器的数据输入端与单片机的某组 I/O 口相连，便可通过控制锁存器的锁存端与锁存器的数据输入端的数据状态来改变锁存器的数据输出端的数据状态。

(2) 蜂鸣器报警接口　搭建蜂鸣器报警接口电路时，只需购买市售的压电式蜂鸣器，然后通过 AT89S51 的一根 I/O 口线、通过驱动器驱动蜂鸣器发声。压电式蜂鸣器约需 10mA 的驱动电流，可以使用 TTL 系列集成电路 74LS06 的低电平驱动（见图 2-16），也可以用一个晶体管驱动（见图 2-17）。

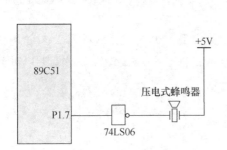

图 2-16　通过门电路驱动的报警器

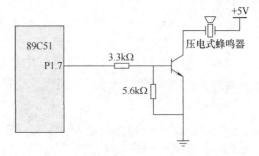

图 2-17　通过晶体管驱动的报警器

知识点：

74LS06 是高压输出六反相缓冲器/驱动器，最高可采用 30V 电源供电，输出电流最大可达 30mA。当 74LS06 采用 5V 供电时可以与 74LS04（六反相器）互换；当采用高压供电时，74LS04 不能用于替换 74LS06。

在图 2-16 中，AT89C51 的口线 P1.7 接驱动器的输入端。当 P1.7 输出高电平时，74LS06 的输出为低电平，使压电蜂鸣器两条引线加上近 5V 的直流电压，压电式蜂鸣器由于压电效应而发出蜂鸣音；当 P1.7 端输出低电平时，74LS06 的输出端高约 +5V，压电蜂鸣器的两引线间的直流电压降至接近于 0V，发音停止。

在图 2-17 中，P1.7 接晶体管基极输入端。当 P1.7 输出高电平时，晶体管导通，压电蜂鸣器两端获得约 +5V 电压而鸣叫；当 P1.7 输出低电平，晶体管截止，蜂鸣器停止发声。

如果想要发出更大的声音，可采用功率大的扬声器作为发声器件，这时要采用相应的功率驱动电路。

（3）**音乐报警接口**　音乐报警电路可使报警声优美悦耳，克服了蜂鸣音报警音调比较单调的不足。发声电路可购买市售的乐曲发生器，发出的乐曲声可用来作为某种提示信号或报警信号。设计者可根据自己对乐曲的喜好来购买相应的集成电路。

音乐报警接口由两部分组成：

1）乐曲发生器，即集成电子音乐芯片。

2）放大电路，也可采用集成放大器。

音乐报警接口电路如图 2-18 所示。89C51 从 P1.7 输出高电平时，电子音乐芯片 7920A 的输入控制端 MT 的电压变为约 1.5V（5V 电压经过 3.3kΩ 和 1.5kΩ 的电阻分压）的高电平，输出端 VOUT 便发出乐曲信号，经 M51182L 放大后驱动扬声器发出乐曲报警声，音量大小由电位器调整。相反，若 P1.7 输出低电平，则 7920A 因 MT 端输入电位变低而关闭，扬声器停止奏曲。

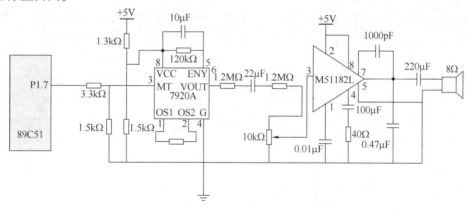

图 2-18　单片机控制的音乐报警电路

2. 驱动简单的输入设备

在单片机应用系统中，通常使用按钮和拨动开关作为简单的输入设备，按钮主要用于发出某项工作的开始或结束命令，而拨动开关主要用于工作状态的预置和设定。它们的外形、符号及与单片机的连接如图 2-19 所示。

在图 2-19 中，开关接于 80C51 的 P1 口，P2 口、P3 口与之类似。但接 P0 口时要在 P0 口的引脚与 VCC 端之间加 10kΩ 的外部上拉电阻。

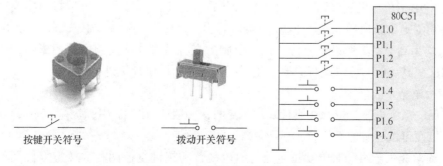

图 2-19　按键开关与拨动开关

2.5 单片机的复位、掉电保护和低功耗设计

2.5.1 单片机的复位

复位操作可以使单片机初始化，也可以使因程序运行出错或操作错误而处于死机状态下的单片机重新启动，因此非常重要。单片机的复位都是靠外部复位电路来实现的，在时钟电路工作后，只要在单片机的 RESET 引脚上出现 24 个时钟振荡脉冲（两个机器周期）以上的高电平，单片机就能实现复位。为了保证系统可靠复位，在设计复位电路时，一般使 RESET 引脚保持 10 ms 以上的高电平，单片机便可以可靠地复位。当 RESET 从高电平变为低电平以后，单片机从 0000H 地址开始执行程序。在复位有效期间，ALE 和 $\overline{\text{PSEN}}$ 引脚输出高电平。

1. 复位状态

计算机在启动时，系统进入复位状态。在复位状态下，CPU 和系统都处于一个确定的初始状态或称为原始状态，所有的专用寄存器都被赋予默认值，它们的复位状态见表 2-10。

表 2-10　单片机复位时专用寄存器的状态

寄存器	复位状态	寄存器	复位状态
PC	0000H	TMOD	00H
ACC	00H	TCON	00H
B	00H	TH0	00H
PSW	00H	TL0	00H
SP	07H	TH1	00H
DPTR	0000H	TL1	00H
P0 ~ P3	FFH	SCON	00H
IP	XXX0 0000B	SBUF	XXXX XXXXB
IE	0XX0 0000B	PCON	0XXX 0000B

由于单片机内部的各个功能部件均受特殊功能寄存器控制，各寄存器复位时的状态决定了单片机内部有关功能部件的初始状态。程序运行直接受程序计数器（PC）指挥，复位后，PC 指向 0000H，单片机从起始地址 0000H 开始执行程序。所以单片机运行出错或进入死循环，可按复位键重新启动。从表 2-10 中可以看出，复位后，SP = 07H，4 个 I/O 端口 P0 ~ P3 的引脚均为高电平。所以要充分考虑到引脚的高电平对外部控制电路的影响，如果不想完全使用这些默认值，可以进行修改，这就要在程序中对单片机进行初始化。

2. 复位电路

为了保证系统可靠复位，在设计复位电路时，一般使 RESET 引脚保持 10ms 以上的高电平，单片机便可以可靠地复位。

(1) **简单复位电路**　简单复位电路有上电复位和按键复位两种，按键复位又分为按键电平复位和按键脉冲复位。不管是哪一种复位电路都要保证在 RESET 引脚上提供 10 ms 以

上稳定的高电平。

图 2-20a 是常用的上电复位电路，这种上电复位利用电容器充电来实现。当加电时，电容 C 充电，电路有电流流过，构成回路，在电阻 R 上产生压降，RESET 引脚为高电平；电容 C 充电完毕后，电路相当于断开，RESET 的电位与地相同，复位结束。可见复位的时间与充电的时间有关，充电时间越长复位时间越长，增大电容或增大电阻都可以增加复位时间。

图 2-20b 是按键电平复位电路。它的上电复位功能与图 2-20a 相同，但它还可以通过按键实现复位，按下键后，通过 R_1 和 R_2 形成回路，使 RESET 端产生高电平。按键的时间决定了复位时间。

图 2-20c 是按键脉冲复位电路。它利用 RC 微分电路在 RESET 端产生正脉冲来实现复位。在上述简单的复位电路中，干扰易串入复位端，在大多数情况下不会造成单片机的错误复位，但会引起内部某些寄存器错误复位。这时，可在 RESET 复位引脚上接一个去耦电容。

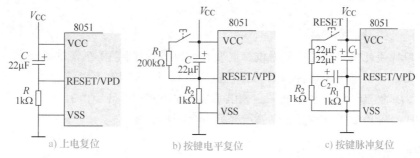

a) 上电复位   b) 按键电平复位   c) 按键脉冲复位

图 2-20 各种复位电路

（2）采用专用复位电路芯片构成复位电路 在实际应用系统中，为了保证复位电路可靠地工作，常将 RC 电路接施密特电路后再接入单片机复位端，或采用专用的复位电路芯片。MAX813L 是 Maxin 公司生产的一种体积小、功耗低、性价比高的带看门狗和电源监控功能的复位芯片，其引脚排列如图 2-21 所示，引脚功能如下。

1）$\overline{MR}$：手动复位输入端，低电平有效。当该端输入低电平保持 140ms 以上时，MAX813L 就输出复位信号。

2）RESET：复位信号输出端。上电时，自动产生 200ms 的复位脉冲（高电平）；手动复位端输入低电平时，该端也产生复位信号输出。

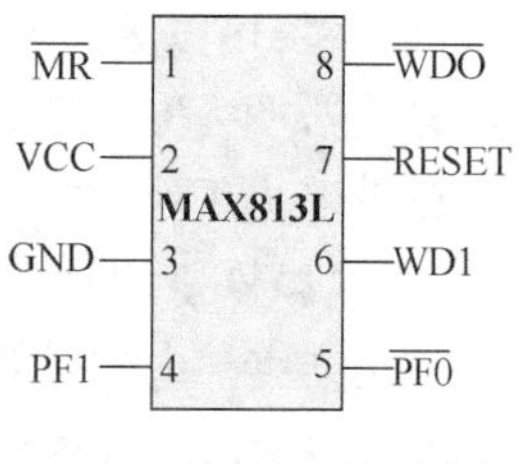

3）WDI：看门狗信号输入端。程序正常运行时，必须在

图 2-21 MAX813L 的引脚排列

小于 1.6s 的时间间隔内向该输入端发送一个脉冲信号，以清除芯片内部的看门狗定时器；若超过 1.6s 该输入端收不到脉冲信号，则内部定时器溢出，$\overline{WDO}$ 端输出低电平。

4）$\overline{WDO}$：看门狗信号输出端。电源正常工作时输出保持高电平，看门狗输出时，该端输出信号由高电平变为低电平。

5）PFI：电源故障输入端。当该端输入电压低于 1.25V 时，$\overline{PFO}$ 端输出低电平。

6）$\overline{PFO}$：电源故障输出端。电源正常时输出保持高电平；电源电压变低或掉电时，输出由高电平变为低电平。

7）VCC：工作电源，接 +5V。

8）GND：接地端。

MAX813L 与单片机的连接电路如图 2-22 所示，该电路可以实现上电复位、程序运行出现"死机"时的自动复位和随时的手动复位。

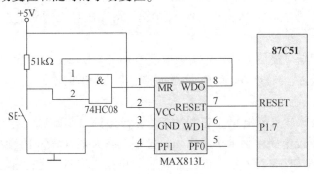

图 2-22　带手动复位的看门狗复位电路

为了在单片机死机时实现自动复位，需要在软件设计中使 P1.7 不断输出脉冲信号（时间间隔小于 1.6 s），如果因某种原因单片机进入死循环，则 P1.7 无脉冲输出。于是，1.6s 后在 MAX813L 的 $\overline{WDO}$ 端输出低电平，该电平加到 $\overline{MR}$ 端，使 MAX813L 产生一个 200 ms 的复位脉冲输出，使单片机有效复位，系统重新开始工作。

2.5.2 掉电保护和低功耗设计

1. 掉电保护

掉电保护主要是为了防止电源突然中断时，保存一些重要的数据。当然对于手持式设备来说，掉电保护也可以防止电源电压下降时的数据丢失。步骤如下：

1）当检测到电源电压下降时，触发外部中断或在中断服务子程序中将外部 RAM 中的有用数据送入内部 RAM 保存，然后对电源控制寄存器 PCON 进行设置。

2）切换备用电源。备用电源只为单片机内部 RAM 和专用寄存器提供维持电流，使这些重要的数据不丢失；而整个外部电路则因为电源的中断而停止工作，时钟电路也停止振荡，CPU 也停止工作。

3）当电源恢复的时候，备用电源还需要继续供电 10ms 左右，以保证外部电路达到稳定状态。在结束掉电保护状态时，首要的工作是将被保护的数据从内部 RAM 中恢复出来。

2. 80C51 的低功耗设计

（1）**省电保持模式**　当单片机进入省电保持模式时，其内部时钟振荡器停止工作，CPU 及其内部所有的功能部件均停止工作。但是，此时片内 RAM 和全部的特殊功能寄存器的数据将可以被保存。单片机进入省电保持模式比较简单，执行在程序中设置 PCON 特殊功能寄存器相应位 PD = 1，系统便进入省电保持模式。

（2）**休眠运行模式**　当单片机进入休眠运行模式时，其内部时钟振荡器仍然运行，但 CPU 被冻结将不再工作。此时，和省电保持模式不同的是，单片机内部时钟信号仍然供给中断、串口、定时/计数器等。

单片机进入休眠运行模式比较简单，执行在程序中设置特殊功能寄存器 PCON 中的相应位 IDL＝1，系统便进入休眠运行模式。休眠运行模式下，电压 VCC 不会降低，但电流消耗将会大大减少，从而起到降低功耗的作用。

思考题

【2-1】　80C51 系列单片机由哪几部分组成？试说明 ROM 和 RAM 的功能分别是什么。

【2-2】　在程序运行中，PC 的值是（　　　）。

A）当前正在执行指令的前一条指令的地址

B）当前正在执行指令的地址

C）当前正在执行指令的下一条指令的首地址

D）控制器中指令寄存器的地址

【2-3】　判断下列说法是否正确。

（1）PC 可以存放一个 16 位二进制数，因此其寻址范围为 0000H～7FFFH。（　　）

（2）单片机系统复位时 PC 的内容为 0000H，因此 CPU 从程序存储器 0000H 地址单元取指令，开始执行程序。（　　）

（3）PC 可以看成是程序计时器。（　　）

（4）PC 可以看成是程序存储器的地址指针。（　　）

【2-4】　试计算当振荡频率为 12MHz 和 6MHz 时，一个机器周期的长度？试辨析振荡周期、状态周期、机器周期、指令周期之间的关系。

【2-5】　单片机的 ROM 必须具有掉电存储功能，这句话是否正确？

【2-6】　单片机对 RAM 的根本要求是快，但掉电可丢失数据，这个表述正确吗？

【2-7】　试说出 80C51 系列单片机的两种时钟电路模式，如果是只有一个单片机工作，常使用的是哪一种？如果是两个以上的单片机工作，使用哪一种？

【2-8】　80C51 系列单片机的 $\overline{\text{EA}}$ 信号有何功能？在使用 8031 时，$\overline{\text{EA}}$ 信号引脚应如何处理？现在使用的 80C51 系列单片机内部一般均含有 ROM，其 $\overline{\text{EA}}$ 引脚应该怎么接？

【2-9】　80C51 系列单片机的三总线结构包括哪三种？其中地址总线指的是什么？数据总线指的是什么？属于控制总线的有哪些？P0 口的分时复用功能需要依靠锁存器的锁存功能，试举一种常用的低功耗锁存器并将其与单片机正确连接。

【2-10】　片内 RAM 的低 128 单元一般划分为哪三个主要部分？对应的字节地址空间是什么？内部 RAM 中，可作为工作寄存器区的单元地址为（　　　）H～（　　　）H。

【2-11】　80C51 系列单片机中的 4 组通用工作寄存器同一时间只能有一组工作，具体哪一组工作由什么来决定？如何设置才能选用 0 组通用寄存器？

【2-12】　80C51 系列单片机具有很强的位（布尔）处理功能，内部 RAM 中共有多少单元可以位寻址？试写出其字节范围和位地址范围。

【2-13】　位地址 00H 与字节地址 00H 在内存 RAM 中的位置有什么区别？片内字节地址为 2AH 单元最低位的位地址是（　　　）；片内字节地址为 88H 单元的最低位的位地址为（　　　）。

【2-14】　80C51 系列单片机可位寻址的范围包括两个区域，即可位寻址的特殊功能寄存器和内部 RAM 字节地址是 20H～2FH 的单元，这句话表述的是否正确？

【2-15】　可位寻址的特殊功能寄存器的最低位位地址与字节地址形式不同，这句话表述

是否正确？

【2-16】 堆栈遵循的原则是什么？SP 的名称是什么？初始化时 SP 的值是多少？通过堆栈操作实现子程序调用时，首先要把（　　）的内容入栈，以进行断点保护；调用子程序返回指令时，再进行出栈保护，把保护的断点进回到（　　）。

【2-17】 程序状态字 PSW 的作用是什么？常用的状态标志有哪几位，其作用是什么？若 A 中的内容为 63H，那么 P 标志位的值为（　　）；单片机复位后，PSW =（　　），这时当前的工作寄存器区是（　　）组工作寄存器区，R4 所对应的存储单元的地址为（　　）。

【2-18】 判断下列说法是否正确。

（1）AT89S51 中特殊功能寄存器（SFR）就是片内 RAM 中的一部分。（　　）

（2）片内 RAM 的位寻址区，只能供位寻址使用，而不能进行字节寻址。（　　）

（3）AT89S51 共有 21 个特殊功能寄存器，它们的位都是可用软件设置的，因此，是可以进行位寻址的。（　　）

（4）SP 称为堆栈指针，它指示了栈顶单元的地址。（　　）

【2-19】 80C51 系列单片机外部扩展 ROM 或 RAM 时，都会用到哪个引脚和锁存器连接，从而实现 P0 口地址和数据的分时复用？

【2-20】 试绘制 AT89S51 单片机的最小系统图。

【2-21】 80C51 系列单片机的 P0 口作地址和数据总线时为真正的双向口，不需接上拉电阻；作普通 I/O 口使用时需要接上拉电阻，否则不能正确输出高电平，要想保证能正确地读入各引脚的状态，在读入时还需要先执行向端口写"1"的操作，这句话表述是否正确？

【2-22】 P0～P3 口这 4 个口线作普通 I/O 口使用时使用方法完全一样？当要正确地读入这 4 个口引脚状态时，一般需要先执行向端口写"1"操作，如"MOV P0，#0FFH"，这句话是否正确？但系统复位后，P0～P3 这 4 个口线如电平未做任何修改，当需要采集引脚输入状态时，不需要执行写"1"操作指令，结果也是正确的，其原因是什么？

【2-23】 80C51 系列单片机 I/O 口的灌电流远远大于拉电流，因此一般其 I/O 口输出低电平驱动外设，该表述是否正确？

【2-24】 AT89S51 的 4 个并行双向口 P0～P3 的驱动能力各为多少？要想获得较大的输出驱动能力，采用低电平输出还是使用高电平输出？

【2-25】 试说出 80C51 系列单片机的 2 种复位方法，单片机复位后 SP、PC、P0～P3 这些特殊功能寄存器的状态。

【2-26】 80C51 系列单片机运行出错或程序进入死循环，如何摆脱困境？

【2-27】 80C51 系列单片机有几种低功耗方式？

第3章 80C51系列单片机的寻址方式和指令系统

【学习纲要】

指令是CPU按照人们的意图来完成某种操作的命令，一台计算机的CPU所能执行的全部指令的集合称为这个CPU的指令系统。指令系统功能的强弱决定了计算机的性能。

学习本章需要理解机器语言、汇编语言和C语言的应用特点和相互之间的关系；理解寻址的概念，熟练掌握80C51系列单片机的7种寻址方式，能够区分各种寻址方式寻址的范围；理解单片机的111条指令，其中由于传送类指令和控制转移类指令在程序中出现频次最高，应该作为学习重点。

单片机能直接识别和执行的指令是二进制编码（书写时常采用十六进制的形式）指令，称为机器指令，也称为机器语言。机器语言难编写、难读懂、难查错和难交流。为了编写程序的方便，人们采用便于记忆的符号（助记符）来表示机器指令，从而形成了所谓的符号指令，符号指令是机器指令的符号表示，所以它与机器指令一一对应。符号指令必须转换成机器指令后，单片机才能识别和执行，汇编语言就是典型的符号指令。

单片机常用的编程语言主要是汇编语言和C语言，其各自有自己的指令体系。但早期C语言编制的程序编译成二进制代码后，编译效率低，占用ROM空间过大，在业界应用较少。随着高效率C语言编译器（将C语言翻译成二进制代码的软件）的成功开发，目前用C语言编制的程序其编译后的代码效率只比直接使用汇编语言低20%左右，而其高级语言所具有的可读性好、可移植性强的优势受到了开发人员的认可。例如，为51系列单片机写的程序通过改写头文件以及少量的程序行，就可以方便地移植到PIC单片机上，这对汇编语言来说是绝对不可能的。对于51、AVR、PIC这三大类主流的单片机，由于其各自的汇编语言指令体系不同，程序不能互相移植。汇编语言是一种低级语言，直接面向机器硬件，不能独立于具体的机器（芯片）。

在一些速度和时序敏感的场合，C语言仍然略显不足，而有些特殊的要求必须通过汇编语言程序来实现。特别是C语言要通过编译器转换成机器码，而C语言的编译要远比汇编语言的编译过程复杂得多，且世界各厂家生产的编译器都不能说绝对可靠（当然大的厂家经过的测试环节多，稳定性更好些）。C语言程序在实际应用中常常在数组、指针、结构混用时编译成功，但运行结果出错。一旦出现这个问题，如果程序员不会查看对应的汇编指令，恐怕永远也找不到错误。但是用汇编语言编写的程序在可读性和移植性上远不如C语言。对于复杂的系统，开发人员会选用汇编语言和C语言混合编程来解决这些问题。因此在当今时代掌握汇编语言仍是十分必要的。

80C51系列单片机的汇编语言指令系统共有111条指令，按功能划分，可分为5大类：

1）数据传送类指令（29条）；

2）算术运算类指令（24条）；

3）逻辑运算及移位类指令（24 条）；

4）控制转移誊指令（17 条）；

5）位操作类指令（17 条）。

3.1 汇编语言的指令格式及其常用符号

3.1.1 汇编语言的指令格式

一条完整的 80C51 系列单片机汇编语言指令通常由标号、操作码、操作数（一般包括目的操作数和源操作数）及指令的注释几个部分构成。指令格式如下：

[标号:] <操作码> [操作数] [,操作数] [;注释]

在一条指令中，方括号中的内容可有可无，尖括号中的内容必须有。由指令格式可见，操作码是指令的核心，不可缺少。

标号：该指令的起始地址，是一种符号地址。标号可以由 1~8 个字符组成，第一个字符必须是字母，其余字符可以是字母、数字或其他特定符号，标号后跟分隔符 “:”。

操作码：指令的助记符，规定了指令所能完成的操作功能。

操作数：指出了指令的操作对象，操作数可以是一个具体的数据，也可以是存放数据的单元地址，还可以是符号常量或符号地址等。在一条指令中可能有多个操作数，操作数与操作数之间用 “,” 分隔。

注释：为了方便阅读而添加的解释说明性的文字，用 “;” 开头。

3.1.2 机器码的三种格式

汇编语言需要编译成用机器语言表达的机器码才能在 ROM 中存放。在 80C51 系列单片机汇编语言指令系统中，指令的字长有单字节、双字节、三字节 3 种，其编译后的机器码在程序存储器中分别占用 1~3 个单元。

80C51 指令系统的机器码根据其指令编码的长短不同可分为以下 3 种格式：

1. 单字节指令（49 条）

单字节指令有两种编码格式，分别介绍如下。

1）8 位编码只表示一个操作码，其格式为：

位号　7 6 5 4 3 2 1 0

机器码 | opcode |

例如：INC　A

该汇编指令的机器码为：0000 0100B，其十六进制数为 04H，操作数（累加器 A）隐含在操作码中。因此该指令对应的机器码只包含操作码 opcode，构成最简单的单字节指令。该指令的功能是将累加器 A 中的值自加 1。

2）8 位编码中包含操作码和寄存器编码，其格式为：

位号　7 6 5 4 3　2 1 0

机器码 | opcode | rrr |

这类指令中高 5 位表示操作码，低 3 位 rrr 为存放操作数的寄存器编码 Rn（$n = 0$，…，7）。

例如："MOV　A，R0"。该指令的编码为 1110 1000B，其十六进制表示为 E8H，低三位 000 为 R0 的编码，该指令的功能是将当前工作寄存器 R0 中的数据送到累加器 A 中。

2. 双字节指令（45 条）

双字节指令为 16 位编码，其格式为：

位号	7 6 5 4 3 2 1 0
第一字节	opcode
第二字节	data 或 direct

第一个字节表示操作码，第二个字节为参与操作的操作数 data 或数据所在地址 direct。

例如："MOV　A，#30H"。该指令两个字节的编码为 "0111 0100B，0011 0000B"，其十六进制表示为 "74H，30H"，其中 74H 存放在指令码的第一字节，data 这个具体的数据存放在第二字节。该指令的功能是把 30H 这个数送到累加器 A 中。

3. 三字节指令（17 条）

三字节指令为 24 位编码，其格式为：

位号	7 6 5 4 3 2 1 0
第一字节	opcode
第二字节	data 或 direct
第三字节	data 或 direct

第一个字节表示操作码，后两个字节为参与操作的操作数 data 或数据所在地址 direct。

例如："MOV　20H，#50H"。该指令的 3 个字节编码为 "0111 0101B，0010 0000B，0101 0000B"，其十六进制表示为 "75H，20H，50H"。第一个字节存放 75H 这个操作码，第二个字节存放目的地址 20H，第三个字节存放源操作数 50H。该指令的功能是把 50H 这个数传送到内部 RAM 的 20H 单元中。

3.1.3　指令中常用符号说明

在描述 80C51 系列单片机指令系统的功能时，经常使用的符号及意义如下：

Rn（$n = 0 \sim 7$）　当前选中的工作寄存器组中的寄存器 R0～R7 之一；

Ri（$i = 0$、1）　当前选中的工作寄存器组中可作为地址指针的寄存器 R0、R1；

#data　　　　8 位立即数；

#data16　　　16 位立即数；

direct　　　　片内 RAM 的低 128 个单元地址，也可以是特殊功能寄存器 SFR 的单元地址或符号；

addr11　　　11 位目的地址，只限于在 ACALL 和 AJMP 指令中使用；

addr16　　　16 位目的地址，只限于在 LCALL 和 LJMP 指令中使用；

rel　　　　　补码形式表示的 8 位地址偏移量，其值的范围：−128 ～ +127；

bit　　　　　片内 RAM 位寻址区或可位寻址的特殊功能寄存器的位地址；

@	间接寻址或变址寻址的前缀标志;
C	进位标志位, 也称为位累加器;
/	加在位地址的前面, 表示对该位先求反再参与操作, 但不影响该位的值;
(X)	由 X 指定的寄存器或地址单元中的内容;
((X))	由 X 寄存器的内容作为地址的存储单元的内容;
$	本条指令的起始地址;
←	指令操作流程, 将箭头右边的内容送到箭头左边的单元中;
↔	数据交换。

3.2　80C51 系列单片机的寻址方式

寻址就是寻找操作数的地址或指令转移的目标地址, 寻找操作数或指令目标地址的方式就是寻址方式。寻址方式总体上分为两大类: 一是操作数的寻址, 二是跳转、调用等指令所涉及的跳转目标地址和调用程序的首地址的寻址。为了学习方便, 本节只介绍操作数的寻址, 指令的跳转及调用涉及的转移目标地址将在 3.6 节详细介绍。

80C51 系列单片机的寻址方式有 7 种, 即立即数寻址、直接寻址、寄存器寻址、寄存器间接寻址、基址变址寻址、相对寻址、位寻址。

3.2.1　立即寻址

立即寻址就是操作数在指令中直接给出的寻址方式。通常把出现在指令中的操作数称为立即数, 为了与直接寻址指令中的直接地址相区别, 指令中需要在直接给出的具体数据前面加 "#" 标志。

【例 3-1】　执行指令 "MOV　A, #30H" 后累加器 A 的值是多少?

解: 执行指令如图 3-1 所示, 结果为(A) = 30H。

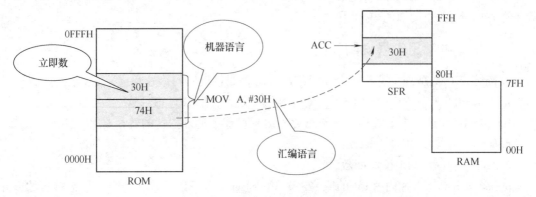

图 3-1　"MOV　A, #30H" 指令执行示意图

汇编指令 "MOV　A, #30H" 编译成机器码后为 "74H, 30H", 其中 30H 就是立即数。该指令的功能是将 30H 这个数本身送入累加器 A 中, 执行完这条指令后累加器 A 中的值为 30H, 即(A) = 30H。立即寻址所对应的存储空间为 ROM 空间 (立即数在 ROM 中存放)。

3.2.2　直接寻址

在指令中直接给出操作数存放在内部 RAM 的地址,或直接给出特殊功能寄存器的地址或符号地址,这种寻址方式称为直接寻址方式。此时,指令的操作数部分就是操作数的地址。

【例 3-2】　已知内部 RAM(30H) = 58H,执行指令"MOV　A,30H"后,累加器 A 中的值是多少?

解:执行指令过程如图 3-2 所示,结果为(A) = 58H。

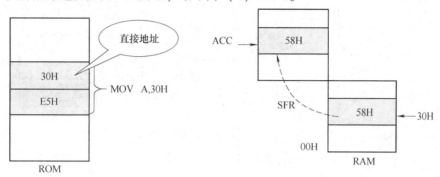

图 3-2　"MOV　A,30H"指令执行示意图

指令"MOV　A,30H"编译后在 ROM 中的机器码为"E5H,30H",其中 30H 就是表示直接地址,该指令的功能是把内部 RAM 地址为 30H 单元中的操作数 58H 传送给累加器 A,累加器中原先的数值被覆盖。

直接寻址方式可访问以下存储空间:

1) 内部 RAM 低 128 个字节单元,在指令中直接地址以单元地址的形式给出。

2) 特殊功能寄存器。对于特殊功能寄存器,其直接地址既可以写成特殊功能寄存器的直接地址形式,如"MOV　A,90H"中,90H 是特殊功能寄存器 P1 的直接地址;也可以采用特殊功能寄存器的符号名称来表示,如"MOV　A,P1"中,P1 是特殊功能寄存器的符号名称,也是符号地址,在指令中它与地址"90H"是等同的。实际操作中后一种方式更常被采用。

3.2.3　寄存器寻址

寄存器寻址就是以寄存器的内容作为操作数。在指令的操作数位置上指定了寄存器就能得到操作数。指令中以寄存器符号名称来表示寄存器。含有寄存器寻址的指令编译成机器码后隐含有该寄存器的编码(注意:该编码不是寄存器的地址)。

说明:本章所有的通用工作寄存器组均默认为 0 组通用寄存器。

【例 3-3】　如(R0) = 60H,则执行"MOV　A,R0"指令后,累加器 A 中的值是多少?

解:指令执行过程如图 3-3 所示,结果为(A) = 60H。

指令在 ROM 中的机器码为 E8H,指令对应的机器码是 E8H = 1110 1000B,二进制的后 3 位 000 就是隐含的 R0 寄存器的编码。由于寄存器在 CPU 内部,所以采用寄存器寻址可以获得较高的运算速度。

能实现这种寻址方式的寄存器有：

1）工作寄存器 R0~R7（4 组工作寄存器均可）。

2）累加器 A（注：使用 A 为寄存器寻址，使用 ACC 为直接寻址）。

3）寄存器 B（注：以 AB 寄存器对的形式出现）。

4）数据指针 DPTR。

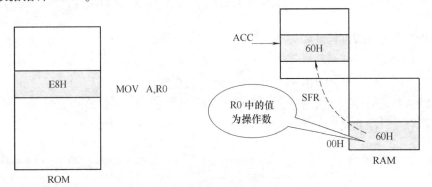

图 3-3 "MOV A，R0" 指令执行示意图

3.2.4 寄存器间接寻址

以寄存器中的内容作为 RAM 的地址，该地址中的内容才是操作数，这种寻址方式称为寄存器间接寻址。寄存器间接寻址也需在指令中指定某个寄存器，也是以符号名称来表示寄存器的，为了区别寄存器寻址和寄存器间接寻址，用寄存器名称前加 "@" 标志来表示寄存器间接寻址。

【例 3-4】 （R0）=60H，（60H）=32H，则执行 "MOV A，@R0" 指令后，累加器 A 和 R0 的值各是多少？

解： 指令执行过程如图 3-4 所示，结果为（A）=32H，（R0）=60H。

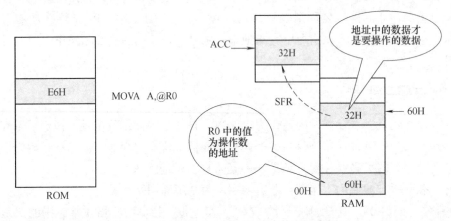

图 3-4 "MOV A，@R0" 指令执行示意图

本题中 R0 寄存器的内容 60H 是操作数的地址，内部 RAM 60H 单元的内容 32H 才是操作数，该操作数被复制到累加器 A 中，累加器 A 中原来的数据被覆盖了，结果为（A）=32H。

若是寄存器寻址指令 "MOV A，R0"，则执行结果为（A）=60H。

对这两类指令的差别和用法，一定要区分清楚。间接寻址理解起来较为复杂，但在编程时是极为有用的一种寻址方式。

80C51 系列单片机规定只能用寄存器 R0、R1、DPTR 作为间接寻址的寄存器，间接寻址可以访问的存储空间为内部 RAM 和外部 RAM。

1）内部 RAM 的低 128 个单元采用 R0、R1 作为间址寄存器，在指令中表现为 @ R0、@ R1的形式。

2）外部 RAM 的寄存器间接寻址有两种形式：一是采用 R0、R1 作为间址寄存器，指令中表现为 @ R0、@ R1 的形式，可寻址外部 RAM 的低 256 个单元，即可访问地址范围为0000H ~ 00FFH 的单元；二是采用 16 位的 DPTR 作为间址寄存器，指令中表现为 @ DPTR 的形式，可寻址外部 RAM 的整个 64KB 个地址空间，地址范围为 0000H ~ FFFFH 的单元。

3.2.5　变址寻址

变址寻址是以 DPTR 或 PC 作为基址寄存器，以累加器 A 作为变址寄存器（存放地址偏移量），并以两者内容相加形成的 16 位地址作为操作数地址。变址寻址用于以下两种情况：

1）用于对 ROM 的数据进行寻址，如：

$$MOVC \quad A, @ A + DPTR \quad ; A \leftarrow ((A) + (DPTR))$$
$$MOVC \quad A, @ A + PC \quad ; A \leftarrow ((A) + (PC))$$

第一条指令的功能是将累加器 A 的内容与数据指针 DPTR 的内容相加形成操作数在ROM 中的存放地址，把该地址中的内容送入累加器 A 中，如图 3-5 所示。第二条指令的功能是将累加器 A 的内容与程序计数器 PC 的当前值相加形成操作数在 ROM 中的存放地址，把该地址中的内容送入累加器 A 中。这两条指令常用于访问程序存储器中的数据表格，且都为一字节指令。

2）用于跳转指令，如"JMP　@ A + DPTR"。其功能是将累加器 A 的内容与数据指针DPTR 的内容相加形成指令跳转的目标地址，从而使程序转移到该地址运行。

注意：变址寻址所找到的地址为 ROM 空间的地址，指令中表现为 @ A + DPTR、@ A +PC 的形式。

【例 3-5】　若（A）= 03H，（DPH）= 20H，（DPL）= 00H，即（DPTR）= 2000H，ROM 的（2003H）= 66H。执行指令"MOVC　A，@ A + DPTR"后，累加器 A 的值是多少？

解：指令执行过程如图 3-5 所示，（A）= 66H。

该指令中累加器 A 的值和 DPTR 的值相加所得 2003H 为操作数所在 ROM 单元的地址，该地址中的数据 66H 才是要找的操作数，该指令将 66H 存入累加器 A，覆盖其中原来的值。

3.2.6　相对寻址

相对寻址只在相对转移指令中使用，指令中给出的操作数是相对地址偏移量 rel。相对寻址就是将程序计数器 PC 的当前值（正在执行指令的下一条指令的首地址）与指令中给出的偏移量 rel 相加，其结果作为转移地址送入 PC 中。这种寻址方式的操作是修改 PC 的值，可用来实现程序的分支转移。

rel 是一个带符号的 8 位二进制数，编译后以补码形式存放于 ROM 中，取值范围是− 128 ~ + 127，故 rel 给出了相对于 PC 当前值的跳转范围。

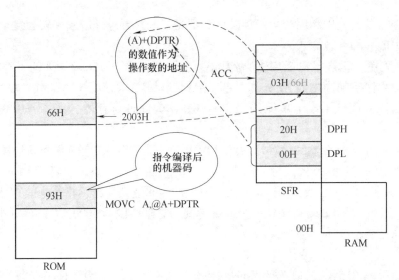

图 3-5 "MOVC A, @ A + DPTR"指令执行示意图

【例 3-6】 设指令"SJMP 54H"存放在 ROM 中以 2000H 起始的单元,求执行本指令后程序将跳转到何处执行?

解:这是无条件相对转移指令,是双字节指令,指令代码为"80H、54H",其中 80H 是该指令的操作码,54H 是偏移量。由于 PC 的当前值为本条指令的首地址加上本条指令的字节数,由于 SJMP 54H 在 ROM 中占用两个字节,因此 PC 的当前值为 2000H + 02H = 2002H,则转移地址为 2000H + 02H + 54H = 2056H。

故指令执行后,PC 的值变为 2056H,程序的执行顺序发生了转移。执行示意图如图 3-6 所示。

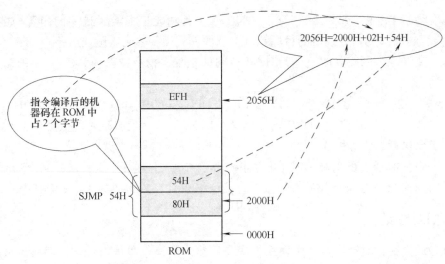

图 3-6 "SJMP rel"指令执行示意图

3.2.7 位寻址

80C51 系列单片机有位处理功能,对位地址中的内容进行操作的寻址方式称为位寻址。相应地,在指令系统中有一类位操作指令,它们采用位寻址方式,在指令的操作数位置上直

接给出位地址。

【例 3-7】　位地址为 07H 单元中的值为 1，CY = 0，执行"MOV　C，07H"指令后，CY 的值是多少?

解：指令的执行过程如图 3-7 所示，（CY）= 1。该指令的功能是把位地址 07H 中的值传送到位累加器 CY 中。80C51 系列单片机内部 RAM 有两个区域可以位寻址：一个是字节地址为 20H~2FH 单元的 128 位，另一个是字节地址能被 8 整除的特殊功能寄存器的相应位。

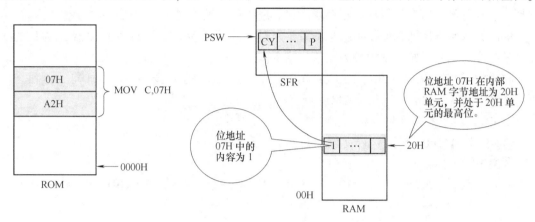

图 3-7　"MOV　C，07H"指令执行示意图

以上 7 种寻址方式所对应的寄存器和存储空间见表 3-1。

表 3-1　各寻址方式所对应的寄存器和存储空间

序　号	寻 址 方 式		寄存器或存储空间
1	基本方式	寄存器寻址	寄存器 R0~R7，A、AB、DPTR 和 C（布尔累加器）
2		直接寻址	片内 RAM 低 128B、SFR
3		寄存器间接寻址	片内 RAM（@ R0，@ R1，SP）
			片外 RAM（@ R0，@ R1，@ DPTR）
4		立即寻址	ROM
5	扩展方式	变址寻址	ROM（@ A + DPTR，@ A + PC）
6		相对寻址	ROM（PC 当前值的 + 127~ - 128B）
7		位寻址	可寻址位（内部 RAM 20H~2FH 单元的位和部分 SFR 的位）

3.3　数据传送类指令

数据传送类指令是最常用、最基本的一类指令。数据传送类指令的一般功能是把源操作数传送到目的操作数，指令执行后，源操作数不变，目的操作数被源操作数所代替。这类指令主要用于数据的传送、保存及交换等场合。在 80C51 系列单片机的指令系统中，各类数据传送指令共有 29 条，分述如下。

3.3.1　内部 RAM 数据传送指令

内部 RAM 的数据传送类指令共 16 条，包括累加器、寄存器、特殊功能寄存器、RAM 单元之间的相互数据传送。

1. 以累加器 A 为目的操作数的数据传送指令

MOV A, #data   ; A←data

MOV A, direct   ; A←(direct)

MOV A, Rn   ; A←(Rn)

MOV A, @Ri   ; A←((Ri))

这组指令的功能是将源操作数所指定的内容送入累加器 A 中。源操作数可以采用立即寻址、直接寻址、寄存器寻址和寄存器间接寻址 4 种寻址方式。

80C51 系列单片机多数数据的处理都要经过累加器 A 完成，所以以累加器 A 为目的操作数的指令是指令系统中使用最为频繁的指令。

【例 3-8】 若(R0)=20H, (20H)=66H,试分别求解每条指令执行后累加器 A 的值。

①MOV A, #20H   ; A←20H

②MOV A, 20H   ; A←(20H)

③MOV A, R0   ; A←(R0)

④MOV A, @R0   ; A←((R0))

解：每条指令执行结果为：①(A)=20H；②(A)=66H；③(A)=20H；④(A)=66H。

2. 以寄存器 Rn 为目的操作数的数据传送指令

MOV Rn, A   ; Rn←(A)

MOV Rn, #data   ; Rn←data

MOV Rn, direct   ; Rn←(direct)

这组指令的功能是将源操作数所指定的内容送到当前工作寄存器组 R0 ~ R7 中的某个寄存器中。源操作数可以采用累加器 A(属于寄存器寻址)、立即寻址和直接寻址。

注意：没有"MOV Rn, Rn"指令，也没有"MOV Rn, @Ri"指令。

【例 3-9】 已知(A)=50H, (R1)=10H, (R2)=20H, (R3)=30H, (30H)=4FH, 求解下面每条指令的执行结果。

①MOV R1, A   ; R1←(A)

②MOV R2, 30H   ; R2←(30H)

③MOV R3, #85H   ; R3←85H

解：每条指令执行结果为：①(R1)=50H；②(R2)=4FH；③(R3)=85H。指令②的执行过程如图 3-8 所示。

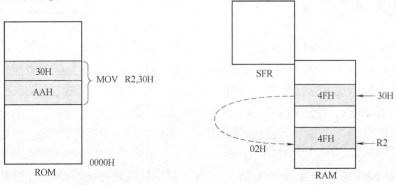

图 3-8 "MOV R2, 30H" 指令执行示意图

3. 以直接地址为目的操作数的数据传送指令

MOV　direct, A　　　; direct←(A)

MOV　direct, #data　; direct←data

MOV　direct1, direct2; direct1←(direct2)

MOV　direct, Rn　　　; direct←(Rn)

MOV　direct, @Ri　　; direct←((Ri))

这组指令的功能是将源操作数所指出的内容送入由直接地址 direct 所指定的片内存储单元。源操作数可以采用寄存器寻址、立即寻址、直接寻址和寄存器间接寻址。

注意："MOV　direct1, direct2"指令在译成机器码时, 源地址在前, 目的地址在后。

【例 3-10】　若(A) =36H, (50H) =22H, (R0) =60H, (60H) =72H, 求解分别执行下列指令后 40H 单元的值。

①MOV　40H, A　　; 40H←(A)

②MOV　40H, #50H　; 40H←50H

③MOV　40H, 50H　; 40H←(50H)

④MOV　40H, R0　　; 40H←(R0)

⑤MOV　40H, @R0　; 40H←((R0))

解: 每条指令执行结果为: ①(40H) =36H; ②(40H) =50H; ③(40H) =22H; ④(40H) =60H; ⑤(40H) =72H。指令⑤的执行过程如图 3-9 所示。

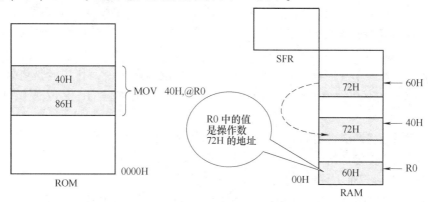

图 3-9　"MOV　40H, @R0"指令执行示意图

4. 以间接地址 @Ri 为目的操作数的数据传送指令

MOV　@Ri, A　　　; (Ri)←(A)

MOV　@Ri, #data　; (Ri)←data

MOV　@Ri, direct　; (Ri)←(direct)

这组指令的功能是把源操作数所指定的内容送入以 R0 或 R1 为地址指针的片内 RAM 单元中。源操作数可以采用寄存器寻址、立即寻址和直接寻址 3 种方式。

注意: 没有"MOV　@Ri, Rn"指令和"MOV　@Ri, @Ri"指令。

【例 3-11】　已知(R1) =60H, (A) =20H, (30H) =22H, 试分别求解下面每条指令的执行结果。

①MOV　@R1, A　　; (R1)←(A)

②MOV　@R1, #26H ; (R1)←26H

③MOV　@R1, 30H　; (R1)←(30H)

解: 每条指令用源操作数的值修改的寄存器的值作为地址单元中的内容, 寄存器的值不变。第三条指令的执行过程如图 3-10 所示。

每条指令执行结果为: ①(R1) = 60H, (60H) = 20H; ②(R1) = 60H, (60H) = 26H; ③(R1) = 60H, (60H) = 22H。

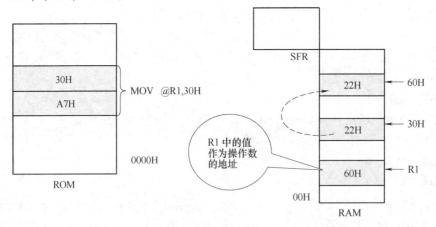

图 3-10 "MOV　@R1, 30H" 指令执行示意图

5. 以 DPTR 为目的操作数的数据传送指令

MOV　DPTR, #data16 ; DPTR←data16

这是 80C51 系列单片机指令系统唯一的一条 16 位传送指令, 其功能是将外部存储器 (RAM 或 ROM) 的某单元地址作为立即数送到 DPTR 中, 立即数的高 8 位送 DPH, 低 8 位送 DPL。

注意: 该指令在译成机器码时, 16 位立即数的高 8 位在前, 低 8 位在后。

在使用上述各类传送指令时, 需注意以下几点:

1) 要区分各种寻址方式的含义, 正确传送数据。

[**例 3-12**]　若(R0) = 30H, (30H) = 50H 时, 注意以下指令的执行结果:

MOV　A, R0　　　　; (A) = 30H

MOV　A, @R0　　　; (A) = (30H) = 50H

MOV　A, 30H　　　; (A) = (30H) = 50H

MOV　A, #30H　　　; (A) = 30H

2) 所有传送指令都不影响标志位。这里所说的标志位是指 CY、AC 和 OV, 涉及累加器 A 的将影响奇偶标志位 P。

3) 估算指令的字节数。凡是指令中既不包含直接地址, 又不包含 8 位立即数的指令均为一字节指令; 若指令中包含一个直接地址或 8 位立即数, 指令字节数为 2; 若包含两个这样的操作数, 则指令字节数为 3。如:

MOV　A, 　　@R0　　; 1-字节

MOV　A, 　　direct　; 2 字节

```
MOV   direct, #data   ; 3 字节
MOV   DPTR, #data16   ; 3 字节
```

3.3.2　访问外部 RAM 的数据传送指令 MOVX

单片机经常会与外部 RAM 进行数据交换，以及对外部 I/O 口输出控制信号或读取外部 I/O 口的状态。80C51 系列单片机与外部 RAM 或 I/O 口进行数据传送，都用 MOVX 指令，且必须采用寄存器间接寻址的方法，并通过累加器 A 来传送。

1. 单片机读取片外 RAM 或 I/O 口指令

```
MOVX   A, @DPTR   ; A←((DPTR))
MOVX   A, @Ri     ; A←((Ri))
```

第一条指令的功能是单片机读取以 DPTR 的值作为地址的外部 RAM 单元中的内容或 I/O 口状态，即单片机执行从外部 RAM 或 I/O 口的"读入"操作。由于 DPTR 可以存放 16 位二进制数，其可以寻址 64KB 的片外 RAM 和 I/O 口空间。指令执行时，DPH 中的高 8 位地址由 P2 口输出，DPL 中的低 8 位地址由 P0 口输出。

第二条指令的功能是单片机读取以 R0 或 R1 的值作为地址的外部 RAM 单元中的内容或 I/O 口状态，即单片机执行从外部 RAM 或 I/O 口的"读入"操作。由于 R0、R1 只可以存放 8 位二进制数，其只可以寻址外部 RAM 的低 256B 的片外 RAM 和 I/O 口空间（因为 Ri 取值为 0~255）。指令执行时，低 8 位地址在 R0 或 R1 中由 P0 口分时输出，高 8 位地址 P2 输出 00H。

读片外 RAM 的"MOVX"操作，使 P3.7 引脚输出的 $\overline{\text{RD}}$ 信号选通片外 RAM 单元，相应单元的数据从 P0 口读入累加器 A 中，源操作数属于间接寻址。

2. 单片机写片外 RAM 或 I/O 口指令

```
MOVX   @DPTR, A   ; (DPTR)←(A)
MOVX   @Ri, A     ; (Ri)←(A)
```

第一条指令是将累加器 A 中的内容传送给以 DPTR 值作为地址的外部 RAM 单元或 I/O 口，即单片机执行外部 RAM 或 I/O 口的"写出"操作。由于 DPTR 可以存放 16 位二进制数，因此其可以寻址 64 KB 的片外 RAM 和 I/O 口空间。指令执行时，在 DPH 中的高 8 位地址由 P2 口输出，在 DPL 中的低 8 位地址由 P0 口分时输出，并由 ALE 信号锁存在地址锁存器中。

第二条指令是将累加器 A 中的内容传送给以 R0、R1 的值作为地址的外部 RAM 单元或 I/O 端口，即单片机执行向外部 RAM 或 I/O 口的"写出"操作。由于 R0、R1 只能存放 8 位二进制数，因此可以寻址片外 RAM 和 I/O 口的低 256B 空间（因为 Ri 取值为 0~255）。指令执行时，低 8 位地址在 R0 或 R1 中由 P0 口分时输出，高 8 位地址 P2 输出 00H。

写片外 RAM 的"MOVX"操作，使 P3.6 引脚 $\overline{\text{WR}}$ 信号有效，累加器 A 的内容从 P0 口输出并写入选通的相应片外 RAM 单元，源操作数属于寄存器寻址。

注意：片外扩展的 I/O 接口进行数据的读、写没有专门的指令，只能与外部 RAM 共用这 4 条指令。

【例 3-13】　试编程，将片外 RAM 的 2000H 单元内容送入片外 RAM 的 20H 单元中。

解：片外 RAM 与片外 RAM 之间不能直接传送，需通过累加器 A；另外，当片外 RAM

地址值大于 0FFH 时，不能用 R0 和 R1 作为间址寄存器，需用 DPTR 作为间址寄存器。编程如下：

```
MOV    DPTR, #2000H    ; 源数据地址送 DPTR
MOVX   A,    @ DPTR    ; 从外部 RAM 中取数送 A
MOV    R0,   #20H      ; 目的地址送 DPTR
MOVX   @R0,  A         ; A 中内容送外部 RAM
```

3.3.3 读取 ROM 中常数表的查表指令 MOVC

通常 ROM 是用来存放供单片机 CPU 执行的二进制（或十六进制）的程序代码的，但其内部也可以用来存放固定不变的数据，如表格数据。读取 ROM 中常数表的查表指令 MOVC，能够将程序存储器表格中的数据或字段代码送到累加器 A 中。

```
MOVC   A, @ A + DPTR    ; A←((A) + (DPTR))
MOVC   A, @ A + PC      ; A←((A) + (PC))
```

这两条指令的功能是从程序存储器中读取源操作数送入累加器 A 中。源操作数均为变址寻址方式。两条指令都是一字节指令。

这两条指令特别适合于读取在 ROM 中建立的数据表格，故称做查表指令。虽然这两条指令的功能完全相同，但在具体使用中却有差异。

前一条指令是采用 DPTR 作为基址寄存器。在使用前可以很方便地把一个 16 位地址（表格首地址）送入 DPTR，实现在整个 64KB ROM 空间向累加器 A 的数据传送，即数据表格可以存放在 64KB 程序存储器的任意位置，因此第一条指令称为远程查表指令。远程查表指令使用起来比较方便。

后一条指令是以 PC 作为基址寄存器。在程序中，执行该查表指令时 PC 的值是不确定的，即为下一条指令的首地址，而不是表格首地址，其准确的值依赖于查表指令在 ROM 中的位置。这样基址和实际要读取的数据表格首地址就可能不一致，使得 (A) + (PC) 与实际要访问的单元地址不一致。为此，在使用该查表指令之前，必须用一条加法指令进行地址调整，地址调整只能通过对累加器 A 的内容进行调整，使得 (A) + (PC) 和所读 ROM 单元的地址保持一致。

【例 3-14】 若在外部 ROM 中 2000H 单元开始存放 (0~9) 的平方值 0, 1, 4, 9, …, 81，要求根据累加器 A 中的值 (0~9)，来查找所对应的平方值，并存入 60H 单元中。

解：1）用 DPTR 作为基址寄存器：

```
MOV    DPTR, #2000H    ; 表格首地址送 DPTR
MOVC   A,    @ A + DPTR    ; 根据表格首地址及 A 确定地址，取数送 A
MOV    60H,  A         ; 存结果
```

这种情况，(A) + (DPTR) 就是待求数的平方值在 ROM 表格中的存放地址。

2）用 PC 作为基址寄存器，在 MOVC 指令之前应先用一条加法指令进行地址调整，编程如下：

```
ADD    A,    #data     ; (A) + data 作为地址调整，本条指令占 2 字节
MOVC   A,    @ A + PC    ; (A) + data + (PC) 确定查表地址，取数送 A，本条指令
                          占 1 字节
```

```
MOV    60H,    A              ;存结果, 本条指令占 2 字节
RET                           ;本条指令占 1 字节
2000H: DB 0, 1, 4, 9, 16, 25, 36, …, 81
```

注意: 执行该查表指令时, PC 的当前值不是要查找的表格首地址 2000H, 两者之间存在地址差, 因此需进行地址调整, 使其能指向表格首地址。由于 PC 的内容不能随意改变, 所以只能借助于 A 来进行调整。故在 MOVC 指令之前, 先执行对 A 的加法操作, 其中#data 的值是由紧随 MOVC 指令的下一条指令的首地址与数据表格首地址之间的其他指令所占的字节数之和来确定。本例中, 查表指令与表格首地址之间只有两条指令, 即"MOV　60H, A"和"RET", 两者共占 3 个字节, 因此本题 data = 03H。

还应注意, 累加器 A 中的内容为 8 位无符号数, 该查表指令只能查找指令所在地址以后 256 B 范围内的数据, 即表格只能放在该指令所在地址之后的 256 个字节范围内, 故称之为近程查表指令。

3.3.4　数据交换指令

数据交换指令共有 5 条, 可完成累加器 A 和内部 RAM 单元之间的字节或半字节交换。

1. 整字节交换指令

整字节交换指令有 3 条, 完成累加器 A 与内部 RAM 单元内容的整字节(即 8 位二进制数据) 全部交换。指令如下:

```
XCH    A, Rn       ; (A)↔(Rn)
XCH    A, direct   ; (A)↔(direct)
XCH    A, @Ri      ; (A)↔((Ri))
```

【例 3-15】　已知(A) = 40H, (R0) = 20H, (30H) = 58H, (20H) = 4FH, 试分别求解下面 3 条指令(各自独立)的执行结果。

```
①XCH    A, R0    ; (A)↔(R0)
②XCH    A, 30H   ; (A)↔(30H)
③XCH    A, @R0   ; (A)↔((R0))
```

解: 每条指令执行结果为: ①(A) = 20H, (R0) = 40H, ②(A) = 58H, (30H) = 40H, ③(A) = 4FH, (R0) = 20H, (20H) = 40H。

【例 3-16】　试编程, 将外部 RAM 1000H 单元中的数据与内部 RAM 6AH 单元中的数据相互交换。

解: 数据交换指令只能完成累加器 A 和内部 RAM 单元之间的数据交换, 要完成外部 RAM 与内部 RAM 之间的数据交换, 需先把外部 RAM 中的数据取到 A 中, 交换后再送回到外部 RAM 中。编程如下:

```
MOV    DPTR,    #1000H    ;外部 RAM 地址送 DPTR
MOVX   A,       @DPTR     ;从外部 RAM 中取数送 A
XCH    A,       6AH       ;A 与 6AH 地址中的内容进行交换
MOVX   @DPTR,   A         ;交换结果送外部 RAM
```

2. 半字节交换指令

```
XCHD   A, @Ri      ; (A)_{3~0}↔((Ri))_{3~0}
```

该指令功能是将累加器 A 中的低 4 位和 Ri 间接寻址找到的数据低 4 位交换，而各自的高 4 位内容都保持不变。

【例 3-17】 已知(A) = 40H，(R0) = 26H，(26H) = 3FH，试求解下面指令的执行结果。

XCHD   A，@ R0   ；(A)$_{3\sim0}$ ↔ ((R0))$_{3\sim0}$

解：指令执行结果为：(A) = 4FH，(R0) = 26H，(26H) = 30H。

3. 累加器高低半字节交换指令

SWAP   A   ；(A)$_{7\sim4}$ ↔ (A)$_{3\sim0}$

由于十六进制数或 BCD 码都是以 4 位二进制数表示，因此 SWAP 指令主要用于实现十六进制数或 BCD 码的数位交换。

【例 3-18】 已知(A) = 40H，试求解下面指令的执行结果。

SWAP   A   ；(A)$_{7\sim4}$ ↔ (A)$_{3\sim0}$

解：指令执行结果为(A) = 04H。

3.3.5 堆栈操作指令

堆栈操作指令可以实现对现场数据或断点地址的保护，它只有两条指令：

1. 进栈指令

PUSH   direct   ；SP←(SP) + 1， (SP)←(direct)

进栈指令的功能是先将栈顶指针 SP 的内容加 1，使栈区向上生长出一个栈顶空单元，然后将直接地址 direct 单元的内容送入栈顶空单元。指令中如用到累加器 A，必须写出符号地址 ACC 的形式或写出直接地址 E0H，不能写成 A 的形式。

【例 3-19】 如图 3-11a 所示，已知(SP) = 41H，(41H) = 22H，且(A) = 18H，执行 PUSH ACC 指令后，试回答：①执行指令之前栈顶单元的地址是多少？②指令执行后栈顶单元的地址是多少？③执行指令后(SP)、(42H)的值是多少？

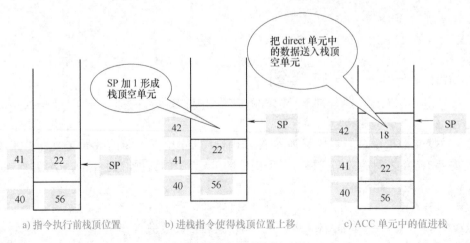

a) 指令执行前栈顶位置　　　b) 进栈指令使得栈顶位置上移　　　c) ACC 单元中的值进栈

图 3-11　进栈指令执行过程

解：指令执行过程如图 3-11b、c 所示。

①指令执行前栈顶单元的地址就是 SP 的值，即 41H；

②指令执行后栈顶单元的地址为 42H；

③(SP) =42H，(42H) =18H。

2. 出栈指令

POP　direct　　；direct←((SP))，SP←(SP) −1

出栈指令的功能是将 SP 所指出的栈顶单元的内容送入 direct 直接地址单元，然后将堆栈指针 SP 的内容减 1，使之指向新的栈顶单元。

【例 3-20】　如图 3-12a 所示，已知(SP) =41H，(41H) =22H，执行 POP 5FH 指令后，试回答：①执行指令之前栈顶单元的地址是多少？②指令执行后栈顶单元的地址是多少？③执行指令后(SP)、(5FH)的值是多少？

解：指令执行过程如图 3-12b、c 所示。

①指令执行前栈顶单元的地址就是 SP 的值，为 41H；

②指令执行后栈顶单元的地址为 40H；

③(SP) =40H，(5FH) =22H。

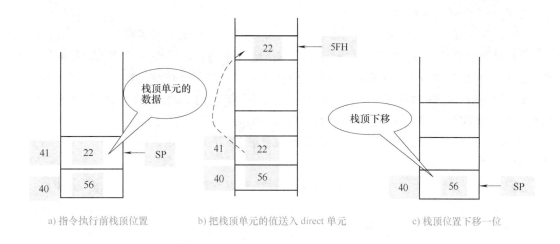

a) 指令执行前栈顶位置　　　　b) 把栈顶单元的值送入 direct 单元　　　　c) 栈顶位置下移一位

图 3-12　出栈指令执行过程

注意：无论是进栈还是出栈均是对栈顶单元进行操作，且这两条指令的操作数只能采用直接寻址方式，不能用累加器 A 或工作寄存器 Rn 作为操作数。利用堆栈操作指令也可以完成数据的传送。

3.4　算术运算类指令

80C51 系列单片机的算术运算类指令共有 24 条，可以完成加、减、乘、除等各种操作，全部指令都是 8 位数运算指令。如果需要做 16 位数的运算则需编写相应的程序来实现。算术运算的大部分指令均以累加器 A 作为源操作数之一，并且运算结果还存放在累加器 A 中。

3.4.1 加法指令

1. 不带进位加法指令

ADD　A, #data　; A←(A) + data

ADD　A, direct　; A←(A) + (direct)

ADD　A, Rn　　 ; A←(A) + (Rn)

ADD　A, @Ri　　; A←(A) + ((Ri))

这组指令的功能是把源操作数所指出的内容与累加器 A 的内容相加, 其结果存放在 A 中。源操作数的寻址方式分别为立即寻址、直接寻址、寄存器寻址和寄存器间接寻址。运算结果对程序状态字 PSW 中的 CY、AC、OV 和 P 的影响情况如下。

进位标志 CY: 在加法运算中, 如果 D7 位向上有进位, 则 CY = 1; 否则, CY = 0。由无符号二进制数的运算法则可知, 应将 CY 作为和的最高位计入结果, 即运算结果是 9 位二进制数; 带符号数运算时不需要考虑 CY 的值。

半进位标志 AC: 在加法运算中, 如果 D3 位向上有进位, 则 AC = 1; 否则, AC = 0, 表示相加的两个数的低 4 位的和大于 16。

溢出标志 OV: 在加法运算中, 如果 D7、D6 位只有一个向上有进位时, OV = 1; 如果 D7、D6 位同时有进位或同时无进位时, OV = 0。由二进制补码的表达范围和运算法则可以推导得出, 若出现 D7、D6 位只有一个向上有进位时, 一定是计算结果超出了补码的表达范围, 即对于带符号数的加法 OV = 1, 表示运算结果是错误的。因此该标志位只在带符号数进行运算时才需要编程人员观察, 在无符号数进行加法运算时没有意义。

奇偶标志 P: 当累加器 A 中 "1" 的个数为奇数时, P = 1; 当累加器 A 中 "1" 的个数为偶数时, P = 0。

【例 3-21】 设有两个无符号数分别存放于累加器 A 和内部 RAM 30H 单元, 其中 (A) = 94H, (30H) = 8DH, 试分析执行指令 "ADD　A, 30H" 后两个数的和及各标志位的情形。

解: 不带进位的加法指令操作如下:

$$
\begin{array}{r}
1001\ 0100 \\
+\quad 1000\ 1101 \\
\hline
1\ 0010\ 0001
\end{array}
$$

依据二进制加法的法则可得指令执行结果为: (A) = 21H。

依据加法指令对 PSW 标志位的影响规则可得: (CY) = 1, (AC) = 1, (OV) = 1, (P) = 0。

分析: 由于参加运算的两个数都是无符号数 (其表达范围为 0 ~ 255), 因此和的十六进制表达形式为 121H, 二进制的表达形式为 1 0010 0001B, 共 9 位二进制数, 由于 CY = 1, 因此二进制表达结果的最高位也是 1。由于是无符号二进制数运算, 不需要观察 OV 的值。

【例 3-22】 设有两个带符号数分别存放于累加器 A 和内部 RAM 30H 单元, 其值分别为 (A) = 94H, (30H) = 8DH, 试分析执行指令 "ADD　A, 30H" 后的结果。

解: 运算过程及对标准位的影响与例 3-21 相同。

由于本题参加操作的都是有符号数（用补码表示），结果中 OV = 1，它表示运算结果超出了单片机补码的表达范围，因此存放在累加器 A 中的结果是错误的，需丢弃。另外从累加器 A 的结果也可以得到验证，两个负数相加，结果却为正数，很显然是错误的。

注意：两个正数相加或两个负数相加时，可能发生溢出（结果超出补码的表达范围 – 128 ～ + 127），则和的符号位将与加数和被加数不同，所得结果错误，OV = 1 正好指出了这一类错误。需要明确一点的是：只有编程人员知道参与运算的操作数是否是带符号数，单片机无从知道参与运算的操作数是带符号数还是无符号数。只要是加法运算，单片机在每次运算后，都会按规则自动设置标志位 CY、OV、AC、P。编程人员如果进行的是无符号数运算，则不需要观测 OV，只需要观测其他 3 个标志位即可。如果编程人员进行的是带符号数运算，则应首先查看 OV，OV 不为 "1" 结果才有意义，在带符号运算中 CY、AC 一般无实际意义。这些标志位方便了编程人员了解当前的运算结果，帮助其确定程序的走向。

2. 带进位加法指令

```
ADDC    A, #data   ; A←(A) + data + (CY)
ADDC    A, direct  ; A←(A) + (direct) + (CY)
ADDC    A, Rn      ; A←(A) + (Rn) + (CY)
ADDC    A, @Ri     ; A←(A) + ((Ri)) + (CY)
```

这组指令的功能是把源操作数所指出的内容与累加器 A 的内容相加，再加上进位标志 CY 的值，其结果存放在 A 中。源操作数的寻址方式分别为立即寻址、直接寻址、寄存器寻址和寄存器间接寻址。运算结果对 PSW 标志位的影响与 ADD 指令相同。

需要说明的是，这里所加的进位标志 CY 的值是在该指令执行之前已经存在的进位标志值，而不是执行该指令过程中产生的进位标志值。例如：若这组指令执行之前（CY）= 0，则执行结果与不带进位位 CY 的加法指令结果相同。

【例 3-23】 设有两个无符号数分别存放于累加器 A 和内部寄存器 R1 单元，其中（A）= 0AEH，（R1）= 81H，（CY）= 1，试求执行指令 "ADDC　A，R1" 的结果。

解：带进位的加法指令操作如下：

$$
\begin{array}{r}
1010\ 1110 \\
1000\ 0001 \\
+)\qquad\qquad 1\leftarrow(CY) \\
\hline
1\ 0011\ 0000
\end{array}
$$

依据二进制加法的法则可得指令执行结果为：（A）= 30H。

依据 ADDC 加法指令对 PSW 标志位的影响规则可得：（CY）= 1，（OV）= 1，（AC）= 1，（P）= 0。

因此题中两个无符号二进制数的运算结果：十六进制形式为 130H，二进制形式为 100110000B。

带进位加法指令主要用于多字节数据的加法运算。因低位字节相加时可能产生进位，而在进行高位字节相加时，要考虑低位字节向高位字节的进位，因此必须使用带进位的加法指令。

【例 3-24】 设有两个无符号 16 位二进制数，分别存放在 30H、31H 单元和 40H、41H 单元中（低 8 位先存），写出两个 16 位数的加法程序，将和存入 50H、51H 单元（设和不超过 16 位）。

解：由于 80C51 系列单片机不存在 16 位数的加法指令，所以只能先加低 8 位，后加高 8 位，而在加高 8 位时要连低 8 位产生的进位一起相加，编程如下：

```
MOV   A,    30H      ; 取一个加数的低字节送 A 中
ADD   A,    40H      ; 两个低字节数相加
MOV   50H,  A        ; 结果送 50H 单元
MOV   A,    31H      ; 取一个加数的高字节送 A 中
ADDC  A,    41H      ; 高字节数相加，同时加低字节产生的进位
MOV   51H,  A        ; 结果送 51H 单元
```

3. 加 1 指令

```
INC   A            ; A←(A) +1
INC   direct       ; direct←(direct) +1
INC   Rn           ; Rn←(Rn) +1
INC   @Ri          ; (Ri)←((Ri)) +1
INC   DPTR         ; DPTR←(DPTR) +1
```

这组指令的功能是进行无符号数的运算，其将操作数所指定单元的内容加 1。本组指令除 "INC A" 指令影响 P 标志外，其余指令均不影响 PSW 标志。

加 1 指令常用来修改操作数的地址，以便于使用间接寻址方式。

【例 3-25】 若已知 (A) =20H，(30H) =36H，(R7) =58H，(R0) =50H，(50H) =08H，(DPTR) =2000H，试计算下列指令的结果。

```
①INC  A            ; A←(A) +1
②INC  30H          ; 30H←(30H) +1
③INC  R7           ; R7←(R7) +1
④INC  @R0          ; (R0)←((R0)) +1
⑤INC  DPTR         ; DPTR←(DPTR) +1
```

解：指令执行结果为：① (A) =21H；② (30H) =37H；③ (R7) =59H；④ (R0) =50H，(50H) =09H；⑤ (DPTR) =2001H。

4. 十进制调整指令

十进制数在单片机中是以 BCD 码的形式参与运算的，由于单片机没有单独的 BCD 码运算指令，要进行 BCD 码加法运算，也要用加法指令 ADD 或 ADDC。然而计算机执行 ADD 或 ADDC 指令进行加法运算时，是按照二进制规则进行的，对于 4 位二进制数是以 "逢 16 进位" 为原则；而 BCD 码的运算法则是以 "逢 10 进位" 为原则，两者存在进位差，因此用 ADD 或 ADDC 指令进行 BCD 码相加时结果可能会出现错误。这时就需要对相加的结果进行调整，十进制调整指令为：

```
DA   A
```

该指令的功能是对压缩 BCD 码（一个字节存放 2 位 BCD 码）的加法结果进行修正。该指令只影响进位标志 CY。

【例 3-26】　试分析单片机对下列 3 个 BCD 码给出的算式运算结果是否正确。

(a) 3 + 5 = 8	(b) 6 + 7 = 13	(c) 8 + 9 = 17
0011	0110	1000
+) 0101	+) 0111	+) 1001
——————	——————	——————
1000	1101	1 0001

解：在上述 3 组运算中，(a) 的运算结果是正确的，因为 8 的 BCD 码就是 1000；(b) 的运算结果是错误的，因为 13 的 BCD 码应是 0001 0011，但单片机给出的运算结果却是 0000 1101，BCD 码中没有这个编码；(c) 的运算结果也是错误的，因为 17 的 BCD 码应是 0001 0111，而运算结果是 0001 0001。

由此可知，当两个 BCD 码的对应位相加，运算结果在 10～16 之间或大于 16 时，都将出现错误结果，因此要对结果进行修正，这就是所谓的十进制调整问题。

使用"DA　A"指令可修正这种错误，它能对运算结果自动进行调整。调整方法如下：

①累加器低 4 位大于 9 或辅助进位位 AC = 1，则进行低 4 位加 6 修正。

②累加器高 4 位大于 9 或辅助进位位 AC = 1，则进行高 4 位加 6 修正。

③累加器高 4 位为 9，低 4 位大于 9，则高 4 位和低 4 位分别加 6 修正。

在执行"DA　A"指令之后，若 CY = 1，则表明相加后的和已等于或大于十进制数 100。

【例 3-27】　试编写程序，实现两位十进制数 95、59 的 BCD 码加法，并将结果存入 30H、31H 单元。

解：
```
        MOV   A,    #95H    ; 95 的 BCD 码数送 A 中
        ADD   A,    #59H    ; A 与 59 的 BCD 码相加，结果 (A) = 0EEH，不符合 BCD
                             码的形式
        DA    A            ; 对相加结果进行十进制调整，(A) = 54H，(CY) = 1
        MOV   30H,  A      ; A 中的和（十位、个位的 BCD 码）存入 30H
        MOV   A,    #00H    ; A 清零
        ADDC  A,    #00H    ; 加进位（百位的 BCD 码）
        DA    A            ; BCD 码相加之后，必须使用调整指令
        MOV   31H,  A      ; 存进位
```

第一次执行"DA　A"指令的结果：(A) = 54H，CY = 1。

最终结果：(31H) = 01H，(30H) = 54H，即单片机给出的 BCD 码相加结果为 154，结果正确。

需要指出的是，"DA　A"指令只能用在加法指令的后面。

3.4.2　减法指令

1. 带借位减法指令
```
SUBB  A, #data    ; A←(A) – data – (CY)
SUBB  A, direct   ; A←(A) – (direct) – (CY)
SUBB  A, Rn       ; A←(A) – (Rn) – (CY)
SUBB  A, @Ri      ; A←(A) – ((Ri)) – (CY)
```

这组指令的功能是将累加器 A 中的数，减去源操作数所指出的数和上一次减法指令所产生的借位位 CY，其结果存放在累加器 A 中。源操作数的寻址方式分别为立即寻址、直接寻址、寄存器寻址和寄存器间接寻址。运算结果对程序状态字 PSW 中各标志位的影响情况如下。

借位标志 CY：在减法运算中，如果 D7 位向上需借位，则 CY = 1；否则，CY = 0。

半借位标志 AC：在减法运算中，如果 D3 位向上需借位，则 AC = 1；否则，AC = 0。

溢出标志 OV：在减法运算中，如果 D7、D6 位只有一个向上需借位时，OV = 1；如果 D7、D6 位同时需借位或同时无借位时，OV = 0。

奇偶标志 P：当累加器 A 中 "1" 的个数为奇数时，P = 1；为偶数时，P = 0。

减法运算只有带借位减法指令，而没有不带借位的减法指令。若要进行不带借位的减法运算，应该先用指令将 CY 清零，然后再执行 SUBB 指令。

【例 3-28】 设 (A) = 0DBH，(R4) = 73H，(CY) = 1，试分析执行指令 "SUBB A, R4" 后的差和各标志位的状态。

解：

$$1101\ 1011\ （DBH）$$
$$0111\ 0011\ （73H）$$
$$-)\qquad\qquad 1\ （CY）$$
$$\overline{}$$
$$0110\ 0111$$

结果为：(A) = 67H，(CY) = 0，(AC) = 0，(OV) = 1。

在此例中，若 DBH 和 73H 是两个无符号数，则结果 67H 是正确的；反之，若为两个带符号数，则由于产生溢出（OV = 1），使得结果是错误的，因为负数减正数其结果不可能是正数，OV = 1 就指出了这一错误。

2. 减 1 指令

DEC　A　　　　; A←(A) - 1
DEC　direct　　; direct←(direct) - 1
DEC　Rn　　　　; Rn←(Rn) - 1
DEC　@Ri　　　; Ri←((Ri)) - 1

这组指令的功能是将操作数所指定单元的内容减 1。除 "DEC A" 指令影响 P 标志外，其余指令均不影响 PSW 标志。

【例 3-29】 若已知 (A) = 20H，(30H) = 36H，(R7) = 58H，(R0) = 50H，(50H) = 08H，试计算下列指令的结果。

①DEC　A　　; A←(A) - 1
②DEC　30H　; 30H←(30H) - 1
③DEC　R7　 ; R7←(R7) - 1
④DEC　@R0 ; (R0)←((R0)) - 1

解：指令执行后：① (A) = 1FH；② (30H) = 35H；③ (R7) = 57H；④ (R0) = 50H；(50H) = 07H。

3. BCD 码的减法指令

由于 "DA A" 指令只能用在加法指令的后面，如果要进行 BCD 码减法运算，也应该进行调整，但在 80C51 系列单片机中没有十进制减法调整指令，也不像有的微处理器有加、减标志，因此要用适当的方法来进行十进制减法运算。

为了进行十进制减法运算，可用加、减数的补数来进行，两位十进制数是对 100 取补的。例如：60 - 30 = 30，也可以改为补数相加，即

$$60 + (100 - 30) = 130$$

丢掉进位后，就得到正确的结果。

在实际运算时，不可能用 9 位二进制数来表示十进制数 100，因为 CPU 是 8 位的。为此，可用 8 位二进制数 1001 1010（9AH）来代替。因为这个二进制数经过十进制调整后就是 1 0000 0000。因此，十进制无符号数的减法运算可按以下步骤进行：

1）求减数的补数，即 9AH - 减数。

2）被减数与减数的补数相加。

3）对第二步的和进行十进制调整，就得到所求的十进制减法运算结果。

这里用"补数"而没有用"补码"，这是为了和带有符号位的补码相区别。由于现在操作数都是正数，没有必要再加符号位，故称"补数"更为合适一些。

【例 3-30】　编写程序实现十进制减法，计算 87 - 38 的结果。

解：CLR　　C　　　　　；减法之前，先清 CY 位，即（CY）= 0

　　MOV　　A，#9AH　　；9AH 送 A 中

　　SUBB　　A，#38H　　；做减法，计算 38 的补数送 A 中

　　ADD　　A，#87H　　；38 的补数与 87 做加法

　　DA　　　A　　　　　；对相加结果进行调整

分析：减数求补数　　　　　　　与被减数相加　　　　　　　十进制调整

　　　1001 1010　　（9AH）　　　0110 0010　　（87H）　　　1110 1001（E9H）

　　- ）0011 1000　　（38H）　　+ ）1000 0111　　（62H）　　+ ）0110 0000（60H）

　　　0110 0010→（62H）　　　1110 1001→（E9H）　　　1 0100 1001

丢掉进位，取调整结果的低 8 位，即得结果为十进制数 49，显然是正确的结果。

3.4.3　乘、除法指令

80C51 系列单片机有乘、除法指令各一条，它们都是一字节指令，执行需 4 个机器周期的时间。

1. 乘法指令

MUL　　AB　　　；BA←（A）×（B）

这条指令的功能是把累加器 A 和寄存器 B 中的两个 8 位无符号数相乘，所得 16 位乘积的低 8 位放在 A 中，高 8 位放在 B 中。

乘法指令执行后会影响 3 个标志：若乘积小于 FFH（即 B 的内容为零），则 OV = 0，否则 OV = 1；CY 总是被清零；奇偶标志 P 仍按累加器 A 中 1 的奇偶性来确定，1 的个数是奇数则 P = 1，反之 P = 0。

【例 3-31】　已知（A）= 80H，（B）= 32H，试求执行指令 MUL AB 的结果。

解：指令执行结果为：（A）= 00H，（B）= 19H，OV = 1，CY = 0，P = 0。（（A）×（B）=

1900H，计算结果大于 FFH。）

2. 除法指令

DIV AB ；A←(A)/(B)之商，B←(A)/(B)之余数

这条指令的功能是对两个 8 位无符号数进行除法运算。其中被除数存放在累加器 A 中，除数存放在寄存器 B 中，指令执行后，商存于累加器 A 中，余数存于寄存器 B 中。

除法指令执行后也影响 3 个标志：若除数为零（B=0）时，OV=1，表示除法没有意义；若除数不为零，则 OV=0，表示除法正常进行；CY 总是被清零；奇偶标志 P 仍按累加器 A 中"1"的奇偶性来确定，1 的个数是奇数则 P=1，反之 P=0。

【例3-32】 已知（A）=87H（135D），（B）=0CH（12D），试求执行指令"DIV AB"后的结果。

解：指令执行结果为：(A)=0BH；(B)=03H；OV=0；CY=0；P=1。

算术运算类指令大多数要影响到程序状态字寄存器 PSW 中的 4 个标志位，算术运算指令对标志位的影响详见表 3-2，其中：

1) CY 为 1，表示无符号数进行加、减法运算发生了进位或借位。

2) OV 为 1，表示带符号数进行加、减法运算，结果超出补码的表达范围（−128 ~ +127）；或无符号数进行乘法运算时积超出 255；或进行除法运算时除数为 0。

3) AC 为 1，如果用 BCD 码进行十进制加法时，AC 为 1，表示在加法指令后需要加十进制调整指令。

4) P 为 1，表示存在于累加器 A 中运算结果 1 的个数为奇数。

表 3-2 算术运算指令对状态标志位的影响

指令 标志	ADD、ADDC、SUBB	DA	MUL	DIV
CY	✓	✓	0	0
AC	✓	×	×	×
OV	✓	×	✓	✓
P	✓	×	✓	✓

3.5 逻辑运算及移位类指令

逻辑运算的特点是按位进行。逻辑运算包括与、或、异或三类，每类都有 6 条指令。此外还有移位指令及对累加器 A 清零和求反指令，逻辑运算及移位类指令共有 24 条。

3.5.1 逻辑与运算指令

ANL A, #data ；A←(A)∧data

ANL A, direct ；A←(A)∧(direct)

ANL A, Rn ；A←(A)∧(Rn)

ANL A, @Ri ；A←(A)∧((Ri))

ANL direct, A ；direct←(direct)∧(A)

ANL direct, #data ；direct←(direct)∧data

这组指令中前 4 条指令是将累加器 A 的内容和源操作数所指出的内容按位相与，结果存放在 A 中；后两条指令是将直接地址单元中的内容和源操作数所指出的内容按位相与，结果存入直接地址所指定的单元中。

逻辑与运算指令常用于将某些位屏蔽（即使之为零）。方法是：将要屏蔽的位同 "0" 相与，要保留的位同 "1" 相与。

3.5.2　逻辑或运算指令

ORL	A,	#data	; A←(A) ∨ data
ORL	A,	direct	; A←(A) ∨ (direct)
ORL	A,	Rn	; A←(A) ∨ (Rn)
ORL	A,	@ Ri	; A←(A) ∨ ((Ri))
ORL	direct,	A	; direct←(direct) ∨ (A)
ORL	direct,	#data	; direct←(direct) ∨ data

这组指令中前 4 条指令是将累加器 A 的内容与源操作数所指出的内容按位相或，结果存放在 A 中。后两条指令是将直接地址单元中的内容与源操作数所指出的内容按位相或，结果存入直接地址所指定的单元中。

逻辑或运算指令常用于将某些位置位（即使之为 1），方法是：将要置位的位同 "1" 相或，要保留的位同 "0" 相或。

【例 3-33】　将累加器 A 的低 4 位送到特殊功能寄存器 P1 的低 4 位，而 P1 的高 4 位保持不变。

解：这种操作不能简单地用 MOV 指令实现，而可以借助与、或逻辑运算。程序如下：

ANL	A,	#0FH	; 屏蔽 A 的高 4 位，保留低 4 位
ANL	P1,	#0F0H	; 屏蔽 P1 的低 4 位，保留高 4 位
ORL	P1,	A	; 通过或运算，完成所需操作

3.5.3　逻辑异或运算指令

XRL	A,	#data	; A←(A) ⊕ data
XRL	A,	direct	; A←(A) ⊕ (direct)
XRL	A,	Rn	; A←(A) ⊕ (Rn)
XRL	A,	@ Ri	; A←(A) ⊕ ((Ri))
XRL	direct,	A	; direct←(direct) ⊕ (A)
XRL	direct,	#data	; direct←(direct) ⊕ data

这组指令中前 4 条指令是将累加器 A 的内容和源操作数所指出的内容按位异或运算，结果存放在 A 中。后两条指令是将直接地址单元中的内容和源操作数所指出的内容按位异或运算，结果存入直接地址所指定的单元中。

逻辑异或运算指令常用于将某些位取反，方法是：将需求反的位同 "1" 相异或，要保留的位同 "0" 相异或。

【例 3-34】　试编程，使内部 RAM 30H 单元中的低 2 位清零，高 2 位置 1，其余 4 位取反。

解：ANL　30H，#0FCH　　；30H 单元中低 2 位清零

　　ORL　30H，#0C0H　　；30H 单元中高 2 位置 1

　　XRL　30H，#3CH　　 ；30H 单元中中间 4 位变反

3.5.4 累加器清零、取反指令

累加器清零指令（1 条）：

CLR　A　　　；A←0

累加器按位取反指令（1 条）：

CPL　A　　 ；A←$(\overline{A})$

这两条指令的功能是把累加器 A 的值清零或按位取反。清零和取反指令只有累加器 A 才有，它们都是一字节指令。

80C51 系列单片机只有对 A 的取反指令，没有求补指令。若要进行求补操作可按 "求反加 1" 来进行。

以上所有的逻辑运算指令，对 CY、AC 和 OV 标志都没有影响，只在涉及累加器 A 时，才会影响奇偶标志 P。

3.5.5 循环移位指令

80C51 系列单片机的移位指令只能对累加器 A 进行移位，共有循环左移、循环右移、带进位的循环左移和右移 4 种：

循环左移　　　　RL　A　　；$(A)_{i+1}←A_i$，$(A)_0←(A)_7$

循环右移　　　　RR　A　　；$(A)_i←(A)_{i+1}$，$(A)_7←(A)_0$

带进位循环左移　RLC　A　　；$(A)_0←CY$，$(A)_{i+1}←(A)_i$，$CY←(A)_7$

带进位循环右移　RRC　A　　；$(A)_7←CY$，$(A)_i←(A)_{i+1}$，$CY←(A)_0$

前两条指令的功能分别是将累加器 A 的内容循环左移或右移一位，执行后不影响 PSW 中的标志位；后两条指令的功能分别是将累加器 A 的内容和进位位 CY 一起循环左移或右移一位，执行后影响 PSW 中的进位位 CY 和奇偶标志位 P。

以上移位指令可用图形表示，如图 3-13 所示。

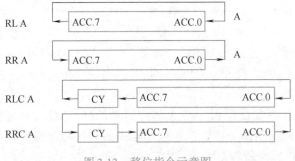

图 3-13　移位指令示意图

【例 3-35】　设（A）= 08H，试分析下面程序的执行结果。

解：（1）RL　A　　；A 的内容左移一位，结果（A）= 10H

　　　　RL　A　　；A 的内容左移一位，结果（A）= 20H

　　　　　　　RL　A　　；A 的内容左移一位，结果（A）= 40H

即左移一位，相当于原数乘 2（原数小于 80H 时）。

　　（2）RR　A　　；A 的内容右移一位，结果（A）= 04H

　　　　　　RR　A　　；A 的内容右移一位，结果（A）= 02H

　　　　　　RR　A　　；A 的内容右移一位，结果（A）= 01H

即右移一位，相当于原数除 2（原数为偶数时）。

3.6　控制转移类指令

　　通常情况下，程序的执行是按顺序进行的，这是由 PC 自动加 1 实现的。有时因任务要求，需要改变程序的执行顺序，这时就需要改变程序计数器 PC 中的内容，这种情况称做程序转移。控制转移类指令都能改变程序计数器 PC 的内容。

　　80C51 系列单片机有比较丰富的控制转移类指令，包括无条件转移指令、条件转移指令和子程序调用及返回指令，这类指令一般不影响标志位。

3.6.1　无条件转移指令

　　80C51 系列单片机有 4 条无条件转移指令，提供了不同的转移范围和方式，可使程序无条件地转移到指令所提供的地址上去。

1. 长转移指令（长跳转指令）

LJMP　addr16　　；PC←addr16

　　该指令在操作数位置上提供了 16 位目的地址 addr16，其功能是把指令中给出的 16 位目的地址 addr16 送入程序计数器 PC 中，使程序无条件转移到 addr16 处执行。16 位地址可以寻址 64 KB，所以用这条指令可转移到 64 KB 程序存储器的任何位置，故称为“长转移”。长转移指令是三字节指令，依次是操作码、高 8 位地址和低 8 位地址。

【例 3-36】　分析下面长转移指令的执行情况。

1234H：LJMP　0781H

解：执行完该指令后，CPU 转去执行首地址是 0781H 对应的指令。

2. 绝对转移指令

AJMP　addr11　　；PC←（PC）+ 2，$PC_{10 \sim 0}$←addr11

这是一条二字节指令，其在 ROM 中存放的指令格式为：

第一字节	a_{10}	a_9	a_8	0	0	0	0	1
第二字节	a_7	a_6	a_5	a_4	a_3	a_2	a_1	a_0

　　指令中提供了 11 位目的地址，其中 $a_7 \sim a_0$ 在第二字节，$a_{10} \sim a_8$ 则占据第一字节的高 3 位，而 00001 是这条指令特有的操作码，占据第一字节的低 5 位。

　　绝对转移指令的执行分为两步：

　　第一步，取指令。此时 PC 自身加 2 指向下一条指令的起始地址（称为 PC 当前值）。

　　第二步，用指令中给出的 11 位地址替换 PC 当前值的低 11 位，PC 高 5 位保持不变，形成新的 PC 地址，即转移的目的地址。

11 位地址的范围为 000 0000 0000 ~ 111 1111 1111，即可转移的范围是 2KB 个单元。转移可以向前也可以向后，举两个特例来理解：如 PC 当前值的低 11 位全部是 1，则进行地址替换后，转移就一定是向后转移，即只能向比当前 PC 值地址数值小的地址范围转移；如果 PC 的当前值低 11 位全部是 0，则转移一定是向前转移，即只能向比当前 PC 值地址数值大的地址范围转移，如图 3-14 所示。要注意的是，转移到的位置一定是与 PC + 2 的地址在同一个 2KB 区域，

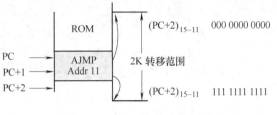

图 3-14 AJMP 指令转移范围

而不一定与 AJMP 指令的首地址在同一个 2KB 区域。例如，AJMP 指令地址为 1FFFH，加 2 以后为 2001H，因此可以转移的区域为 2000H ~ 27FFH 的区域。

【例 3-37】 分析下面绝对转移指令的执行情况。

1234H：AJMP 0781H

解：在指令执行前，（PC）= 1234H；取出该指令后，（PC）+ 2 形成 PC 当前值，它等于 1236H，指令执行过程就是用指令给出的 11 位地址 111 1000 0001B 替换 PC 当前值 1236H 的低 11 位。所以新的 PC 值为 1781H，指令执行结果就是程序将转移到 1781H 处执行。

注意：只有转移的目的地址在 2KB 范围之内时，才可使用 AJMP 指令，超出 2KB 范围，应使用长转移指令 LJMP。

3. 相对转移指令（短转移指令）

SJMP rel ；PC←（PC）+ 2，PC←（PC）+ rel

SJMP 是无条件相对转移指令，该指令为双字节，rel 是相对转移的偏移量，指令的执行分两步完成：

第一步，取指令。此时 PC 自身加 2 形成 PC 的当前值。

第二步，将 PC 当前值与偏移量 rel 相加形成转移的目的地址，即：目的地址 =（相对转移指令的首地址）+ 2 + rel。rel 是一个带符号的相对偏移量，其范围为 - 128 ~ + 127（负数表示向后转移，正数表示向前转移）。

这条指令的优点是：指令给出的是相对转移地址，不具体指出地址值。这样，当程序地址发生变化时，只要相对地址不发生变化，该指令就不需要做任何改动。通常，在用汇编语言编写程序时，在 rel 位置上直接以符号地址形式给出转移的目的地址，而由汇编过程自动计算和填写偏移量，省去人工计算偏移量的工作。

【例 3-38】 分析下面绝对转移指令的执行情况。

1234H：SJMP 72H

解：在指令执行前，（PC）= 1234H，取出该指令后（PC）+ 2 形成 PC 当前值，它等于 1236H，指令执行过程就是将偏移量 72H 加到 PC 的当前值的位置，形成转移地址，即 12A8H。

4. 散转指令

JMP @A + DPTR ；PC←（A）+（DPTR）

该指令采用的是变址寻址方式，该指令的功能是把累加器 A 中的 8 位无符号数与基址寄存器 DPTR 中的 16 位地址相加，所得的和作为目的地址送入 PC。指令执行后不改变 A 和 DPTR 中的内容，也不影响任何标志位。

这条指令的特点是转移地址可以在程序运行中加以改变。例如，在 DPTR 中装入多分支转移指令表的首地址，而由累加器 A 中的内容来动态选择应转向哪一条分支，实现由一条指令完成多分支转移的功能。

【例 3-39】　设累加器 A 中存有用户从键盘输入的键值 0 ~ 3，要求按下 0 ~ 3 不同的键值，分别对应产生方波、三角波、锯齿波、正弦波，其相应的键处理程序分别存放在 KPRG0、KPRG1、KPRG2、KPRG3 为起始地址的单元处。试编写程序，根据用户输入的键值转入相应的键处理程序。

解：MOV　DPTR，#JPTAB　　;转移指令表首地址送入 DPTR

　　　RL　　A　　　　　　　;键值 ×2，因 AJMP 指令占 2 个字节

　　　JMP　@ A + DPTR　　　;JPTAB + 2 × 键值，将和送入 PC，则程序就转移到表
　　　　　　　　　　　　　　　中某一位置去执行指令

JPTAB：AJMP　KPRG0

　　　　AJMP　KPRG1

　　　　AJMP　KPRG2

　　　　AJMP　KPRG3

KPRG0：

　　⋮　　　　　　;方波程序（省略）

KPRG1：

　　⋮　　　　　　;三角波程序（省略）

KPRG2：

　　⋮　　　　　　;锯齿波程序（省略）

KPRG3：

　　⋮　　　　　　;正弦波程序（省略）

3. 6. 2　条件转移指令

条件转移指令是指当某种条件满足时，转移才进行；而条件不满足时，程序就按顺序往下执行。条件转移指令的共同特点：①所有的条件转移指令都属于相对转移指令，转移范围相同，都在以 PC 当前值为基准的 256B 范围内（ - 128 ~ + 127）；②计算转移地址的方法相同，即转移地址 = PC 当前值 + rel；③该指令不影响标志位。现将条件转移指令分别介绍如下。

1. 累加器 A 判零转移指令

JZ　　rel　　　;若(A) = 0，则转移，PC←(PC) + 2 + rel

　　　　　　　　;若(A) ≠ 0，按顺序执行，PC←(PC) + 2

JNZ　rel　　　;若(A) ≠ 0，则转移，PC←(PC) + 2 + rel

　　　　　　　　;若(A) = 0，按顺序执行，PC←(PC) + 2

这是一组以累加器 A 的内容是否为零作为判断条件的转移指令。JZ 指令的功能是：累加器 (A) = 0 则转移；否则就按顺序执行。JNZ 指令的操作正好与之相反。

这两条指令都是两字节的相对转移指令，rel 为相对转移偏移量。与短转移指令中的 rel 一样，在编写源程序时，经常用标号来代替，只是在翻译成机器码时，才由编译器换算成 8 位相对地址。

【例 3-40】 若累加器 A 中的值为 02H，则执行如下指令：

JZ　　L1　　　；累加器 A 中的值为不为 0，则程序顺序向下执行，并不转移

DEC　A　　　；(A) = 01H

JNZ　L2　　　；累加器 A 中的值不为 0，则程序转移到标号为 L2 对应的程序执行

2. 比较条件转移指令

比较条件转移指令共有 4 条，其差别只在于操作数的寻址方式不同。

CJNE　A, direct, rel　　　；若(A) = (direct)，则 PC←(PC) +3，CY←0

　　　　　　　　　　　　；若(A) > (direct)，则 PC←(PC) +3 + rel，CY←0

　　　　　　　　　　　　；若(A) < (direct)，则 PC←(PC) +3 + rel，CY←1

CJNE　A, #data, rel　　　；若(A) = data，则 PC←(PC) +3，CY←0

　　　　　　　　　　　　；若(A) > data，则 PC←(PC) +3 + rel，CY←0

　　　　　　　　　　　　；若(A) < data，则 PC←(PC) +3 + rel，CY←1

CJNE　Rn, #data, rel　　　；若(Rn) = data，则 PC←(PC) +3，CY←0

　　　　　　　　　　　　；若(Rn) > data，则 PC←(PC) +3 + rel，CY←0

　　　　　　　　　　　　；若(Rn) < data，则 PC←(PC) +3 + rel，CY←1

CJNE　@Ri, #data, rel　　；若((Ri)) = data，则 PC←(PC) +3，CY←0

　　　　　　　　　　　　；若((Ri)) > data，则 PC←(PC) +3 + rel，CY←0

　　　　　　　　　　　　；若((Ri)) < data，则 PC←(Pc) +3 + rel，CY←1

该组指令在执行时首先对两个规定的操作数进行比较，然后根据比较的结果来决定是否转移。若两个操作数相等，程序按顺序往下执行；若两个操作数不相等，则进行转移。指令执行时，还要根据两个操作数的大小来设置进位标志 CY。若目的操作数大于、等于源操作数，则 CY =0；若目的操作数小于源操作数，则 CY =1，为进一步的分支创造条件。通常在该组指令之后，选用以 CY 为条件的转移指令，可以判别两个数的大小。

【例 3-41】 若内部 RAM 30H 中的值为 22H，试分析执行"2000H：CJNE　30H, #25H，06H"指令后，程序将转向的目的地址。

解： 该指令转向的目标地址为 2000H +3 +06 =2009H。

学习 CJNE 指令时应注意以下几点：

1) 比较条件转移指令都是三字节指令，因此 PC 当前值 = (PC) +3(PC 是转移指令所在地址)，转移的目的地址应是 PC 加 3 以后再加偏移量 rel。

2) 比较操作实际就是做减法操作，只是不保存减法所得到的差（即不改变两个操作数本身），而将比较的结果反映在标志位 CY 上。

3) CJNE 指令将参与比较的两个操作数当做无符号数看待、处理并影响 CY 标志，因此 CJNE 指令不能直接用于有符号数大小的比较。

若进行两个有符号数大小的比较，则应依据符号位和 CY 位进行判别比较。

3. 减 1 条件转移指令

这是一组把减 1 与条件转移两种功能结合在一起的指令。这组指令共有 2 条：

DJNZ　Rn, rel　　　；Rn←(Rn) -1

　　　　　　　　　；若(Rn) ≠0，则转移，PC←(PC) +2 + rel

　　　　　　　　　；若(Rn) =0，按顺序执行，PC←(PC) +2

DJNZ　direct, rel　; direct←(direct) − 1
　　　　　　　　　　; 若(direct) ≠0, 则转移, PC←(PC) + 3 + rel
　　　　　　　　　　; 若(direct) = 0, 按顺序执行, PC←(PC) + 3

这组指令的操作是先将操作数（Rn 或 direct）内容减 1, 并保存结果, 如果减 1 以后操作数不为零, 则进行转移; 如果减 1 以后操作数为零, 则程序按顺序执行。

注意：第一条指令为二字节指令, 第二条指令为三字节指令, 这两条指令与 DEC 指令一样, 不影响 PSW 中的标志位。

这两条指令对于构成循环程序十分有用, 可以指定任何一个工作寄存器或者内部 RAM 单元为计数器。对计数器赋以初值以后, 就可以利用上述指令, 若对计数器进行减 1 后不为零就进行循环操作, 为零就结束循环, 从而构成循环程序。

【例 3-42】　试编写程序, 将内部 RAM 以 30H 为起始地址的 10 个单元中的数据求和, 并将结果送入 50H 单元, 设和不大于 255。

解：对一组连续存放的数据进行操作时, 一般都采用间接寻址, 使用 INC 指令修改地址, 可使编程简单, 利用减 1 条件转移指令, 控制 10 个数是否完成相加操作。

```
        MOV   R0, #30H      ; 数据块首地址送入间址寄存器 R0
        MOV   R7, #0AH      ; 计数器 R7 送入计数初值
        CLR   A            ; 累加器 A 存放累加和, 先清零
LOOP：  ADD   A, @R0        ; 加一个数
        INC   R0           ; 地址加 1, 指向下一个地址单元
        DJNZ  R7, LOOP      ; 计数值减 1 不为零循环
        MOV   50H, A        ; 累加和存入指定单元
        SJMP  $            ; 结束
```

以上介绍了 80C51 系列单片机中的各种条件转移指令。这些条件转移指令都是相对转移指令, 因此转移的范围是很有限的。若要在大范围内实现条件转移, 可将条件转移指令和长转移指令 LJMP 结合起来加以实现。

3.6.3　子程序调用及返回指令

在程序设计中, 常常出现几个地方都需要进行功能完全相同的处理, 如果重复编写这样的程序段, 会使程序变得冗长而杂乱。对此, 可以采用子程序, 即把具有一定功能的程序段编写成子程序, 通过主程序调用来使用它, 这样不但减少了编程工作量, 而且也缩短了程序的长度。调用子程序的程序称之为主程序, 主程序和子程序之间的调用关系可用图 3-15 表示。

从图 3-15 中可以看出, 子程序调用要中断原有指令的执行顺序, 转移到子程序的入口地址去执行子程序。与转移指令不同的是：子程序执行完毕后, 要返回到原有程序被中断的位置, 继续往下执行。因此, 子程序调用指令必须能将程序中断位置的地址保存起来, 一般都是放在堆栈中保存。堆栈"先入后出"的存取方式正好适合于存放断

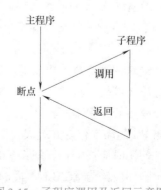

图 3-15　子程序调用及返回示意图

点地址，特别适合于子程序嵌套时断点地址的存取。

如果在子程序中还调用其他子程序，称为子程序嵌套。二层子程序嵌套过程如图3-16所示。二层子程序调用后，堆栈中断点地址存放的情况如下：先存入断点地址1，程序转去执行子程序1，执行过程中又要调用子程序2，于是在堆栈中又存断点地址2，存放时，先存地址低8位，后存地址高8位；从子程序返回时，先取出断点地址2，接着执行子程序1，然后取出断点地址1，继续执行主程序。

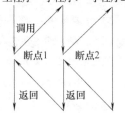

图3-16　二层子程序的嵌套示意图

调用和返回构成了子程序调用的完整过程。为了实现这一过程，必须有子程序调用指令和返回指令。调用指令在主程序中使用，而返回指令则是子程序中的最后一条指令。

1. 子程序调用指令

80C51系列单片机共有两条子程序调用指令：

LCALL　addr16　；$PC \leftarrow (PC) + 3$

　　　　　　　　；$SP \leftarrow (SP) + 1, (SP) \leftarrow (PC)_{7 \sim 0}$

　　　　　　　　；$SP \leftarrow (SP) + 1, (SP) \leftarrow (PC)_{15 \sim 8}$

　　　　　　　　；$PC \leftarrow addr16$

ACALIL　addr11　；$PC \leftarrow (PC) + 2$

　　　　　　　　；$SP \leftarrow (SP) + 1, (SP) \leftarrow (PC)_{7 \sim 0}$

　　　　　　　　；$SP \leftarrow (SP) + 1, (SP) \leftarrow (PC)_{15 \sim 8}$

　　　　　　　　；$PC_{10 \sim 0} \leftarrow addr11$

LCALL指令称为长调用指令，是三字节指令。该指令的操作数部分给出了子程序的16位地址。该指令的功能是：先将PC加3，指向下条指令地址（即断点地址），然后将断点地址压入堆栈，再把指令中的16位子程序入口地址装入PC，以使程序转到子程序入口处。

长调用指令可调用存放在64KB程序存储器任意位置的子程序，即调用范围为64KB。

ACALL指令称为绝对调用指令，是两字节指令。其指令格式为：

第一字节	a_{10}	a_9	a_8	1	0	0	0	1
第二字节	a_7	a_6	a_5	a_4	a_3	a_2	a_1	a_0

ACALL指令的操作数部分提供了子程序的低11位入口地址，其中$a_7 \sim a_0$在第二字节，$a_{10} \sim a_8$则占据第一字节的高3位，而10001是这条指令特有的操作码，占据第一字节的低5位。

绝对调用指令的功能是：先将PC加2，指向下条指令地址（即断点地址），然后将断点地址压入堆栈，再把指令中提供的子程序低11位入口地址装入PC的低11位上，PC的高5位保持不变，使程序转移到对应的子程序入口处。子程序调用地址是由子程序的低11位地址与PC的高5位合并组成，调用范围为2KB个单元。

使用时应注意：若把64KB内存空间以2KB字节为一页，共可分为32个页面，所调用的子程序应该与ACALL下面的指令在同一个页面之内，即它们的地址高5位$a_{15} \sim a_{11}$应该相同。也就是说，在执行ACALL指令时，子程序入口地址的高5位是不能任意设定的，只能由 ACALL 下面指令所在的位置来决定。因此，要注意 ACALL 指令和所调用的子程序的入口地址不能相距太远，否则就不能实现正确的调用。例如，当 ACALL 指令所在地址为 2300H 时，其高 5 位是 0 0100，低 11 位的范围为 00000000000B ~ 11111111111B，因此可调用的范围是 2000H ~ 27FFH。

2. 返回指令

返回指令也有两条：

RET　　　; $PC_{15~8}\leftarrow((SP))$, $SP\leftarrow(SP)-1$

　　　　　; $PC_{7~0}\leftarrow((SP))$, $SP\leftarrow(SP)-1$

RETI　　　; $PC_{15~8}\leftarrow((SP))$, $SP\leftarrow(SP)-1$

　　　　　; $PC_{7~0}\leftarrow((SP))$, $SP\leftarrow(SP)-1$

RET 指令被称为子程序返回指令，放在子程序的末尾。其功能是从堆栈中自动取出断点地址送入程序计数器 PC，使程序返回主程序断点处继续往下执行。

RETI 指令是中断返回指令，放在中断服务子程序的末尾。其功能也是从堆栈中自动取出断点地址送入程序计数器 PC，使程序返回主程序断点处继续往下执行。同时还清除中断响应时被置位的优先级状态触发器，以告知中断系统已经结束中断服务程序的执行，恢复中断逻辑以接受新的中断请求。

注意：①RET 和 RETI 不能互换使用；②在子程序或中断服务子程序中，PUSH 指令和 POP 指令必须成对使用，否则，不能正确返回主程序断点位置。

3.6.4　空操作指令

NOP　　　; $PC\leftarrow(PC)+1$

这是一条单字节指令。该指令不产生任何操作，只是使 PC 的内容加 1，然后继续执行下一条指令，它又是一条单周期指令，执行时在时间上消耗一个机器周期，因此 NOP 指令常用来实现等待或延时。

3.7　位操作类指令

80C51 系列单片机具有较强大的布尔变量处理功能。布尔变量即开关变量，是以位（bit）为单位来进行运算和操作的，也称为位变量。在硬件方面，80C51 系列单片机有一个布尔处理器，实际上是一个一位微处理器，它以进位标志 CY 作为位累加器，以内部 RAM 位寻址区中的各位作为位存储器；在软件方面，80C51 系列单片机有一个专门处理布尔变量的指令子集，可以完成布尔变量的传送、逻辑运算、控制转移等操作，这些指令通常称之为位操作指令。

位操作类指令的操作对象主要有两类：一是内部 RAM 中的位寻址区，即字节地址为 20H ~ 2FH 中的 128 位（位地址 00H ~ 7FH）；二是特殊功能寄存器中可以进行位寻址的各位。

位地址在指令中都用 bit 表示，进位标志 CY 在位操作指令中直接用 C 表示，以便于书写，位操作指令共有 17 条。

3.7.1 位变量传送指令

MOV C, bit   ; CY←(bit)

MOV bit, C   ; bit←(CY)

这两条指令的功能是在以 bit 表示的位和位累加器 CY 之间进行数据传送，不影响其他标志。

注意：两个可寻址位之间没有直接的传送指令。若要完成这种传送，可以通过 CY 作为中间媒介来进行。

【例3-43】 将40H 位的内容传送到20H 位。

解：传送通过 CY 来进行。

MOV C, 40H   ; 40H 位的值送 CY

MOV 20H, C   ; CY 的值送 20H 位

上述指令均属位操作指令，以 CY 作为累加器，指令中的地址都是位地址，而不是存储单元的地址。

3.7.2 位置位、清零指令

CLR   C   ; CY←0

CLR   bit ; bit←0

SETB C   ; CY←1

SETB bit ; bit←1

上述指令的功能是对 CY 及可寻址位进行清零或置位操作，不影响其他标志。

3.7.3 位逻辑运算指令

位运算都是逻辑运算，有与、或、非 3 种，共6条指令。

ANL C, bit   ; CY←(CY)∧(bit)

ANL C, /bit   ; CY←(CY)∧$(\overline{bit})$

ORL C, bit   ; CY←(CY)∨(bit)

ORL C, /bit   ; CY←(CY)∨$(\overline{bit})$

CPL C   ; CY←$(\overline{CY})$

CPL bit   ; bit←$(\overline{bit})$

前 4 条指令的功能是将位累加器 CY 的内容与位地址中的内容（或取反后的内容）进行逻辑与、或操作，结果送入 CY 中。斜杠"/"表示将该位值取出，先求反后再参加运算，不改变位地址中原来的值。后两条指令的功能是把位累加器 CY 或位地址中的内容取反。

在位操作指令中，没有位的异或运算，如果需要，可通过上述位操作指令实现。

【例3-44】 设已知位地址（40H）=1，执行"ANL C, /40H"指令后 CY、（40H）的值是多少？

解：CY =0，（40H）=1。

利用位逻辑运算指令，可以对各种组合逻辑电路进行模拟，即用软件方法来获得组合电路逻辑功能。

3.7.4　位控制转移指令

位控制转移指令都是条件转移指令，它以 CY 或位地址 bit 的内容作为转移的判断条件。

1. 以 CY 为条件的转移指令

JC　　rel　　；若(CY) = 1，则转移，PC←(PC) + 2 + rel

　　　　　　　；若(CY) ≠ 1，按顺序执行，PC←(PC) + 2

JNC　rel　　；若(CY) = 0，则转移，PC←(PC) + 2 + rel

　　　　　　　；若(CY) ≠ 0，按顺序执行，PC←(PC) + 2

这两条指令的功能是进位位 CY 为 1 或为 0 则转移，否则按顺序执行，指令均为双字节指令。

2. 以位状态为条件的转移指令

JB　　bit, rel　　；若(bit) = 1，则转移，PC←(PC) + 3 + rel

　　　　　　　　　；若(bit) ≠ 1，按顺序执行，PC←(PC) + 3

JNB　bit, rel　　；若(bit) = 0，则转移，PC←(PC) + 3 + rel

　　　　　　　　　；若(bit) ≠ 0，按顺序执行，PC←(PC) + 3

JBC　bit, rel　　；若(bit) = 1，则转移，PC←(PC) + 3 + rel，同时 bit←0

　　　　　　　　　；若(bit) ≠ 1，按顺序执行，PC←(PC) + 3

这组指令的功能是直接寻址位为 1 或为 0 则转移，否则按顺序执行。指令均为三字节指令，所以 PC 要加 3。

JB 和 JBC 指令的区别：两者转移的条件相同，所不同的是 JBC 指令在转移的同时，还能将直接寻址位清零，即一条 JBC 指令相当于两条指令的功能。

使用位操作指令可以使程序设计变得更加方便和灵活，在许多情况下可以避免字节屏蔽、测试和转移的操作，使程序更加简洁。

【例 3-45】　试编程，在 8051 的 P1.7 位输出一个方波，方波周期为 6 个机器周期。

SETB　P1.7　　；使 P1.7 位输出 "1" 电平

NOP　　　　　　；延时 2 个机器周期

NOP

CLR　　P1.7　　；使 P1.7 位输出 "0" 电平

NOP　　　　　　；延时 2 个机器周期

NOP

SETB　P1.7　　；使 P1.7 位输出 "1" 电平

SJMP　$　　　 ；暂停

【例 3-46】　试分析，执行完以下程序，程序将转至何处？

ANL　　P1, #00H　　　；(P1) = 00H

JB　　 P1.6, LOOP1　；因 P1.6 = 0，程序按顺序往下执行

JNB　　P1.0, LOOP2　；因 P1.0 = 0，程序发生转移，转至 LOOP2

LOOP1：

LOOP2：

上述程序执行结果：程序将转至标号 LOOP2 处去执行程序。

思考题

【3-1】 汇编语言与 C 语言哪种语言的可读性和可移植性强？在对速度和时序敏感的场合应该使用什么语言？对于复杂的单片机系统一般采用 C 与汇编混合编程的形式这句话对吗？

【3-2】 二进制机器语言与 C 和汇编语言两者之间是什么关系？用 C 或汇编编制的程序在 ROM 中是以编译后的二进制代码的形式存放这句话对吗？

【3-3】 80C51 系列单片机指令的格式包含哪几个部分？各部分之间的间隔符是什么？四个部分中哪个部分是必须存在的，哪几个部分是可有可无的？标号的格式和代表的意义是？

【3-4】 80C51 系列单片机有哪几种寻址方式？

【3-5】 80C51 单片机中立即数是存放在 ROM 中还是 RAM 中？

【3-6】 判断下列说法是否正确。

（1）立即数寻址方式是被操作的数据本身就在指令中，而不是它的地址在指令中。（　　）

（2）指令周期是执行一条指令的时间。（　　）

（3）指令中直接给出的操作数称为直接寻址。（　　）

（4）内部寄存器 Rn（n = 0 ~ 7）可作为间接寻址寄存器。（　　）

【3-7】 80C51 单片机可以进行直接寻址的区域是？

【3-8】 80C51 单片机可以进行寄存器寻址的范围是？

【3-9】 80C51 单片机可以进行寄存器间接寻址的寄存器是？寻址的范围是？

【3-10】 在寄存器间接寻址方式中，其"间接"体现在指令中寄存器的内容不是操作数，而是操作数的（　　）。

【3-11】 80C51 单片机变址寻址方式中可以作基址的寄存器是？可以作变址的寄存器是？@A + PC，@A + DPTR 所找到的操作数是在 ROM 中对吗？

【3-12】 80C51 单片机相对寻址改变的是 PC 的当前值，即改变的 CPU 执行指令的顺序这句话对否？

【3-13】 若访问特殊功能寄存器，只可以采用哪种寻址方式？

【3-14】 若访问外部 RAM 单元，只可以使用哪种寻址方式？

【3-15】 若访问内部 RAM 单元，可使用哪些寻址方式？

【3-16】 若访问内外程序存储器，可使用哪些寻址方式？

【3-17】 80C51 单片机可以进行位寻址的字节单元范围除 11 个可位寻址的特殊功能寄存器外还包括哪个区域？分别找出位地址是 00H、08H、22H、7FH、DOH、EOH 对应的字节地址？

【3-18】 已知（30H）= 40H，（40H）= 10H，（10H）= 32H，（P1）= 0EFH，试写出执行以下程序段后有关单元的内容。

```
MOV   R0, #30H
MOV   A, @R0
MOV   R1, A
MOV   B, @Ri
MOV   @R1, P1
```

```
MOV   P2，P1
MOV   10H，#20H
MOV   30H，10H
```

【3-19】　为什么对基本型的 51 子系列单片机（片内 RAM 为 128B），其寄存器间接寻址方式（如"MOV　A，@R0"）中，规定 R0 或 R1 的内容不能超过 7FH？

【3-20】　外部 RAM 数据传送指令有几条？试比较下面每一组中两条指令的区别。

(1) MOVX　A，@R1　　　　MOVX　A，@DPTR

(2) MOVX　A，@DPTR　　　MOVX　@DPTR，A

(3) MOV　@R0，A　　　　　MOVX　@R0，A

(4) MOVC　A，@A + DPTR　MOVX　A，@DPTR

【3-21】　假定累加器 A 中的内容为 30H，执行指令"1000H：MOVC　A，@A + PC"后，把程序存储器（　　）单元的内容送入累加器 A 中。

【3-22】　在 AT89S51 中，PC 和 DPTR 都用于提供地址，但 PC 是为访问（　　）提供地址，而 DPTR 是为访问（　　）和（　　）提供地址。

【3-23】　试写出完成以下数据传送的指令序列。

(1) R1 的内容传送 R0。

(2) 片外 RAM 60H 单元的内容送入 R0。

(3) 片外 RAM 60H 单元的内容送入片内 RAM 40H 单元。

(4) 片外 RAM 1000H 单元的内容送入片外 RAM 40H 单元。

【3-24】　试编程，将外部 RAM 1000H 单元中的数据与内部 RAM 60H 单元中的数据相互交换。

【3-25】　对程序存储器的读操作，只能使用（　　）。

A）MOV 指令

B）PUSH 指令

C）MOVX 指令

D）MOVC 指令

【3-26】　若（DPTR）= 507BH，（SP）= 32H，（30H）= 50H，（31H）= 5FH，（32H）= 3CH，则执行下列指令后，（DPH）=（　　），（DPL）=（　　），（SP）=（　　）。

```
POP   DPH
POP   DPL
POP   SP
```

【3-27】　假定（SP）= 60H，（A）= 30H，（B）= 70H，执行下列指令后，SP 的内容为（　　），61H 单元的内容为（　　），62H 单元的内容为（　　）。

```
PUSH   ACC
PUSH   B
```

【3-28】　已知程序执行前有（A）= 02H，（SP）= 52H，（51H）= FFH，（52H）= FFH。下述程序执行后，（A）=（　　），（SP）=（　　），（51H）=（　　），（52H）=（　　），（PC）=（　　）。

```
POP   DPH
```

POP　DPL

MOV　DPTR, #4000H

RL　A

MOV　B, A

MOVC　A, @ A + DPTR

PUSH　ACC

MOV　A, B

INC　A

MOVC　A, @ A + DPTR

PUSH　ACC

RET

ORG　4000H

DB　10H, 80H, 30H, 50H, 30H, 50H

【3-29】　已知（A）= 5BH，（R1）= 40H，（40H）= C3H，（PSW）= 81H，试写出各条指令的执行结果，并说明程序状态字的状态。

（1）XCH　A, R1　　　　（2）XCH　A, 40H

（3）XCH　A, @ R1　　　（4）XCHD　A, @ R1

（5）SWAP　A　　　　　（6）ADD　A, R1

（7）ADD　A, 40H　　　　（8）ADD　A, #40H

（9）ADDC　A, 40H　　　（10）SUBB　A, 40H

（11）SUBB　A, #40H

【3-30】　试分析下面两组指令的执行结果有何不同？

（1）MOV　A, #0FFH　　　　（2）MOV　A, #0FFH

　　　INC　A　　　　　　　　　　ADD　A, #01H

【3-31】　"DA　A" 指令有什么作用？怎样使用？

【3-32】　已知（A）= 87H，（R0）= 42H，（42H）= 24H，请写出执行下列程序段后 A 的内容。

ANL　A, #23H

ORL　42H, A

XRL　A, @ R0

CPL　A

【3-33】　写出完成如下要求的指令，但是不能改变未涉及位的内容。

（1）把 ACC. 3, ACC. 4, ACC. 5 和 ACC. 6 清 0；

（2）把累加器 A 的中间 4 位清 0；

（3）把 ACC. 2 和 ACC. 3 置 1。

【3-34】　假定（A）= 83H，（R0）= 17H，（17H）= 34H，执行以下指令后，（A）=（　　）。

ANL　A, #17H

ORL　17H, A

XRL　A, @ R0

CPL　A

【3-35】　假设（A）= 55H，（R3）= 0AAH，在执行指令"ANL　A，R3"后，（A）=（　　），（R3）=（　　）。

【3-36】　已知组合逻辑关系式为 F = AB + C，请编写模拟其功能的程序（设 A、B、C、F 均代表位地址）。

【3-37】　编程完成下述操作。

（1）将外部 RAM 1000H 单元的所有位取反；

（2）将外部 RAM 60H 单元的高两位清零，低两位变反，其余位保持不变。

【3-38】　试用位操作指令实现逻辑操作：P1.0 =（10H ∨ P1.0），PSW.1 =（18H ∨ CY）。

【3-39】　仔细辨析下列指令的意义，找出错误的指令，并简要说明原因。

（1）CLR　A　　　　　　　（2）CLR　EOH

（3）CLR　ACC　　　　　　（4）CLR　ACC.0

（5）CPL　A　　　　　　　（6）CPL　EOH

（7）CPL　ACC　　　　　　（8）CPL　ACC.0

【3-40】　指令"LJMP　addr16"和"AJMP　addr11"的区别是什么？

【3-41】　试分析以下两段程序中各条指令的作用，程序执行完将转向何处？

（1）MOV　　p1，　　　　#0CAH

　　　MOV　　A，　　　　#56H

　　　JB　　　P1.22，　　L1

　　　JNB　　ACC.3，　　L2

　　　……

　　　L1：　　⋮

　　　L2：　　⋮

（2）MOV　　A，　　　　#43H

　　　JB　　　ACC.2，　　L1

　　　JBC　　ACC.6，　　L2

　　　……

　　　L1：　　⋮

　　　L2：　　⋮

【3-42】　判断以下指令的正误。

（1）MOV　　　28H，@R2

（2）DEC　　　DPTR

（3）INC　　　DPTR

（4）CLR　　　R0

（5）CPL　　　R5

（6）MOV　　　R0，R1

（7）PUSH　　DPTR

（8）MOV　　　F0，C

（9）MOV　　　F0，ACC.3

（10）MOVX　A，@R1

（11）MOV　　C，30H

（12）RLC　　R0

【3-43】　借助指令表（附录 B），对如下指令代码（十六进制）进行手工反汇编。

FF　C0　E0　E5　F0

【3-44】　以下指令中，属于单纯读引脚的指令是（　　）。

A）MOV　P1，　A

B）ORL　P1，　#0FH

C）MOV　C，　P1.5

D）ANL　P1，　#0FH

【3-45】　用 AT89S51 单片机的 P1 口做输出，经驱动电路接 8 个发光二极管，如图 2-12 所示。当输出位为"0"时，发光二极管点亮；输出为"1"时，发光二极管为暗。试编制程序实现：①将 8 个发光二极管全部点亮；②将 8 个发光二极管全部熄灭；③将 8 个发光二极管隔一个点亮一个；④每次亮一个，循环左移，一个一个地亮，循环不止。

【3-46】　如图 3-17 所示，这是由 AT89C51 构建的最小系统，外部连接了 4 个按键（S_1 ~S_4）及 4 个发光二极管（VL_1~VL_4），P1 口的高 4 位用于接收按键的输入状态，而低 4 位用于驱动发光二极管。请结合图示，编写程序，完成以下要求。

（1）若 S_1 闭合，则发光二极管 VL_1 点亮；若 S_2 闭合，则发光二极管 VL_2 点亮，……。以此类推，即发光二极管实时反映按键状态。

（2）用 4 个发光二极管实现对按键键值的 BCD 编码显示，即若 S_1 闭合，键值为 1，编码为 0001，VL_1 点亮；若 S_2 闭合，键值为 2，编码为 0010，VL_2 点亮；若 S_3 闭合，键值为 3，编码为 0011，VL_1、VL_2 同时点亮；若 S_4 闭合，键值为 4，编码为 0100，VL_3 点亮。

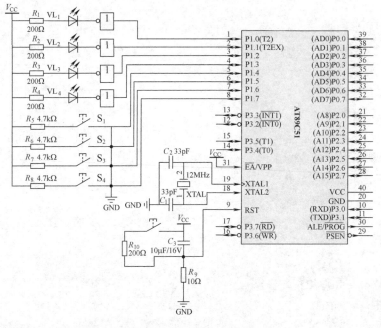

图 3-17　思考题 3-46 图

第 4 章　汇编语言程序

【学习纲要】

本章着重介绍设计汇编语言源程序的基本步骤、方法和要领。通过学习它，我们可以掌握快速、简洁、高效地编制单片机应用程序的多种手段和技巧。

本章首先需要理解 80C51 汇编语言程序设计的相关概念；熟练掌握常用伪指令的主要功能和使用方法；掌握流程图符号的绘制方法；熟练掌握顺序、分支、循环、子程序等结构程序的设计方法与要领，理解保护现场、恢复现场等概念。

4.1　汇编语言程序概述

4.1.1　源程序的编辑和汇编

为了克服机器语言难读、难记忆的缺点，人们采用英文字符来代替这些机器码，这些英文字符被称为助记符。用助记符表示的指令称为汇编语言。用汇编语言编写程序的过程称为汇编语言的程序设计。汇编语言程序只有转变成二进制的机器语言才能被单片机认识和执行。通常把这一"翻译"过程称为汇编。能够完成这一翻译过程的软件称为汇编程序或编译器。经过汇编得到的能够下载（烧录）到单片机中的 0、1 的代码称为目标程序。

最早单片机的汇编过程由编程人员对照指令表，手工完成，工作十分繁复。目前单片机的编辑和汇编（编译）过程均在专业的软件中进行，编译过程都由计算机自动完成。应用最广泛的就是在第 1 章讲述的 Keil μ Vision3 集成开发环境，另外由南京伟福实业有限公司开发的 WAVE6000 IDE 软件也可完成类似的功能，还有各单片机实验箱企业自己开发的编辑、编译软件在各大学的实验室应用也很广。

1. 源程序的编辑

源程序要依据 80C51 系列单片机汇编语言的基本规则来编写，并且会经常用伪指令，如下面程序段：

```
ORG    0040H
MOV    A,      #7FH
MOV    R1,     #44H
END
```

这里 ORG 和 END 是两条伪指令，其作用是告诉编译器该程序的起、止位置。

现在单片机应用系统的程序编辑工作几乎都借助于 PC 来完成。Keil 或 WAVE 等集成开发环境都具有编辑功能。编写好的汇编语言源程序应以"＊.ASM"扩展名存盘，以备编译器调用。

2. 源程序的汇编

将汇编语言源程序转换为机器码这个转换过程称为汇编，能完成该转换功能的软件称为编译器。

汇编常用的方法有两种：一是手工汇编，二是机器汇编。

手工汇编时，把程序用助记符指令写出后，人为查找指令代码表，逐个把助记符指令翻译成机器码。由于手工汇编是按绝对地址进行定位的，所以对于偏移量的计算和程序的修改有诸多不便，现在已经不被采用。

机器汇编是在计算机上使用编译软件对源程序进行汇编，整个工作由 PC 机来完成，且最后生成一个"＊.HEX"或"＊.BIN"机器码形式的目标程序文件（一般常用的是"＊.HEX"，它是最终目标程序（可烧写目标程序）的十六进制代码。"＊.BIN"是与"＊.HEX"对应的二进制代码，且两者可以相互转换）。编译之后的目标程序，可以通过专门的下载（烧录）软件，由计算机传入单片机 ROM 当中。整个传输过程既快捷又方便。

【例 4-1】 表 4-1 是一段源程序的汇编结果，请通过查附录 B 进行手工汇编，来验证下面的汇编结果是否正确。机器代码从 1000H 单元开始存放。

表 4-1 源程序及汇编结果

汇编语言源程序		汇编后的机器代码	
标号	助记符指令	地址（十六进制）	机器代码（十六进制）
START: MOV	A, #08H	1000	74　08
MOV	B, #76H	1002	75　F0　76
ADD	A, #08	1005	05　08
ADD	A, B	1007	05　F0
LJMP	START	1009	02　20　00

解： 前两条汇编后的机器码正确，后 3 条不正确。

"ADD　A, #08"的机器码应该是"24　08"；"ADD　A, B"的机器码应该是"25　F0"；"LJMP　START"的机器码应该是"02　10　10"。

4.1.2 伪指令

程序设计者使用汇编语言编写的源程序必须经过汇编才能在单片机中运行，因此在汇编语言源程序中一般会采用伪指令来向编译器发出指示（命令）信息，告诉它如何完成汇编工作。伪指令是程序员发给编译器的命令，"伪"表示其不能命令 CPU 执行某种操作，也没有对应的机器代码。伪指令也称为编译器的控制命令，具有控制汇编程序的输入/输出、定义数据和符号、分配存储空间等功能。下面介绍 80C51 系列单片机汇编程序常用的伪指令。

1. 汇编起始伪指令 ORG

格式：

[标号:] ORG 16 位地址（符号地址也可）

功能：规定程序块或数据块存放的起始地址。例如：

$$ORG \quad 8000H \text{（符号地址也可）}$$
$$START: MOV \quad A, \#30H$$
$$\cdots\cdots$$

该伪指令规定第一条指令在 ROM 中从地址 8000H 单元开始存放，即标号 START 的值为
8000H。因此如果知道 START = 8000H，则伪指令也可写成"ORG START"。通常，在一个
汇编语言源程序的开始，都要设置一条 ORG 伪指令来指定该程序在存储器中存放的起始位
置。若省略 ORG 伪指令，则该程序段从 0000H 单元开始存放。

在一个源程序中，可以多次使用 ORG 伪指令，以规定不同程序段或数据段存放的起始
地址，但在源程序中，要求 16 位地址值按由小到大顺序排列，且不允许空间重叠。例如：

$$ORG \quad 2000H$$
$$\cdots\cdots$$
$$ORG \quad 2500H$$
$$\cdots\cdots$$
$$ORG \quad 3000H$$

这种顺序是正确的。若按下面的顺序排列则是错误的，因为地址出现了交叉。

$$ORG \quad 2500H$$
$$\cdots\cdots$$
$$ORG \quad 2000H$$
$$\cdots\cdots$$
$$ORG \quad 3000H$$

2. 汇编结束伪指令 END

格式：

［标号：］END ［表达式］

功能：结束汇编。

汇编程序遇到 END 伪指令后即结束汇编，处于 END 之后的源程序将不被汇编。该指令
在源程序的最后一行，且只能在程序中出现一次。

3. 字节数据定义伪指令 DB

格式：

［标号：］DB　8 位字节数据表

功能：从标号指定的地址单元开始，将数据表中的字节数据按顺序依次存入。

数据表可以是一个或多个字节数据、字符串或表达式，各项数据用","分隔，一个数
据项占一个存储单元。例如：

$$ORG \quad 1000H$$
$$TAB: DB \quad -2, -4, 100, 30H, 'A', 'C'$$
$$\cdots\cdots$$

汇编后：（1000H）= 0FEH，（1001H）= 0FCH，（1002H）= 64H，（1003H）= 30H，
（1004H）= 41H，（1005H）= 43H。

用单引号括起来的字符以 ASCII 码存入，负数用补码存入。

4. 字数据定义伪指令 DW

格式：

[标号:] DW　16 位字数据表

功能：从标号指定的地址单元开始，将数据表中的字数据按从左到右的顺序依次存入程序存储器中。

注意：16 位数据存入时，先存高 8 位，后存低 8 位。例如：

```
              ORG     1400H
        DATA: DW        324AH, 3CH
              ……
```

汇编后：(1400H) = 32H, (1401H) = 4AH, (1402H) = 00H, (1403H) = 3CH

5. 赋值伪指令 EQU

格式：

　　符号名　EQU　常值表达式

或　　符号名　=　常值表达式

功能：将表达式的值定义为一个指定的符号名。在后面的程序中可以方便地引用该符号名，在汇编过程中会将源程序中每个出现该符号的位置均用常值表达式代替。

```
    LEN    EQU     10H
    SUN    EQU     41H
  BLOCK    EQU     22H
           CLR     A
           MOV     R7, #LEN
           MOV     R0, #BLOCK
  LOOP:    ADD     A, @R0
           INC     R0
           DJNZ    R7, LOOP
           MOV     SUN, A
```

该指令的功能是把 22H 单元开始存放的 10 个数进行求和，并将结果送入 21H 单元。

注意：用 EQU 定义的符号不允许重复定义，用 " = " 定义的符号允许重复定义。

6. 定义位地址为符号名伪指令 BIT

格式：

符号名　BIT　位地址

功能：将位地址赋给指定的符号名。位地址表达式可以是绝对地址，也可以是符号地址。如：

ST　BIT　P1.0　　　;将 P1.0 的位地址赋给符号名 ST

CF　BIT　0D7H　　;将位地址为 D7H 的位定义为符号名 CF

注意：用 BIT 定义的"符号名"不允许重复定义。

4.1.3　汇编语言程序设计步骤

使用汇编语言设计一个程序大致上可分为以下几个步骤：

1）分析题意，明确要求。解决问题之前，首先要明确所需解决的问题和要达到的目的、技术指标等。

2）确定算法。根据实际问题的要求找出规律性，最后确定所采用的计算方法，这就是一般所说的算法。算法是进行程序设计的依据。

3）画程序流程图，用图解来描述和说明解题步骤。程序流程图是解题步骤及其算法进一步具体化的重要环节，是程序设计的重要依据，它直观清晰地体现了程序的设计思路。流程图是用预先约定的各种图形、流程线及必要的文字符号构成的，标准的流程图符号如图 4-1 所示。

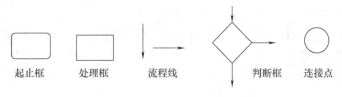

起止框　　处理框　　流程线　　判断框　　连接点

图 4-1　常用的流程图符号

4）分配内存工作单元，确定程序与数据区存放地址。

5）编写源程序。流程图设计后，程序设计思路比较清楚，接下来的任务就是选用合适的汇编语言指令来实现流程图中每一框内的要求，从而编制出一个有序的指令流，这就是源程序设计。

6）程序优化。程序优化的目的在于缩短程序的长度，加快运算速度和节省存储单元。恰当地使用循环程序和子程序结构，可以节省工作单元及减少程序执行的时间。

7）上机调试、修改和最后确定源程序。只有通过上机调试并得出正确结果的程序，才能认为是正确的程序。

4.2　汇编语言程序设计

用汇编语言进行程序设计的过程与用高级语言进行程序设计很相似。对于比较复杂的问题可以先根据题目的要求做出流程图，然后再根据流程图来编写程序；对于比较简单的问题则可以不做流程图而直接编程。汇编语言程序共有 4 种结构形式，即顺序结构、分支结构、循环结构和子程序结构。

本节将介绍这其中的 3 种程序结构及编程方法，子程序在 4.3 节中单独讲解。

4.2.1　顺序程序设计

顺序结构程序是一种最简单、最基本的程序（也称为简单程序），它是一种无分支的直线形程序，按照程序编写的顺序依次执行。编写这类程序主要应注意正确地选择指令，提高程序的执行效率。

【例 4-2】　设一个 2 位十进制数的十位数字以 ASCII 码的形式存放在片内 RAM 的 31H 单元，32H 单元存放该数据个位的 ASCII 码。编写程序将该数据转换成压缩 BCD 码存放在 30H 单元。

解：由于 ASCII 码 30H ~ 39H 对应 BCD 码的 0 ~ 9，所以只要保留 ASCII 的低 4 位，而高 4 位清零即可。流程图如图 4-2 所示，实现程序如下：

```
         ORG    0040H
START:   MOV    A,    31H     ; 取十位 ASCII 码
         ANL    A,    #0FH    ; 保留低半字节
         SWAP   A            ; 移至高半字节
         MOV    20H,  A       ; 存于 20H 单元
         MOV    A,    32H     ; 取个位 ASCII 码
         ANL    A,    #0FH    ; 保留低半字节
         ORL    20H,  A       ; 合并到结果单元
         SJMP   $
         END
```

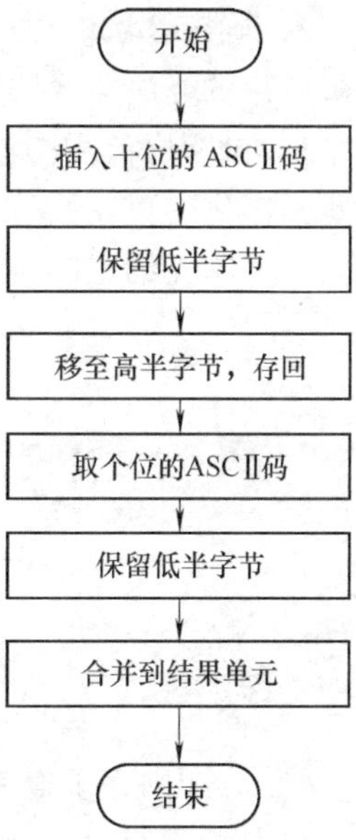

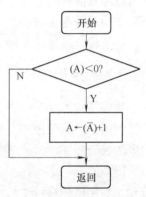

图 4-2　例 4-2 流程图

4.2.2　分支程序设计

在很多实际问题中，都需要根据不同的情况进行不同的处理。这种思想体现在程序设计中，就是根据不同条件而转到不同的程序段去执行，这就构成了分支程序。

在编写分支程序时，关键是如何判断分支的条件。在 80C51 系列单片机中可以直接用来判断分支条件的指令并不多，只有累加器为零（或不为零）、比较条件转移指令 CJNE 等，80C51 系列单片机还提供了位条件转移指令，如 JC、JB 等。把这些指令结合在一起使用，就可以完成各种各样的条件判断。分支程序设计的技巧，就在于正确而巧妙地使用这些指令。

分支程序的结构有两种，即单分支和多分支。

1. 单分支选择结构

程序的判别仅有两个出口，两者选一，称为单分支选择结构，它在程序设计中的应用极为普遍。

【例 4-3】　求单字节有符号数的二进制补码，设待求数据存放于累加器 A 中。

解：正数补码是其本身，负数补码是其反码加 1。因此，程序应首先判断被转换数的符号，负数进行转换，正数本身即为补码。程序框图如图 4-3 所示。

参考程序如下：

```
CMPT:  JNB   ACC.7,  RETU  ; (A)>0，不需转换
       MOV   C,      ACC.7 ; 符号位保存
       CPL   A             ; (A) 求反，加 1
       ADD   A,      #1
       MOV   ACC.7,  C      ; 符号位存在 A 的最高位
RETU:  RET
```

2. 多分支选择结构

当程序的判别部分有两个以上的出口流向时，为多分支选择结构，如图 4-4 所示。指令系统提供了非常有用的两种多分支选

图 4-3　例 4-3 流程图

择指令。

1）间接转移指令：JMP　　　@ A + DPTR

2）比较转移指令：CJNE　　　A,　　　direct,　　rel

　　　　　　　　　　CJNE　　　A,　　　#data,　　rel

　　　　　　　　　　CJNE　　　Rn,　　　#data,　　rel

　　　　　　　　　　CJNE　　　@ Ri,　　#data,　　rel

它们为分支转移结构程序的编写提供了方便。间接转移指令"JMP　@ A + DPTR"由数据指针 DPTR 决定多分支转移程序的首地址，由累加器 A 的内容动态地选择对应的分支程序。4 条比较转移指令 CJNE 能对两个欲比较的单元内容进行比较。当不相等时，程序实现相对转移，并能指出其大小，以备进行第二次判断；若两者相等，则程序按顺序往下执行。

【**例 4-4**】 已知 40H 单元内有一自变量 X，其以补码的形式存放，按如下条件编写程序求 Y 的值，并存入 41H 单元。

$$Y = \begin{cases} 1 & X > 0 \\ 0 & X = 0 \\ -1 & X < 0 \end{cases}$$

解：这是条件转移问题，流程如图 4-5 所示。

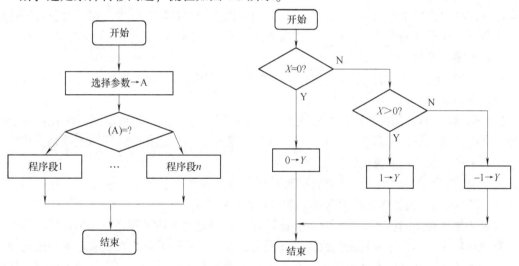

图 4-4　多分支选择结构　　　　　　　　　　图 4-5　例 4-4 流程图

```
        ORG     2000H
XY:     MOV     A,      40H     ; A←( 40H)
        JZ      DONE            ; X = 0，转 DONE
        JNB     ACC.7,  POS     ; X > 0，转 POS
        MOV     A,      #0FFH   ; X < 0，A←-1 的补码
        SJMP    DONE            ; 转 DONE
POS：   MOV     A,      #01H    ; A← +1
DONE：  MOV     41H,    A       ; 存 Y 值
        RET
```

利用 "JMP @A+DPTR" 指令实现多分支，我们在第 3 章中的例 3-39 已经作了介绍。

分支程序设计相比顺序结构程序设计难度要大，编写时要先画出程序流程图，清楚程序的执行方向，然后再根据流程图进行程序的编写。

4.2.3 循环程序设计

在很多实际程序中会遇到需多次重复执行某段程序的情况，这时可把这段程序设计为循环程序，这有助于缩短程序，同时也节省了程序的存储空间，提高了程序的质量。例如：求 100 个数的累加和，没有必要连续安排 100 条加法指令，可以只用一条加法指令使其循环执行 100 次。

1. 当型、直到型循环

学过高级语言（C、C++、VB）的读者都知道，在高级语言里有两种类型的循环语句，即当型循环和直到型循环。当型循环是指在执行循环体之前，先判断某一个条件是否为真，如果是真，则执行循环体，否则将结束循环，执行完循环体之后继续判断条件，如果仍为真，再度执行循环体，如此周而复始，直至条件为假的时候为止。直到型循环是指在判断某一个条件之前，首先执行循环体，然后再判断某一条件是否为真，若是真，那么再执行循环体，执行完循环体后又接着判断条件，如此循环往复，直到给定条件的逻辑值为假时便退出循环。在单片机的指令系统中没有能直接完成这两种类型循环的指令，但通过条件转移指令与无条件转移指令的配合使用，就可以实现上述两种循环。

循环程序一般由 4 部分组成。

1) 置循环初值：设置循环过程中有关工作单元的初始值，如置循环次数、地址指针及工作单元清零等。

2) 循环体：循环的工作部分，完成主要的计算或操作任务，是重复执行的程序段。这部分程序应特别注意，因为它要重复执行许多次，若能少写一条指令，实际上就是少执行某条指令若干次，因此应注意优化程序。

3) 循环修改：每循环一次，就要修改循环次数、数据及地址指针等。

4) 循环控制：根据循环结束条件，判断是否结束循环。

如果在循环程序的循环体中不再包含循环程序，即为单重循环程序。如果在循环体中还包含有循环程序，那么这种现象就称为循环嵌套，这样的程序就称为二重循环程序或三重以至多重循环程序。在多重循环程序中，只允许外重循环嵌套内重循环程序，而不允许循环体互相交叉，也不允许从循环程序的外部跳入循环程序的内部。

循环程序结构框图有两种，如图 4-6 所示。

图 4-6a 的结构是"先执行后判断"，适用于循环次数已知的情况。这种结构的特点是一进入循环，先执行循环处理部分，然后根据循环次数判断是否结束循环（见例 4-5）。

图 4-6b 的结构是"先判断后执行"，适用于循环次数未知的情况。这种结构的特点是将循环控制部分放在循环的入口处，先根据循环控制条件判断是否结束循环，若不结束，则执行循环操作；若结束，则退出循环（见例 4-6）。

下面通过一些实际的例子，说明如何编制循环程序。

【例 4-5】 编写查找最大值程序。假设从内部 RAM 30H 单元开始存放 10 个无符号数，找出其中的最大值送入内部 RAM 的 MAX 单元。

解： 寻找最大值的方法很多，最基本的方法是比较和交换依次进行的方法，即先取第一个数和第二个数比较，并把前一个数作为基准，若比较结果基准数大，则不做交换，再取下一个数来做比较；若比较结果基准数较小，则用较大的数来代替原有的基准数，即做一次交换，然后再以基准数和下一个数做比较。总之，要保持基准数是到目前为止最大的数，比较结束时，基准数就是所求的最大值，流程图如图 4-7 所示。

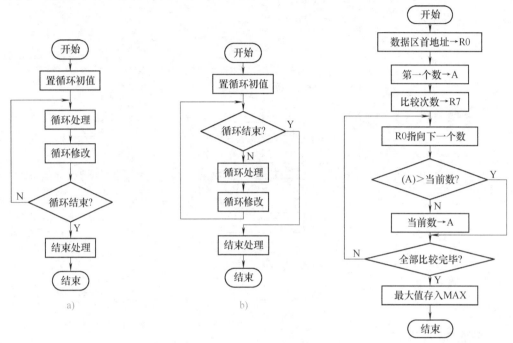

图 4-6　循环程序结构框图　　　　　　　　　　图 4-7　最大值查找程序流程图

程序如下：

```
        ORG     0200H
        MOV     R0, #30H        ; 数据首地址送 R0
        MOV     A, @ R0         ; 取第一个数做基准数送 A
        MOV     R7, #09H        ; 比较次数送计数器 R7
LOOP:   INC     R0              ; 修改地址指针，指向下一地址单元
        MOV     40H, @ R0       ; 要比较的数暂存 40H 中
        CJNE    A, 40H, CHK     ; 两数作比较
CHK:    JNC     LOOP1           ; A 大，则转移
        MOV     A, @ R0         ; A 小，则将较大数送 A
LOOP1:  DJNZ    R7, LOOP        ; 计数器减 1，不为零，继续
        MOV     MAX, A          ; 比较完，存结果
        END
```

【例 4-6】　编写数据检索程序。假设从内部 RAM 60H 单元开始存放着 32 个数据，查找是否有"$"符号（其 ASCII 码为 24H），如果找到就将数据序号送入内部 RAM 2FH 单元，

否则将 FFH 送入内部 RAM 2FH 单元。

解： 数据检索就是在指定数据区中查找关键字。比如在考勤系统中，有时需要查找某个职工上下班情况，或磁卡就餐系统中将某个磁卡挂失或销户等就属于这类问题，所以其实用价值较高。流程图如图 4-8 所示。

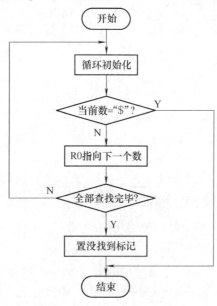

图 4-8　数据检索程序流程图

程序如下：

```
        ORG    0300H
        MOV    R0,    #60H           ; 数据区首地址送 R0
        MOV    R7,    #20H           ; 数据长度送计数器 R7
        MOV    2FH,   #00H           ; 工作单元清零
LOOP:   MOV    A,     @R0            ; 取数送 A
        CJNE   A,     #24H, LOOP1    ; 与 "$" 比较，不等转移
        SJMP   HERE                  ; 找到，转结束（序号在 2FH 单元）
LOOP1:  INC    R0                    ; 修改地址指针
        INC    2FH                   ; 序号加 1
        DJNZ   R7,    LOOP           ; 计数器减 1，不为零，继续
        MOV    2FH,   #0FFH          ; 未找到，标志送 2FH 单元
HERE:   AJMP   HERE                  ; 程序结束
        END
```

2. 循环嵌套

循环嵌套，是指在一个循环程序的循环体中包含另一个循环程序。在理论上对循环嵌套的层数没有明确的规定，但由于受硬件资源的限制，实际可嵌套的循环层数不能太多，而且在实际应用中也没有这个必要。另外，循环嵌套只允许一个循环程序完全包含另一个循环程

序，而不允许两个循环程序之间相互交叉嵌套。

【例 4-7】　编写 50ms 软件延时程序。

解：软件延时程序一般都是由"DJNZ　Rn，rel"指令构成。执行一条 DJNZ 指令需要两个机器周期，由此可知，软件延时程序的延时时间主要与机器周期和延时程序中的循环次数有关，在使用 12MHz 晶体振荡器时，一个机器周期为 1μs，执行一条 DJNZ 指令需要两个机器周期，即 2μs。延时 50ms 需用双重循环，源程序如下。

```
DEL：MOV   R7，#125      ；执行需 1 个机器周期
DEL1：MOV  R6，#200      ；执行时需 1 个机器周期
DEL2：DJNZ R6，DEL2      ；200×2μs = 400μs（内循环时间）
      DJNZ R7，DEL1      ；0.4ms×125 = 50ms（外循环时间）
      RET               ；执行需 2 个机器周期
```

以上延时程序不是太精确，如把所有指令的执行时间全部计算在内，它的延时时间是：

$$1\mu s + (1 + 2 \times 200 + 2)\mu s \times 125 + 2\mu s = 50.378ms$$

一般对于时间准确性要求不高的场合（如发光二极管的循环点亮），这个精度足以满足要求，所以这是非常实用的小程序。

4.3　子程序及其调用

在实际应用中，一些功能程序（如数制转换、数值计算等）在一个程序中可能要使用多次。这时可以将这些功能程序编成子程序供其他程序随时调用。利用子程序可以使程序结构紧凑，使程序的阅读和调试更加方便。

在应用上，子程序的特点是它的执行要由其他程序来调用，执行完后要返回到调用程序。

子程序调用时必须注意两方面内容：一是现场的保护和恢复；二是主程序与子程序间的参数传递。

4.3.1　子程序的设计注意事项

子程序是具有某种功能的独立程序段，从结构上看，它与一般程序没有多大区别，唯一的区别是在子程序末尾有一条子程序返回指令（RET），其功能是当子程序执行完后能自动返回到主程序中去。

在编写子程序时要注意以下几点。

1. 要给每个子程序赋一个名字

实际上是子程序入口地址的符号。入口地址是子程序第一条语句首地址。

2. 明确入口条件、出口条件

入口条件表明子程序需要哪些参数（自变量），放在哪个寄存器和哪个内存单元；出口条件表明子程序的执行结果（或函数值）是如何存放的。

3. 注意保护现场和恢复现场

一些寄存器，如工作寄存器 R0 ~ R7、累加器 A、数据指针 DPTR，以及有关标志和状态等，在主程序和子程序中都会用到，但代表的意义各自独立。因此在调用子程序前应对可能

被子程序修改的这些寄存器及有关标志进行保护，称为保护现场；在执行完子程序，返回继续执行主程序前应恢复其原内容，称为恢复现场。

保护现场与恢复现场用堆栈来进行，实现方法如下。

(1) **在主程序中实现**　其特点是结构灵活，如：

PUSH	PSW	；保护现场（含当前工作寄存器组号）
PUSH	ACC	
PUSH	B	
MOV	PSW，#10H	；切换当前工作寄存器组
LCALL	addr16	；子程序调用
POP	B	；恢复现场
POP	ACC	
POP	PSW	；含当前工作寄存器组切换

(2) **在子程序中实现**　其特点是程序规范、清晰，如：

SUB1：PUSH	PSW	；保护现场（当前工作寄存器组号）
PUSH	ACC	
PUSH	B	
MOV	PSW，#10H	；切换当前工作寄存器组
… …		
POP	B	；恢复现场
POP	ACC	
POP	PSW	；内含当前工作寄存器组切换
RET		

应注意，无论哪种方法保护与恢复的顺序要对应，否则程序将会发生错误。为了做到子程序有一定的通用性，子程序中的操作对象，尽量用地址或寄存器形式，而不用立即数形式。

4.3.2　参数传递

由于子程序是主程序的一部分，所以子程序和主程序必然要发生数据上的联系。在调用子程序时，主程序应通过某种方式把有关参数（即子程序的入口参数）传给子程序，当子程序执行完毕后，又需要通过某种方式把有关参数（即子程序的出口参数）传给主程序。在 80C51 系列单片机中，传递参数的方法有如下 3 种。

1. 利用累加器 A 或工作寄存器 R0 ~ R7 进行参数传递

在这种方式中，要把预传递的参数存放在累加器 A 或工作寄存器 R0 ~ R7 中。即在主程序调用子程序时，应事先把子程序需要的数据送入累加器 A 或指定的工作寄存器中，当子程序执行时，可以从指定的单元中取得数据，执行运算。子程序也可以用同样的方法把结果传送给主程序。

该方式操作简单、速度快，但传递参数的个数受可用的工作寄存器数目的限制。

【例 4-8】　用程序实现 $C = a^2 + b^2$。设 a、b 均小于 10，a 存在内部 RAM 31H 单元，b 存在内部 RAM 32H 单元，把 C 存入内部 RAM 33H 单元。

解： 因本题两次用到二次方的值，所以在程序中采用把求二次方编为子程序的方法。

子程序名称：SQR。

功能：求 X^2（通过查平方表来获得）。

入口参数：代求平方的数存放在 A 中。

出口参数：某数的平方在 A 中。

主程序是通过两次调用子程序来得到 a^2 和 b^2，并在主程序中完成相加。依题意编写主程序和子程序如下：

主程序：

```
        ORG     2200H
        MOV     SP,     #3FH        ；设堆栈指针（调用和返回指令要用到堆栈）
        MOV     A,      31H         ；取 a 值
        LCALL   SQR                 ；第一次调用，求 a²
        MOV     R1,     A           ；a²值暂存 R1 中
        MOV     A,      32H         ；取 b 值
        LCALL   SQR                 ；第二次调用，求 b²
        ADD     A,      R1          ；完成 a² + b²
        MOV     33H,    A           ；存结果到 33H
        SJMP    $                   ；暂停
```

子程序：

```
        ORG     2400H
SQR：   ADD     A,      #01H        ；查表位置调整
        MOVC    A,      @ A + PC    ；查表取二次方值
        RET                         ；子程序返回
TAB：   DB      0, 1, 4, 9, 16, 25
        DB      36, 49, 64, 81
```

求平方的子程序在此采用的是查表法，用伪指令 DB 将 0 ~ 9 的二次方值以表格的形式定义到 ROM 中，也可以采用计算法（另编程）。A 之所以要加 1，是因为 RET 指令占了一个字节。

子程序入口和出口参数都是 A。子程序与主程序共用的单元只有 A，且不存在被子程序修改数据的风险，因此不需要进行现场保护。

下面说明一下堆栈内容在程序执行过程中的变化。当程序执行第一条"LCALL　SQR"指令时，断点地址为 2208H，调用指令将 08H 压入内部 RAM 40H 单元，并将 22H 压入内部 RAM 41H 单元后，将 2400H 装入 PC。当在子程序中执行 RET 指令时，该指令将存放于栈顶的断点地址高 8 位 22H 送给 PC 的高 8 位，然后将 08H 送给 PC 的低 8 位，CPU 跟随 PC 的指引转向该地址所对应的语句执行。当执行第二条"LCALL　SQR"指令时，断点地址为 220EH，此时 0EH 压入内部 RAM 40H 单元，22H 压入内部 RAM 41H 单元，2400H 装入 PC。当在子程序执行 RET 指令时，220EH 弹入 PC，主程序接着从此地址运行。

2. 利用 RAM 单元（指针）进行参数传递

当传送的数据量较大时，可以利用 RAM 存储器实现参数的传递。在这种方式中，事先

要建立一个参数表，用指针指示参数表所在的位置。当参数表建立在内部 RAM 时，用 R0 或 R1 作参数表的指针；当参数表建立在外部 RAM 时，用 DPTR 作参数表的指针。

【例 4-9】 求两个无符号数据块中的最大值。数据块的首地址分别为内部 RAM 60H 和内部 RAM 70H，每个数据块的第一个字节都存放数据块的长度，结果存入内部 RAM 5FH 单元。

解： 本例可采用分别求出两个数据块的最大值，然后比较其大小的方法，求最大值的过程可采用子程序。

子程序名称：QMAX。

子程序入口条件：R1 中存有数据块首地址。

子程序出口条件：最大值在 A 中。

下面分别编写主程序和子程序。

主程序：

```
        ORG     2000H
        MOV     SP,      #2FH          ; 设堆栈指针
        MOV     R1,      #60H          ; 取第一数据块首地址送 R1 中
        ACALL   QMAX                   ; 第一次调用求最大值子程序
        MOV     40H,     A             ; 第一个数据块的最大值暂存 40H
        MOV     R1,      #70H          ; 取第二数据块首地址送 R1 中
        ACALL   QMAX                   ; 第二次调用求最大值子程序
        CJNE    A,       40H, NEXT     ; 两个最大值进行比较
NEXT：  JNC     LP                     ; A 大，则转 LP
        MOV     A,       40H           ; A 小，则把 40H 中内容送入 A
LP：    MOV     5FH,     A             ; 存最大值到 5FH 单元
        SJMP    $
```

子程序：

```
        ORG     2200H
QMAX：  MOV     A,       @R1           ; 取数据块长度
        MOV     R2,      A             ; R2 做计数器
        CLR     A                      ; A 清零，准备做比较
LP1：   INC     R1                     ; 指向下一个数据地址
        CLR     C                      ; 0→CY，准备做减法
        SUBB    A,       @R1           ; 用减法做比较
        JNC     LP3                    ; 若 A 大，则转 LP3
        MOV     A,       @R1           ; A 小，则将大数送 A 中
LP3：   DJNZ    R2,      LP1           ; 计数器减 1，不为零，转继续比较
        RET                            ; 比较完，子程序返回
```

3. 利用堆栈进行参数传递

利用堆栈传递参数是常用方法。调用子程序前，用 PUSH 指令将子程序中所需数据压入堆栈，子程序执行时利用该数据，子程序执行的结果又放于该堆栈单元。返回到主程序后再

用 POP 指令从堆栈中弹出数据。

【例 4-10】　在内部 RAM 50H 单元存有两位十六进制数。编程将它们分别转换成 ASCII 码，并存入内部 RAM 51H、52H 单元。

解法 1：将十六进制数转换成 ASCII 码的过程可采用子程序。

子程序名称：HASC。

功能：把低 4 位十六进制数转换成 ASCII 码（采用查表法）。

入口条件：A 中存有待转换的十六进制数。

出口条件：转换后的 ASCII 码在 A 中。

由于一个字节单元中有两位十六进制数，而子程序的功能是一次只转换一位十六进制数，所以 50H 单元中的两位十六进制数要拆开，转换两次，因此主程序需调用两次子程序，才能完成一个字节的十六进制数向 ASCII 码的转换。编写主程序和子程序如下。

主程序：

```
        ORG     2100H
        MOV     SP,     #3FH        ; 设堆栈指针
        MOV     A,      50H         ; 取待转换的数送 A
        ACALL   HASC                ; 第一次调用转换子程序
        MOV     51H,    A           ; 存转换结果
        MOV     A,      50H         ; 重新取待转换的数
        SWAP    A                   ; 高 4 位交换到低 4 位上，准备转换高 4 位
        ACALL   HASC                ; 再次调用子程序，转换高 4 位
        MOV     52H,    A           ; 存转换结果
        END                         ; 结束
```

子程序：

```
        ORG     2500H
HASC:   ANL     A,      #0FH        ; 只保留低 4 位，高 4 位清零
        ADD     A,      #01H        ; 查表位置调整
        MOVC    A,      @A + PC     ; 查表取 ASCII 码送 A 中
        RET                         ; 子程序返回
TAB:    DB      30H, 31H, 32H, 33H, 34H, 35H, 36H, 37H
        DB      38H, 39H, 41H, 42H, 43H, 44H, 45H, 46H
```

子程序在此采用的是查表法，查表法只需把转换结果按序编成表并连续存放在 ROM 中，用查表指令即可实现转换，查表法编程方便且程序量小。

十六进制数转换成 ASCII 码，也可以采用计算法，计算法需判断十六进制数是 0 ~ 9 还是 A ~ F，以确定转换时是 +30H 还是 +37H，读者可自行编程。

解法 2：十六进制数转换成 ASCII 码的过程仍采用子程序。子程序名称和功能同解法 1，与解法 1 不同的是采用堆栈来传递参数。对应的主程序和子程序如下。

主程序：

```
        ORG     2100H
        MOV     SP,     #3FH        ; 设堆栈指针
```

```
        PUSH    50H              ;把 50H 单元内的数压入堆栈
        ACALL   HASC             ;调用转换子程序
        POP     51H              ;把已转换的低半字节的 ASCII 码弹入 51H 单元
        MOV     A,      50H      ;重取数送 A
        SWAP    A                ;准备处理高半字节的十六进制数
        PUSH    ACC              ;参数进栈
        ACALL   HASC             ;再次调用子程序
        POP     52H              ;把已转换的高半字节的 ASCII 码弹入 52H 单元
        SJMP    $
子程序：
        ORG     2500H
HASC:   DEC     SP               ;修改 SP 指针到参数位置
        DEC     SP
        POP     ACC              ;弹出参数到 A 中
        ANL     A,      #0FH     ;只保留低 4 位
        ADD     A,      #07      ;修正查表位置
        MOVC    A,      @A+PC    ;查表，取表中的 ASCII 码送 A
        PUSH    ACC              ;把结果压入堆栈
        INC     SP               ;修改 SP 指针到断点位置
        INC     SP
        RET                      ;子程序返回
TAB：   DB      30H, 31H, 32H, 33H, 34H, 35H, 36H, 37H, 38H, 39H
        DB      41H, 42H, 43H, 44H, 45H, 46H
```

本解法中堆栈的操作示意过程如下：当主程序第一次执行"PUSH 50H"时，即把内部 RAM 50H 中的内容压入内部 RAM 40H 单元内。执行"ACALL HASC"指令后，则主程序的断点地址高、低位（PCH、PCL）分别压入内部 RAM 41H、42H 单元。进入子程序后，执行两次"DEC SP"，则把堆栈指针修正到 40H。此时执行"POP ACC"则把 40H 中的数据（即 50H 单元内容）弹入到 ACC 中。当查完表以后，执行"PUSH ACC"，则已转换的 ASCII 码值压入堆栈的 40H 单元，再执行两次"INC SP"，则 SP 变为 42H，此时执行 RET 指令，则恰好把原断点内容又送回 PC，SP 又指向 40H，所以返回主程序后执行"POP 51H"，正好把 40H 的内容弹出到 51H。第二次调用过程类似，不再赘述。

在这一节里，只列举了 3 个简单应用子程序的例子。实际上，可以把具有各种功能的程序均编成子程序，例如，任意数的平方，数据块排队，多字节的加、减、乘、除等。把子程序结构应用到编写大块的复杂程序中去，就可以把一个复杂的程序分割成很多独立的、关联较少的功能模块，通常称为模块化结构。这种方式不但结构清楚、节省内存，而且也易于调试，是程序设计中经常采用的编程方式。

思考题

【4-1】 说明伪指令的作用。"伪"的含义是什么？常用伪指令有哪些，其功能如何？

【4-2】 解释下列术语：

（1）手工汇编 （2）机器汇编

【4-3】 下列程序段经汇编后，从 1000H 开始的各有关存储单元的内容是什么？

```
ORG     1000H
TAB1    EQU   1234H
TAB2    EQU   3000H
DB      0，1，4，5
DW      TAB1，TAB2，70H
```

【4-4】 设计子程序时应注意哪些问题？

【4-5】 试编写一个程序，将内部 RAM 中 45H 单元的高 4 位清 0，低 4 位置 1。

【4-6】 已知程序执行前有 A = 02H，SP = 42H，（41H）= FFH，（42H）= FFH。下述程序执行后，A =（ ），SP =（ ），（41H）=（ ），（42H）=（ ），PC =（ ）。

```
POP     DPH
POP     DPL
MOV     DPTR，#3000H
RL      A
MOV     B，A
MOVC    A，@ A + DPTR
PUSH    ACC
MOV     A，B
INC     A
MOVC    A，@ A + DPTR
PUSH    ACC
RET
ORG     3000H
DB      10H，80H，30H，80H，50H，80H
```

【4-7】 试编写程序，查找在内部 RAM 的 30H ~ 50H 单元中是否有 0AAH 这一数据。若有，则将 51H 单元置为 01H；若未找到，则将 51H 单元置为 00H。

【4-8】 试编写程序，查找在内部 RAM 的 20H ~ 40H 单元中出现 00H 这一数据的次数，并将查找到的结果存入 41H 单元。

【4-9】 在内部 RAM 的 21H 单元开始存有一组单字节无符号数，数据长度为 20H，编写程序，要求找出最大数存入 MAX 单元。

【4-10】 若 SP = 60H，标号 LABEL 所在的地址为 3456H，LCALL 指令的地址为 2000H，执行如下指令：

```
2000H   LCALL   LABEL
```

后，堆栈指针 SP 和堆栈内容发生了什么变化？ PC 的值等于什么？是否可以将指令 LCALL 直接换成 ACALL？如果换成 ACALL 指令，可调用的地址范围是什么？

【4-11】 若 80C51 系列单片机的晶体振荡频率为 6MHz，试计算延时子程序的延时时间。

```
DELAY：MOV  R7，#0F6      ；1 个机器周期
LP：     MOV  R6，#0FA      ；1 个机器周期
         DJNZ R6，$         ；2 个机器周期
         DJNZ R7，LP        ；2 个机器周期
         RET               ；2 个机器周期
```

【4-12】 编写子程序，将 R1 中的 2 个十六进制数转换为 ASCII 码后存入 R3 和 R4。

【4-13】 子程序的名字实际上是子程序入口地址的符号地址，也就是入口地址是子程序第一条语句的首地址，这句话表述是否正确？

【4-14】 试解释什么是子程序的入口条件、出口条件。

【4-15】 试叙述什么是保护现场和恢复现场。

第 5 章　中　断　系　统

【学习纲要】

中断思想的引入，在计算机技术的发展史上具有划时代的意义，它旨在提高计算机的运行效率，广泛应用于计算机对外围设备的实时控制方面。因此，学习单片机中断系统，主要是为了掌握单片机对随机事件的处理方法。

学习本章首先应掌握中断的概念及中断与子程序的差别；掌握 51 系列单片机的中断源、标志位及对应的中断入口地址；掌握中断的开放和屏蔽手段；掌握中断优先级别的设定方法；掌握中断的响应条件及受阻的可能；理解中断响应过程和中断响应所需要的时间；理解中断系统保护现场及保护断点的必要性和方法；了解中断嵌套响应过程；能够正确编制中断程序。

5.1　80C51 系列单片机的中断系统

5.1.1　什么是中断

1. 中断的概念

CPU 正在处理某件事情的时候，外部发生了另一事件，请求 CPU 迅速去处理。CPU 暂时中断当前的工作，转入处理所发生的事件，处理完以后，再回来继续执行被中止了的工作，这个过程称为中断。实现这种功能的部件称为中断系统，产生中断的请求源称为中断源，原来正在运行的程序称为主程序，主程序被断开的位置称为断点。

早期的计算机技术长期不能突破的一大难题就是，快速的计算机和慢速的外围设备（键盘、鼠标、打印机等）之间如何进行有效匹配。就拿打印机来说，要用它来打一个数据至少需要十几毫秒，然而，计算机执行一条指令却只需几微秒，可见两者之间速度悬殊。在这种情况下，要让以机械方式动作的打印机跟上电子计算机的速度，无疑不符合实际。因此只好让计算机放慢节奏来适应打印机的速度，但这样又会大大降低计算机自身的运行效率。

自从采用中断技术之后，计算机的这种低效率的运行状况发生了根本性改变。那么在中断方式下，计算机和打印机是如何进行配合的呢？首先，由计算机把要打印的第一个数据传送到打印机的数据缓冲器，同时计算机开放中断，允许打印机请求中断。然后，计算机只顾执行自己的程序，而不再理会打印机。此时打印机则打印第一个数据，打印完第一个数据之后，打印机向计算机请求中断，一方面通知计算机第一个数据已经打完；另一方面要求计算机传送第二个数据。计算机接到中断请求信号之后，暂时中止它原来的程序，转去执行专门为打印机服务的一小段子程序，我们称之为中断服务子程序，简称中断服务程序。在中断服务程序中，计算机给打印机传送第二个数据。执行完中断服务程序之后，计算机立刻返回原程序（主程序）的暂停位置，继续执行原程序。原程序的这个暂停位置俗称"断点"。打印机打完第二个数据之后再度请求中断，要求计算机传送第三个数据，于是计算机又暂停它原来的程序，转去执行方才执行过的中断服务程序。在中断服务程序中，传送第三个数据之后，计算机又返回断点，继续执行它原来的程序。如此周而复始，直至计算机把最后一个数据传送完，并关闭中断，不再响应打印机的中断请求为止。在这个例子中清楚地看到，慢速的打印机在整个打印过程中，并没有因自身的低速而耽误快速计算机执行其他操作。计算机在这段时间里，绝大部分执行的是它自己的程序，只有一小部分时间为了给打印机传送数据，执行了中断服务程序。

由此可见，采用了中断技术之后，计算机的运行效率得到了显著的提高，几乎没有受到打印机的影响。正是由于这个原因，计算机和打印机似乎成为彼此互不相干，且能同时并进的两种不同设备。这就是中断技术的核心思想：并行工作原理。唯有中断技术，才能使计算机实现这样"一箭双雕"的功能：既执行自己程序，同时又圆满地完成打印任务。

在计算机的众多外围设备中，使用频率最高的要数键盘输入器。在中断方式下键盘输入器的工作原理大致与打印机相仿。当用户按下某一个按键时，键盘把该字符的键码送入自己的数据缓冲器，同时向计算机请求中断。计算机接到键盘发出的中断请求信号之后，暂时停止正在执行的程序（称为主程序），转去执行为键盘服务的程序（称为中断服务程序）。在中断服务程序中，计算机首先将键盘数据缓冲器中的键码读入计算机，当中断服务程序结束时，计算机立即返回到主程序的断开处（简称断点），接着执行主程序。当用户按下第二个按键时，计算机也是用同样的方法从键盘的数据缓冲器中读入按键的键码。由此可见，键盘每按下一次，按键向计算机请求一次中断。然而，键盘的击键过程完全是一个随机过程。计算机事先不知道用户什

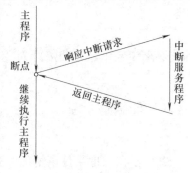

图 5-1　中断响应和处理过程

么时候按键；打印机也是如此，计算机事先也不知道打印机什么时候把一个数据打完。计算机对这类随机事件的处理功能，我们通常称之为实时控制。计算机的中断响应和处理过程如图 5-1 所示。

计算机采用中断技术，具有以下优点：

1）实时性增强。CPU 可以及时处理系统的随机事件。

2）可靠性提高。CPU 能够处理故障及掉电等突发事件。

3）利用率提高。CPU 可以分时地为多个 I/O 设备服务。

2. 调用中断服务程序与调用子程序的区别

调用中断服务程序类似于程序设计中的调用子程序，但两者又有区别，主要区别见表 5-1。

表 5-1　中断服务程序与调用子程序的区别

中断服务程序	一般子程序
随机产生的	程序中事先安排好的
为外设服务和处理随机事件	为主程序服务
以 RETI 结束	以 RET 结束

5.1.2 80C51 系列单片机的中断源

1. 中断源

80C51 系列单片机有 5 个中断源如下：

1) $\overline{INT0}$：外部中断 0，采样 P3.2 引脚的外部中断请求，中断请求标志位为 IE0。

2) $\overline{INT1}$：外部中断 1，采样 P3.3 引脚的外部中断请求，中断请求标志位为 IE1。

3) 定时器/计数器 T0：T0 溢出发生的中断请求，中断请求标志为 TF0。

4) 定时器/计数器 T1：T1 溢出发生的中断请求，中断请求标志为 TF1。

5) 串口中断请求：串口完成一帧数据的发送或接收时所发出的中断请求，标志位为 TI 或 RI。

每个中断源对应各自的中断标志位，它们包含在特殊功能寄存器 TCON 和 SCON 中。

2. 中断请求标志

(1) TCON 寄存器 TCON 寄存器是定时/计数器 T0 和 T1 的控制寄存器，它同时也用来锁存 T0 和 T1 的溢出中断申请信号 TF0、TF1 和外部中断申请信号 IE0、IE1。TCON 寄存器的字节地址为 88H，可位寻址。TCON 寄存器中与中断有关的位如下：

位地址	8FH	8EH	8DH	8CH	8BH	8AH	89H	88H
位符号	TF1	—	TF0	—	IE1	IT1	IE0	IT0

TCON 中各位的功能如下：

1) TF1：定时/计数器 1 (T1) 的溢出中断标志。当 T1 (定时时间到或计数值满) 产生溢出时，由硬件使 TF1 置 "1"，直到 CPU 响应中断时由硬件复位。

2) TF0：定时/计数器 0 (T0) 的溢出中断标志，与 TF1 类似。

3) IT1：外部中断 1 触发方式控制位。当 IT1 = 0 时，中断系统为电平触发方式，即加到 $\overline{INT1}$ 引脚的外部中断请求信号为低电平有效；当 IT1 = 1 时，中断系统为边沿触发方式，即加到 $\overline{INT1}$ 引脚的外部中断请求信号由高电平跳到低电平的负跳变有效。

4) IE1：外部中断 1 的中断请求标志。

当 IT1 = 0 (即电平触发方式) 时，在每个机器周期的 S5P2 时刻采样 $\overline{INT1}$，若为低电平，则由硬件使 IE1 置 "1"，直到 CPU 响应中断时由硬件复位；

当 IT1 = 1 (即边沿触发方式) 时，若前一个机器周期采样到 $\overline{INT1}$ 为高电平，而后一个机器周期采样到 $\overline{INT1}$ 为低电平，则由硬件使 IE1 置 "1"，直到 CPU 响应中断时由硬件复位。

5) IT0：外部中断 0 触发方式控制位，与 IT1 类似。

6) IE0：外部中断 0 的中断请求标志位，与 IE1 类似。

(2) SCON 寄存器 SCON 为串口控制寄存器，字节地址为 98H，可位寻址。SCON 中的低 2 位用做串口中断标志，其各位定义如下：

位地址	9FH	9EH	9DH	9CH	9BH	9AH	99H	98H
位符号	—	—	—	—	—	—	TI	RI

SCON 中各位的功能如下：

1）RI：串口接收中断请求标志位。在串口工作方式 0 中，每当接收到第 8 位数据时由硬件置位 RI；在其他方式中，当接收到停止位时，由硬件置位 RI。注意，当 CPU 转入串口中断服务程序的入口时没有硬件复位 RI，因此必须由编程人员用软件复位（清零）RI。

2）TI：串口发送中断请求标志位。在串口工作方式 0 中，每当发送完第 8 位数据时，由硬件置位 TI；在其他方式中，当发送到停止位时，由硬件置位 TI。注意，TI 也必须由软件来复位。

5.1.3 80C51 系列单片机的中断控制

1. 中断允许控制寄存器 IE

在 80C51 系列单片机的中断系统中，中断的允许或禁止是由片内的中断允许寄存器 IE 控制的。IE 寄存器的地址是 A8H，可位寻址，位地址为 A8H ~ AFH。寄存器的内容及位地址如下：

位地址	AFH	AEH	ADH	ACH	ABH	AAH	A9H	A8H
位符号	EA	—	—	ES	ET1	EX1	ET0	EX0

1）EA：中断允许总控制位。EA = 0 时，表示 CPU 禁止所有中断，即所有的中断请求被屏蔽；EA = 1 时，表示 CPU 开放中断，但每个中断源的中断请求是允许还是禁止，要由各自的允许位控制。

2）EX0（EX1）：外部中断允许控制位。EX0（EX1）= 0，禁止外中断；EX0（EX1）= 1，允许外中断。

3）ET0（ET1）：定时/计数器的中断允许控制位。ET0（ET1）= 0，禁止定时/计数器中断；ET0（ET1）= 1，允许定时/计数器中断。

4）ES：串行中断允许控制位。ES = 0，禁止串行中断；ES = 1，允许串行中断。

中断允许寄存器中各相应位的状态，可根据要求用指令置位或清零。

2. 中断优先级控制寄存器 IP

80C51 系列单片机的中断优先级控制比较简单，因为系统只定义了高、低两个优先级。各中断源的优先级由优先级控制寄存器 IP 进行设定。

IP 寄存器地址 B8H，位地址为 B8H ~ BFH，寄存器的内容及位地址表示如下：

位地址	BFH	BEH	BDH	BCH	BBH	BAH	B9H	B8H
位符号	—	—	—	PS	PT1	PX1	PT0	PX0

1）PX0：外部中断 0 优先级设定位；

2）PT0：定时器 T0 中断优先级设定位；

3）PX1：外部中断 1 优先级设定位；

4）PT1：定时器 T1 中断优先级设定位；

5）PS：串行中断优先级设定位。

以上某一控制位若被置零，则该中断源被定义为低优先级；若被置 1，则该中断源被定义为高优先级。中断优先级控制寄存器 IP 的各个控制位，都可以通过编程来置位或清零。单片机复位后，IP 中各位均被清零。

中断优先级是为中断嵌套服务的，80C51 系列单片机中断优先级的控制原则有以下几点：

1）低优先级中断请求不能打断高优先级的中断服务程序，但高优先级中断请求可以打断低优先级的中断服务程序，从而实现中断嵌套。

2）一个中断一旦得到响应，与它同级的中断请求不能中断它。

3）如果同级的多个中断请求同时出现，则按 CPU 的查询次序确定哪个中断请求被响应。其查询次序为：外部中断 0→定时/计数器中断 0→外部中断 1→定时/计数器中断 1→串行中断。

【例 5-1】　若 PS = 1，PX0 = 0，串口的中断服务程序正在被执行，外 $\overline{INT0}$ 有中断请求出现，则 CPU 会响应外中断 0 吗？试说明原因。如果外部中断 0 的服务程序正在被执行，串口中断请求出现，CPU 会响应串口中断吗？如果两者同时出现则先响应哪个？

解：1）不会。因为正在执行的串口中断服务是高优先级中断服务程序，低级的外中断 0 不能打断高级的中断服务程序。

2）CPU 会响应串口的中断服务程序。因为串口的中断服务程序是高优先级，高级的中断服务可以打断正在被响应的低级的中断服务程序。

3）如果两者同时出现，CPU 会响应串口的中断服务程序。因为两个不同优先级的中断请求同时出现，一定是高优先级的中断服务程序先被响应。

【例 5-2】　若 PS = 0，PX0 = 0，串口的中断被响应后，外部中断请求出现，则 CPU 会响应外中断 0 吗？反之是否会响应？若两者同时出现呢？

解：1）不会。因为同级的中断不能够相互打断。

2）反之也不会，理由同前。

3）两者同时出现则会先响应外部中断 0，因为外部中断 0 的查询次序在串口之前。

5.2　中断处理过程

中断处理过程可分为 3 个阶段，即中断响应、中断处理和中断返回。所有计算机的中断处理都有这样 3 个阶段，但不同的计算机由于中断系统的硬件结构不完全相同，因而中断响应的方式有所不同，下面以 80C51 系列单片机为例来介绍中断处理过程。

5.2.1　中断响应

中断响应是在满足 CPU 的中断响应条件之后，CPU 对中断源中断请求的回答。在这个阶段，CPU 要完成中断服务程序以前的所有准备工作，这些准备工作是：保护断点和把程序转向中断服务程序的入口地址。

计算机在运行时，并不是任何时刻都会去响应中断请求，而是在中断响应条件满足之后才会响应。

1. CPU 的中断响应条件

1）首先要由中断源发出中断申请。

2）中断总允许位 EA = 1，即 CPU 允许所有中断源申请中断。

3）申请中断的中断源的中断允许位为 1，即此中断源可以向 CPU 申请中断。

以上是 CPU 响应中断的基本条件。若满足上述条件，CPU 一般会响应中断，但如果有下列任何一种情况存在，则中断响应会受到阻断。

1）CPU 正在执行一个同级或高一级的中断服务程序。

2）当前的机器周期不是正在执行指令的最后一个周期，即正在执行的指令还未完成前，任何中断请求都得不到响应。

3）正在执行的指令是返回指令或者对专用寄存器 IE、IP 进行读/写的指令，此时，在执行 RETI 或者读写 IE 或 IP 之后，不会马上响应中断请求，至少再执行一条其他指令之后才会响应。

若存在上述任何一种情况，中断查询结果就被丢弃，否则，在紧接着的下一个机器周期，就会响应中断。在每个机器周期的 S5P2 期间，CPU 对各中断源采样，并设置相应的中断标志位。CPU 在下一个机器周期 S6 期间按优先级顺序查询各中断标志，如查询到某个中断标志为 1，将在下一个机器周期 S1 期间按优先级进行中断处理。中断查询在每个机器周期中反复执行，如果中断响应的基本条件已满足，但由于上述三条之一而未被及时响应，待上述封锁条件被撤销之后，中断标志却已消失，则这次中断申请就不会再被响应。

2. 中断响应过程

如果中断响应条件满足，且不存在中断受阻的情况，则 CPU 将响应中断。此时，中断系统通过硬件生成长调用指令（LCALL），此指令将自动把断点地址压入堆栈保护起来（但不保护状态字寄存器 PSW 及其他寄存器内容），然后将对应的中断入口地址装入程序计数器 PC，使程序转向该中断入口地址，执行中断服务程序。在 80C51 系列单片机中各中断源及与之对应的入口地址分配见表 5-2。

表 5-2　各中断源及与之对应的入口地址

中断源	入口地址	中断源	入口地址
外部中断 0	0003H	定时器 T1 中断	001BH
定时器 T0 中断	000BH	串行口中断	0023H
外部中断 1	0013H		

使用时，通常在这些入口地址处存放一条绝对跳转指令，使程序跳转到用户安排的中断服务程序起始地址上去。

3. 中断响应的时间

在设计者使用中断时，有时需要考虑从中断请求有效（外部请求中断标志置 1）到转向中断入口地址所需要的响应时间，下面来讨论这个问题。

所谓中断响应时间，是从查询到中断请求标志位开始到转向中断入口地址所需的机器周期数。

80C51 系列单片机的最短响应时间为 3 个机器周期。其中中断请求标志位查询占一个机器周期，而这个机器周期又恰好是执行指令的最后一个机器周期，在这个机器周期结束后，中断即被响应，产生 LCALL 指令。而执行这条长调用指令需要两个机器周期，这样中断响应共经历了 3 个机器周期。

若中断响应被前面所述的 3 种情况所封锁，将需要更长的响应时间。若中断标志查询时，刚好开始执行 RET、RETI 或访问 IE、IP 的指令，则需要把当前指令执行完再继续执行一条指令后，才能进行中断响应。执行 RET、RETI 或访问 IE、IP 指令最长需要两个机器周期。而如果继续执行的那条指令恰好是 MUL（乘）或 DIV（除）指令，则又需要 4 个机器周期，再加上执行长调用指令 LCALL 所需要的两个机器周期，从而形成了 8 个机器周期的最长响应时间。

一般情况下，外部中断响应时间都是大于 3 个机器周期而小于 8 个机器周期。当然，如果出现同级或高级中断正在响应或服务中需等待的时候，那么响应时间就无法计算了。

5.2.2　中断处理

中断服务程序从入口地址开始执行，直至遇到指令 RETI 为止，这个过程称为中断处理（又称中断服务）。此过程一般包括两部分内容，一是保护现场，二是处理中断源的请求。中断处理过程流程图如图 5-2 所示。

因为一般主程序和中断服务程序都可能会用到累加器、PSW 寄存器及其他一些寄存器。CPU 在进入中断服务程序后，用到上述寄存器时，就会破坏它原来存在寄存器中的内容，一旦中断返回，将会造成主程序混乱，因而在进入中断服务程序后，一般要先保护现场，然后再执行中断处理程序，在返回主程序以前，再恢复现场。

另外，在编写中断服务程序时还需注意以下几点：

1）因为各入口地址之间，只相隔 8 个字节，一般的中断服务程序是容纳不下的，因而最常用的方法是在中断入口地址单元处存放一条无条件转移指令，这样可使中断服务程序灵活地安排在 64KB 程序存储器的任何空间。

2）若要在执行当前中断程序时禁止更高优先级中断源中断，要先用软件关闭 CPU 中断，或禁止更高级中断源的中断，而在中断返回前再开放中断。

3）在保护现场和恢复现场时，为了不使现场数据受到破坏或者造成混乱，一般规定在保护现场和恢复现场时，CPU 不响应新的中断请求。这就要求在编写中断服务程序时，注意在保护现场之前要关中断，在恢复现场之后开中断。

5.2.3　中断返回

中断返回是指中断处理完成后，计算机返回到断点，继续执行被中断的主程序。中断返回由专门的中断返回指令 RETI 来实现，该指令的功能是把断点地址取出，送回到程序计数器 PC 中去。另外，它还通知中断系统已完成中断处理，将清除优先级状态触发器。特别要注意不能用 "RET" 指令代替 "RETI" 指令。

综上所述，可以把中断处理过程用图 5-2 的流程图进行概括。图 5-2 中，保护现场之后的开中断是为了允许有更高级中断打断此中断服务程序，如果在执行该中断服务程序时不允许其他中断被响应，则关闭后不需要打开。

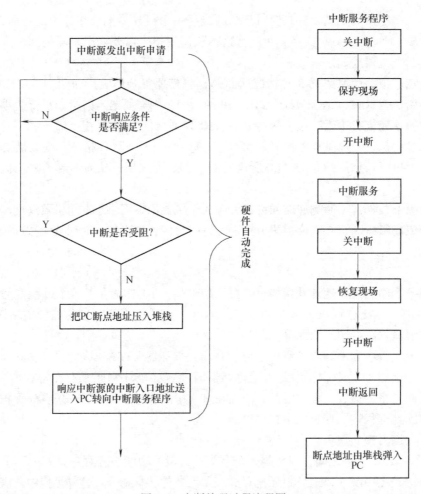

图 5-2　中断处理过程流程图

5.2.4 中断请求的撤除

CPU 响应某中断请求后，TCON 或 SCON 中的中断请求标志应及时清除，否则会引起另一次中断。

1）对于定时器溢出中断，CPU 在响应中断后，就用硬件清除了有关的中断请求标志 TF0 或 TF1，即中断请求是自动撤除的，无需采取其他措施。

2）对于外部中断请求的撤除分两种方式：①边沿触发的外部中断，CPU 在响应中断后，也是用硬件自动清除有关的中断请求标志 IE0 或 IE1，即中断请求也是自动撤除的，无需编程人员处理。②对于电平触发的外部中断，CPU 响应中断后，虽然也是由硬件自动清除中断申请标志 IE0 或 IE1，但并不能彻底解决中断请求的撤除问题。因为尽管中断标志清除了，但是INT0或INT1引脚上的低电平信号可能会保持较长的时间，在下一个机器周期又会使 IE0 或 IE1 重新置 1。为此应该在外部中断请求信号接到INT1或INT0引脚的连接电路上采取措施，才能及时撤除中断请求信号（见例 5-3）。

3）对于串口中断，CPU 响应中断后，没有用硬件清除 TI、RI，故这些中断不能自动撤除，编程人员必须在中断服务程序中用软件来清除。

5.3　中断服务子程序的设计

下面将介绍几个中断功能的应用实例。

5.3.1　单个中断源设计举例

【例5-3】　单个外部中断源示例。图5-3为采用单个外部中断源的数据采集系统示意图。将 P1 口设置成数据输入口，外围设备每准备好一个数据时，发出一个选通信号（正脉冲）给 CP，由真值表 5-3 可知，Q 端将置 1，$\overline{Q}$ 端将向 $\overline{INT0}$ 输入一个低电平中断请求信号。如前所述，采用电平触发方式时，外部中断请求标志 IE0（或 IE1）在 CPU 响应中断时不能由硬件自动清除，但为了防止引起多次中断，必须要用硬件撤除输入到 $\overline{INT0}$ 引脚的低电平。撤除 $\overline{INT0}$ 引脚电平的方法是将 P3.0 线与 D 触发器复位端 $\overline{R}_D$ 相连，只要在中断服务程序中，自 P3.0 输出一个负脉冲，就能使 D 触发器 Q 端复位，$\overline{Q}$ 端置 1，即 $\overline{INT0}$ 引脚将被接入高电平，从而彻底清除 IE0 标志。

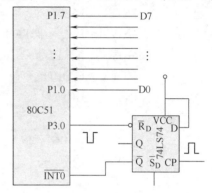

图 5-3　例 5-3 图

　　知识点：74LS74 内含两个独立的上升沿双 D 触发器，每个触发器有数据输入端 D、置位输入端 $\overline{S}_D$、复位输入端 $\overline{R}_D$、时钟输入端 CP 和数据输出端 Q 和 $\overline{Q}$。$\overline{S}_D$、$\overline{R}_D$ 的低电平会使输出置位或清除，而与其他输入端的电平无关。当 $\overline{S}_D$、$\overline{R}_D$ 均无效（高电平）时，D 端数据在 CP 上升沿作用下传送到输出端，详见真值表 5-3。

表 5-3　74LS74 芯片引脚的真值表

输	入			输	出	输	入			输	出
$\overline{S}_D$	$\overline{R}_D$	CP	D	Q_{n+1}	$\overline{Q}_{n+1}$	$\overline{S}_D$	$\overline{R}_D$	CP	D	Q_{n+1}	$\overline{Q}_{n+1}$
0	1	×	×	1	0	1	1	↑	1	1	0
1	0	×	×	0	1	1	1	↑	1	0	1
0	0	×	×	φ	φ	1	1	↓	×	Q_n	$\overline{Q}_n$

程序如下：

```
        ORG    0000H
START： LJMP   MAIN          ；跳转到主程序
        ORG    0003H
        LJMP   INT0          ；转向中断服务程序
        ORG    0200H         ；主程序
MAIN：  CLR    IT0           ；设INT0为电平触发方式
        SETB   EA            ；CPU 开放中断
        SETB   EX0           ；允许INT0中断
        MOV    DPTR, #1000H  ；设置数据区地址指针
```

```
                        ……
                        ……
            ORG     0200H               ; INT0中断服务程序
    INT0:   PUSH    PSW                 ; 保护现场
            PUSH    ACC
            CLR     P3.0                ; 由 P3.0 输出 0
            NOP
            NOP
            SETB    P3.0                ; 由 P3.0 输出负脉冲, 撤除INT0
            MOV     P1,    #0FFH        ; 将 P1 引脚作为数据输入端的准备工作
            MOV     A, P1               ; 输入数据
            MOVX    @DPTR, A            ; 存入数据存储器
            INC     DPTR                ; 修改数据指针, 指向下一个单元
                        ……
            POP     ACC                 ; 恢复现场
            POP     PSW
            RETI                        ; 中断返回
```

【例 5-4】 出租车计价器的计程方法是车轮每运转一圈产生一个负脉冲, 从外部中断 INT0 (P3.2) 引脚输入, 行驶里程为轮胎周长 × 运转圈数, 设轮胎周长为 2m, 试通过编程实时计算出租车行驶里程 (单位为 m), 数据存入 32H、31H、30H 中。

解: 编程如下:

```
            ORG     0000H               ; 复位地址
            LJMP    START               ; 转初始化
            ORG     0003H               ; 中断入口地址
            LJMP    INT0                ; 转中断服务程序
            ORG     0100H               ; 初始化程序首地址
    START:  MOV     SP,    #60H         ; 置堆栈指针
            SETB    IT0                 ; 置边沿触发方式
            MOV     IP,    #01H         ; 置高优先级
            MOV     IE,    #81H         ; 开中断
            MOV     30H,   #0           ; 里程计数器清 0
            MOV     31H,   #0
            MOV     32H,   #0
            LJMP    MAIN                ; 转主程序 (主程序可以实现液晶显示等功
                                        能, 此处略), 并等待中断
            ORG     0200H               ; 中断服务子程序首地址
    INT0:   PUSH    ACC                 ; 保护现场
            PUSH    PSW
            MOV     A,     30H          ; 读低 8 位计数器
```

ADD	A,	#2	；低 8 位计数器加 2m
MOV	30H,	A	；回存
CLR	A		
ADDC	A,	31H	；中 8 位计数器加进位
MOV	31H,	A	；回存
CLR	A		
ADDC	A, 32H		；高 8 位计数器加进位
MOV	32H,	A	；回存
PUSH	PSW		；恢复现场
PUSH	ACC		
RETI			；中断返回

5.3.2 多个中断源设计举例

【例 5-5】 如图 5-4 所示，现有 5 个外部中断源 EX1、EX20、EX21、EX22 和 EX23，高电平时表示请求中断，要求执行相应中断服务程序，试编制程序。

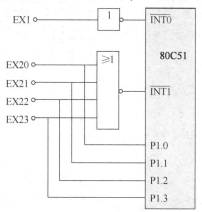

图 5-4 【例 5-5】多外部中断扩展电路

解：

	ORG	0000H		；复位地址
	LJMP	MAIN		；转主程序
	ORG	0003H		；中断入口地址
	LJMP	PINT0		；转中断服务程序
	ORG	0013H		；中断入口地址
	LJMP	PINT1		；转中断服务程序
	ORG	0100H		；主程序首地址
MAIN：	MOV	SP,	#60H	；置堆栈指针
	ORL	TCON,	#05H	；置$\overline{INT0}$、$\overline{INT1}$为边沿触发方式
	SETB	PX0		；$\overline{INT0}$置为高优先级
	MOV	IE,	#0FFH	；全部开中断

```
                ...                  ; 主程序内容
        ORG     1000H                ; 中断服务程序首地址
PINT0： PUSH    ACC                  ; 保护现场
        LCALL   WORK1                ; 调用 EX1 服务子程序
        POP     ACC                  ; 恢复现场
        RETI                         ; 中断返回
        ORG     2000H                ; 中断服务程序首地址
PINT1： CLR     EA                   ; CPU 禁止中断
        PUSH    ACC                  ; 保护现场
        PUSH    DPH
        PUSH    DPL
        SETB    EA                   ; CPU 开中断
        JB      P1.0，LWK20          ; P1.0 = 1，EX20 请求中断
        JB      P1.1，LWK21          ; P1.1 = 1，EX21 请求中断
        JB      P1.2，LWK22          ; P1.2 = 1，EX22 请求中断
        LCALL   WORK23               ; P1.3 = 1，调用 EX23 服务子程序
LRET：  CLR     EA                   ; CPU 禁中
        POP     DPL                  ; 恢复现场
        POP     DPH
        POP     ACC
        SETB    EA                   ; CPU 开中断
        RETI                         ; 中断返回
LWK20： LCALL   WORK20               ; P1.0 = 1，调用 EX20 服务子程序
        SJMP    LRET                 ; 转中断返回
LWK21： LCALL   WORK21               ; P1.1 = 1，调用 EX21 服务子程序
        SJMP    LRET                 ; 转中断返回
LWK22： LCALL   WORK22               ; P1.2 = 1，调用 EX22 服务子程序
        SJMP    LRET                 ; 转中断返回
```

程序中，WORK1 是外部中断源 EX1 的中断服务子程序。WORK20、WORK21、WORK22 是外部中断源 EX20、EX21、EX22 的中断服务子程序，WORK23 是外部中断源 EX23 的中断服务子程序，此处限于篇幅，所有的中断服务子程序均省略。

思考题

【5-1】 试简述 80C51 系列单片机中断服务子程序和一般子程序的差别。

【5-2】 80C51 系列单片机一般有几个中断源？各中断标志是如何产生和清除的？

【5-3】 试简述 80C51 系列单片机中断响应的条件和受阻的可能。

【5-4】 80C51 系列单片机的 CPU 响应中断时，中断入口地址各是多少？

【5-5】 80C51 系列单片机的中断系统有几个中断优先级？中断优先级是如何控制的？

【5-6】 如果相同优先级的中断请求同时出现，简述 80C51 单片机响应中断的查询次

序。

【5-7】 试编程实现，将$\overline{INT1}$设为高优先级中断，且为电平触发方式，T0 溢出中断设为低优先级中断，串口中断为高优先级中断，其余中断源设为禁止状态。

【5-8】 外部中断 1 的中断入口地址为（ ），定时器 1 的中断入口地址为（ ）。

【5-9】 若（IP）= 00010100B，则优先级最高者为（ ），最低者为（ ）。

【5-10】 下列说法正确的是（ ）。

A）各中断源发出的中断请求信号，都会标记在 AT89S51 的 IE 寄存器中

B）各中断源发出的中断请求信号，都会标记在 AT89S51 的 TMOD 寄存器中

C）各中断源发出的中断请求信号，都会标记在 AT89S51 的 IP 寄存器中

D）各中断源发出的中断请求信号，都会标记在 AT89S51 的 TCON 与 SCON 寄存器中

【5-11】 AT89S51 单片机响应外部中断的典型时间是多少？在哪些情况下，CPU 将推迟对外部中断请求的响应？

【5-12】 中断查询确认后，在下列 AT89S51 单片机运行情况下，能立即进行响应的是（ ）。

A）当前正在进行高优先级中断处理

B）当前正在执行 RETI 指令

C）当前指令是 DIV 指令，且正处于取指令的机器周期

D）当前指令是"MOV A，R3"

【5-13】 AT89S51 单片机响应中断后，产生长调用指令 LCALL，执行该指令的过程包括：首先把（ ）的内容压入堆栈，以进行断点保护，然后把长调用指令的 16 位地址进（ ），使程序执行转向（ ）中的中断地址区。

【5-14】 编写外部中断 1 为跳沿触发的中断初始化程序段。

【5-15】 在 AT89S51 的中断请求源中，需要外加电路实现中断撤销的是（ ）。

A）电平方式的外部中断请求

B）跳沿方式的外部中断请求

C）外部串行中断

D）定时中断

【5-16】 中断响应需要满足哪些条件？

【5-17】 下列说法正确的是（ ）。

A）同一级别的中断请求按时间的先后顺序响应

B）同一时间同一级别的多中断请求将形成阻塞，系统无法响应

C）低优先级中断请求不能中断高优先级中断请求，但是高优先级中断请求能中断低优先级中断请求

D）同级中断不能嵌套

【5-18】 保护断点和保护现场有什么差别？

第 6 章　定时/计数器

【学习纲要】

在智能测控领域中定时和计数功能应用十分广泛，如信号电平持续时间的测量以及串行通信中波特率的产生等。

学习本章时首先要掌握定时/计数器的结构组成及功能，理解定时器/计数器的本质是加1计数器；理解其工作在定时模式和计数模式时采样信号的区别，以及工作在计数模式时对外部信号的要求；掌握定时/计数初值的计算方法及初始化程序步骤；熟练掌握定时/计数的模式0、模式1、模式2的编程方法，理解模式3的编程思路，掌握矩形波发生器及计数器的程序设计。

时序电路的功能强大，在工业、家用电气设备的控制中有很多应用。例如，可以用单片机实现一个具有一个按钮的楼道灯开关，该开关在按钮按下一次后，灯亮3min后自动灭；当按钮连续按下两次后，灯常亮不灭；当按钮按下时间超过2s，则灯灭。数字集成电路、可编程逻辑器件（PLD）、可编程序控制器（PLC）等都可以实现时序电路，但是只有单片机实现起来最简单，成本最低。定时器/计数器的使用是非常重要的，它是单片机应用设计的基础。

6.1　定时/计数器 T0 和 T1

6.1.1　定时/计数器的结构及功能

1. 定时/计数器的结构

定时/计数器的结构如图 6-1 所示，T0、T1 是两个 16 位的定时器/计数器。其中 T0 由 TH0 和 TL0 构成，T1 由 TH1 和 TL1 构成。TMOD（定时模式控制寄存器）用于选择各定时/计数器的功能和工作模式；TCON（定时控制寄存器）用于控制定时/计数器 T0、T1 启动和停止，同时可显示定时时间是否到或计数值是否已满等状态。T0、T1、TMOD、TCON 属于特殊功能寄存器，系统复位时，这 4 个特殊功能寄存器的所有位都被清零。

定时/计数器 T0 和 T1 本质上都是加 1 计数器，每输入一个脉冲，计数器加 1，当加到计数器为全 1 时，再输入一个脉冲，就表示定时值到或计数值满，从而发生溢出。溢出后，

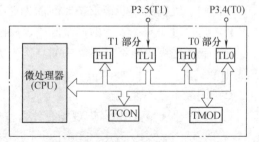

图 6-1　定时器/计数器的结构

计数器回零，CPU 会自动对 TCON 中的相关位置 1，来表达定时时间已到或计数值已满，编程人员可采用查询模式或中断模式处理相应的事件。

2. T0 和 T1 的功能选择

T0 和 T1 都具有定时和计数两种功能。TMOD 中有一个控制位（C/$\overline{T}$），分别用于选择 T0 和 T1 是工作在定时器模式还是计数器模式。

（1）**计数功能** 选择计数器模式时，单片机对 P3.4 或 P3.5 的外部引脚信号进行采样并计数，计数脉冲从引脚 T0（P3.4）或 T1（P3.5）输入。当输入信号发生由 1 至 0 的负跳变时，计数器（TH0、TL0 或 TH1、TL1）的值增 1。每个机器周期的 S5P2 期间，CPU 对输入的外部脉冲信号进行采样。如在第一个周期中采样值为 1，而在下一个周期中采样值为 0，则在紧跟着的再下一个周期的 S3P1 期间，计数值就增 1。由于确认一次外部信号的跳变最短需要 2 个机器周期，即 24 个振荡器周期，因此外部输入计数脉冲的最高频率应为振荡器频率的 1/24。对外部输入信号的占空比并没有什么限制，但为了确保某一给定的电平在变化之前至少被采样一次，则这一电平至少要保持一个机器周期。故对计数模式输入信号的基本要求如图 6-2 所示，图中 T_{cy} 为机器周期。

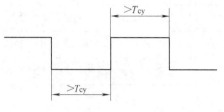

图 6-2 对计数模式输入信号的基本要求

（2）**定时功能** T0、T1 的定时功能也是通过计数实现的。当选择定时器模式时，计数脉冲来自于单片机内部时钟脉冲，每个机器周期使计数器的值增 1。1 个机器周期等于 12 个振荡器周期，故计数速率为振荡器频率的 1/12。当采用 12MHz 晶体时，计数速率为 1MHz，即每 1μs 计数器加 1。计数值乘以单片机的机器周期就是定时时间。

6.1.2 定时/计数器 T0 和 T1 的模式选择和状态控制寄存器

特殊功能寄存器 TMOD 和 TCON 分别是定时/计数器 T0 和 T1 的模式选择和状态控制寄存器，用于确定各定时/计数器的工作模式和功能等。

1. 模式控制寄存器 TMOD

TMOD 寄存器的单元地址是 89H，不能位寻址，只能用字节传送指令设置其内容。TMOD 用于确定 T0 和 T1 的功能及 4 种工作模式的选择。其中低 4 位用于控制 T0，高 4 位用于控制 T1。其格式如下：

（MSB） （LSB）

GATE	C/$\overline{T}$	M1	M0	GATE	C/$\overline{T}$	M1	M0

（1）**GATE 位** 门控位。

当 GATE = 0 时，则只要 TR0 和 TR1 置 1，定时/计数器就被选通，而不管 $\overline{INT0}$ 或 $\overline{INT1}$ 的电平是高还是低。初学常用这种形式。

当 GATE = 1 时，只有 $\overline{INT0}$ 或 $\overline{INT1}$ 引脚为高电平且 TR0 或 TR1 置 1 时，相应的定时/计数器才被选通工作，这种特性可以用于测量在 $\overline{INTX}$ 端（$X = 0$ 或 1）出现的正脉冲的宽度。

（2）**C/$\overline{T}$ 位** 定时器/计数功能选择位。

C/$\overline{T}$ = 0 时，设置为定时器模式，计数器采样的是内部时钟脉冲，每一个机器周期加 1。

C/T =1 时，设置为计数器模式，计数器采样的是外部引脚信号，即 T0（P3.4）或 T1（P3.5）端的外部脉冲。

（3）**M1、M0 位**　工作模式选择位。2 位可形成 4 种编码，对应于 4 种工作模式，见表 6-1。

表 6-1　M1、M0 工作模式选择

M1	M0	功　能　描　述
0	0	模式 0，TLX 中低 5 位与 THX 中的 8 位构成 13 位计数器。计满溢出时，13 位计数器回零
0	1	模式 1，TLX 与 THX 构成 16 位计数器。计满溢出时，16 位计数器回零
1	0	模式 2，8 位自动重装载的定时/计数器，每当计数器 TLX 溢出时，THX 中的内容重新装载到 TLX
1	1	模式 3，对定时器 T0，分成 2 个 8 位计数器，对于定时器 T1，停止计数

2. 控制寄存器 TCON

控制寄存器 TCON 字节地址为 88H，位地址为 88H ~ 8FH，TCON 用来控制 T0 和 T1 的启、停，并给出相应的状态，其格式如下：

（MSB）　　　　　　　　　　　　　　　　　　　　　　　　　　　　　　　　　　（LSB）

TF1	TR1	TF0	TR0	IE1	IT1	IE0	IT0

（1）**TF1、TF0 位**　溢出标志位。

当定时/计数器溢出时，由硬件自动置 1。使用查询模式时，此位做状态位供查询，查询有效后需由软件清零；使用中断模式时，此位做中断申请标志位，进入中断服务子程序后被硬件自动清零。

（2）**TR1、TR0 位**　计数运行控制位。

TR1 位（或 TR0 位）=1 时，是定时器/计数器启动工作的必要条件。

当 TR1 位（或 TR0 位）=0 时，停止定时器/计数器工作。

TCON 的低 4 位与外部中断有关，已在中断系统的章节中做了介绍。

3. 定时/计数器的初始化

80C51 系列单片机的定时/计数器是可编程的，因此，在进行定时或计数之前也要用程序进行初始化。初始化一般应包括以下 4 个步骤：

1）对 TMOD 寄存器赋值，以确定定时/计数器的功能及工作模式选择。

2）置定时/计数器初值，直接将初值写入寄存器的 TH0、TL0 或 TH1、TL1。

3）根据需要对寄存器 IE 置初值，开放定时器中断（中断模式采用，查询模式该步省略）。

4）对 TCON 寄存器中的 TR0 或 TR1 置位，启动定时/计数器。TR0 或 TR1 置位以后，计数器即按规定的工作模式和初值进行计数或开始定时。

在初始化过程中，要置入定时/计数器的初值，这时要做一些计算。由于计数器是加法计数，并在溢出时申请中断，因此不能直接输入所需的计数值，而是要从计数最大值倒退回去，这时的计数值才是应置入的初值。设计数器的最大值为 M（在不同的工作模式中，M

可以为 $2^{13} = 8192$、$2^{16} = 65536$ 或 $2^8 = 256$），则置入的初值 X 可这样来计算。

计数模式时：

$$X = M - \text{计数值}$$

定时模式时：

$$(M - X)T_{\text{cy}} = \text{定时值}$$

所以：

$$X = M - \text{定时值}/T_{\text{cy}}$$

当机器周期为 $1\mu s$，工作在模式 0 时，最大定时值为 $2^{13} \times 1\mu s = 8.192\text{ms}$。若工作在模式 1，则最大定时值为 $2^{16} \times 1\mu s = 65.536\text{ms}$。

6.2 T0 和 T1 的 4 种工作模式

T0 和 T1 除了可以选择定时/计数器功能外，每个定时/计数器还有 4 种工作模式（方式），其中前 3 种模式对 T0 和 T1 都是一样的，而模式 3 对两者是不同的。

6.2.1 模式 0

当 M1M0 为 00 时，T0 或 T1 便工作在模式 0。图 6-3 表示了 T1 在模式 0 下的逻辑图（对 T0 也适用）。模式 0 为 13 位计数器，由 TL1 的低 5 位和 TH1 的 8 位构成，TL1 中的高 3 位弃之未用。由图可见，当 $C/\overline{T} = 0$ 时，多路开关接通内部振荡器的 12 分频输出，此时 13 位计数器就是对机器周期进行计数，这就是所谓的定时器工作模式；当 $C/\overline{T} = 1$ 时，多路开关接通计数引脚 P3.5，外部计数脉冲由 P3.5 输入。当计数脉冲发生负跳变时，计数器加 1，这就是所谓的计数工作模式。

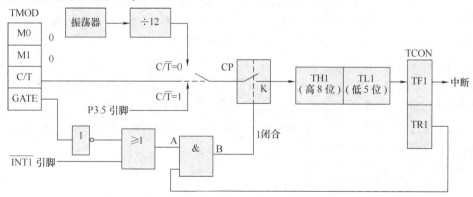

图 6-3 定时/计数器 T1 工作模式 0（13 位计数器）

不管是哪种工作模式，当 TL1 的低 5 位计数溢出时，向 TH1 进位，而全部 13 位计数器溢出时，使计数器回零，并使溢出标志 TF1 置 1，向 CPU 发中断请求。

由图 6-3 也可以看出门控位 GATE 的作用。当 GATE = 0 时，经反相后使或门输出为 1，此时仅由 TR1 控制与门的输出：当 TR1 = 1 时，与门输出为 1，控制开关 K 闭合，启动计数器工作；当 TR1 = 0 时，控制开关 K 断开，停止计数器工作。

当 GATE = 1 时，则由 $\overline{\text{INT1}}$ 控制或门的输出，此时与门的输出由 $\overline{\text{INT1}}$ 和 TR1 共同控制。当 TR1 = 1 时，外部中断 $\overline{\text{INT1}}$ 直接控制定时/计数器的启动和停止，即 $\overline{\text{INT1}}$ 由低电平变为高

电平时，启动计数，当$\overline{\text{INT1}}$由高电平变为低电平时，停止计数。这种情况常用来测量在$\overline{\text{INT1}}$端出现的正脉冲的宽度。

6.2.2 模式1

当M1M0为01时，设T0工作于模式1下，即对应位M1M0为01时，模式1的逻辑电路和工作情况与模式0几乎完全相同，唯一的差别是：在模式1中，定时器TH0和TL0组合成一个16位定时/计数器（见图6-4），即TL0中的高3位也参与计数。图6-4表示了T0在模式1下的逻辑图，对T1也适用。

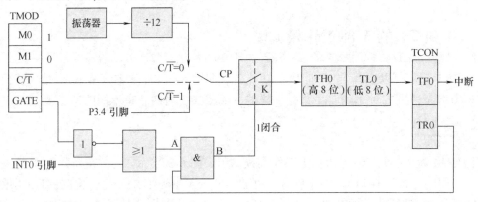

图6-4　定时/计数器T0工作模式1（16位计数器）

6.2.3 模式2

模式0和模式1的最大特点是计数溢出后，计数器归0。因此在循环定时或循环计数时就存在需要用指令反复装入初值的问题，这不仅影响定时的精度，而且也给程序设计带来麻烦。模式2就是针对此问题而设置的，此时设置M1M0为10。

模式2是一个可以自动重新装载初值的8位计数器，如图6-5所示。该模式将16位的T1分解成2个8位的寄存器，其中TL1做8位加1计数器，TH1做8位初值寄存器，TH1的初值由软件设置。当装入初值并启动定时/计数器工作后，TL1按8位加1计数器工作，TL1计数溢出时，不仅使溢出标志TF1置1，而且还自动把TH1中的初值重新装载到TL1中，重新装载后TH1的内容不变。

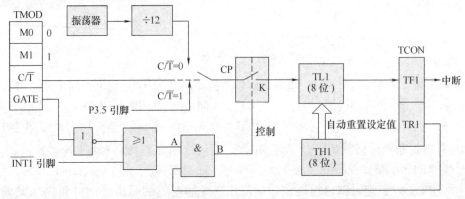

图6-5　定时/计数器T1工作模式2

模式 2 对定时控制特别有用。例如,若希望利用定时器每隔 $250\mu s$ 产生一个定时控制脉冲,则可以采用 12 MHz 的振荡器(其一个机器周期为 $1\mu s$),把 THX 预置为 6,并使 $C/\overline{T}=0$,即可完成 $250\mu s$ 定时。模式 2 还特别适合于把定时/计数器作为串口波特率发生器使用。

6.2.4 模式 3

模式 3 是为了增加一个附加的 8 位定时/计数器而设置的,此时设置 M1M0 为 11。定时/计数器 T0 和 T1 工作在模式 3 时的情况大不相同。对于 T1,设置为模式 3,将使它停止计数并保持原有的计数值,其作用如同使 TR1 =0。

1. 工作在模式 3 下的 T0

对于 T0,设置为模式 3 后它将把 16 位计数器分成两个互相独立的 8 位计数器 TL0 和 TH0,如图 6-6 所示。其中 TL0 利用了定时/计数器 T0 本身的一些控制位:$C/\overline{T}$、GATE、TR0 和 TF0。它的操作情况与模式 0 和模式 1 类似,既可以按计数模式工作,也可以按定时模式工作。而 TH0 被规定只可用做定时器,即只对机器周期计数,它借用了 T1 的控制位 TR1 和 TF1。因此,TH0 的启、停受 TR1 控制,TH0 的溢出将置位 TF1,这时的 TH0 占用了 T1 的中断。

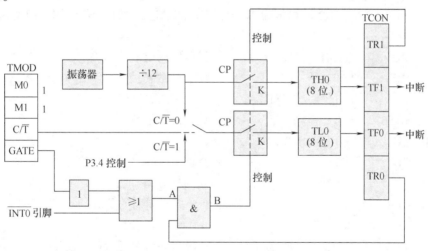

图 6-6 定时/计数器 T0 工作模式 3

2. T0 工作在模式 3 时 T1 的各种工作模式

一般情况下,当 T1 工作在串口波特率发生器时,T0 才工作在模式 3。T0 处于模式 3 时,T1 可定为模式 0、模式 1、模式 2,用来作串口的波特率发生器或不需要中断的场合。

6.3 定时/计数器的应用

在定时器/计数器的 4 种工作模式中,模式 0 与模式 1 基本相同,只是计数器的计数位数不同。模式 0 为 13 位计数器,模式 1 为 16 位计数器。由于模式 0 是为兼容当时的 MCS-48 系列而设,且其计数初值计算复杂,所以在实际应用中,一般不用模式 0,而采用模式 1。

定时/计数器是单片机应用系统中的重要组成部件，其工作模式的灵活应用对提高编程技巧，减轻 CPU 负担和简化外围电路有很大益处。本节将通过应用实例，说明定时/计数器的使用方法（在此暂不使用中断模式）。

6.3.1 定时/计数器模式 0 的应用

模式 0 是一种 13 位的定时器/计数器的工作模式，由 THX 和 TLX 组成的 16 位计数器中 TLX 的高 3 位没有被使用。

【例 6-1】 试利用 T0 产生周期为 1ms，宽度为一个机器周期的负脉冲串，并由 P1.0 送出，假定系统晶体振荡频率为 12MHz。

解：由于系统晶体振荡频率为 12MHz，因此一般定时时间小于 8ms 才可能采用 13 位模式，但是一般情况下人们仍然会选用模式 1，为了内容的全面，这里仍安排了模式 0 的例题。

由于系统晶体振荡频率为 12MHz，则 1 个机器周期为 1μs。若计数器的初值为 X，则要求：

$$(2^{13} - X) \times 10^{-6} = 1 \times 10^{-3}$$

故 $X = 7192 = 1\ 1100\ 0001\ 1000B$，其中高 8 位应赋给 TH0，低 5 位应赋给 TL0 的低 5 位，TL0 的高 3 位补 0。所以 TH0 的初值为 0E0H，TL0 的初值为 18H。若采用查询模式，则编程如下：

```
        MOV     TMOD,   #00H        ; 设置定时器 0 模式 0
        MOV     TH0,    #0E0H       ; 设置计数初值
        MOV     TL0,    #18H
        SETB    TR0                 ; 启动定时器 0
T0INT:  JNB     TF0, T0INT
        CLR     TF0                 ; 查询方式溢出后，首先清标志位，为下一次
                                      溢出作准备
        CLR     P1.0                ; 1 个机器周期的负脉冲
        SETB    P1.0
        MOV     TH0,    #0E0H       ; 用软件重新装载 TH0 和 TL0
        MOV     TL0,    #18H
        SJMP    T0INT
```

一般情况下，CPU 要完成大量的其他任务，而 1ms 产生一个脉冲，其间 CPU 有足够的时间处理大量的其他事情。所以，在这种情况下，更宜采用中断模式，而不宜采用查询模式。

6.3.2 定时/计数器模式 1 的应用

模式 1 与模式 0 基本相同，只是模式 1 改用了 16 位计数器。当要求定时周期较长，13 位计数器不够用时，可改用 16 位计数器。

1. 定时时间短（系统晶体振荡频率为 12MHz 时，定时时间小于 65ms）

单片机晶体振荡频率为 12MHz 时，一个机器周期为 1μs。在 4 种工作模式中，模式 1 具

有最大的定时时间，大约为 65ms。当定时要求小于 65ms 时，可以直接采用模式 1 完成定时任务。

【例 6-2】 利用 T0 模式 1 产生一个 50Hz 的方波，由 P1.0 输出。假设系统采用 12MHz 晶体振荡器。

解：50Hz 的方波周期为 20ms，高、低电平各持续 10ms。则计数器初值 X 可由下式算得：

$$(2^{16} - X) \times 10^{-6} = \frac{1}{50 \times 2}$$

因而，$X = 55536 = 0D8F0H$。若采用查询模式，则编程如下：

```
        MOV     TMOD,   #01H        ; 设置定时器 0 模式 1
        SETB    TR0
LOOP:   MOV     TH0,    #0D8H
        MOV     TL0,    #0F0H
        JNB     TF0,    $
        CLR     TF0
        CPL     P1.0
        SJMP    LOOP
```

注意：寄存器 TMOD 不是可位寻址的，因此不能用 SETB 或 CLR 命令对 TMOD 进行按位操作，否则汇编时将出错。

2. 定时时间长（系统晶体振荡频率为 12MHz 时，定时时间大于 65ms）

当定时时间要求较长时，可以采用两种方法实现：一是采用 1 个定时器定时一定的时间间隔（如 20ms），然后用软件进行计数（在主程序或中断服务程序中均可）；二是采用 2 个定时器级联，其中一个定时器产生周期信号（如 20ms 为一个周期），然后将该信号送入另一个计数器的外部脉冲输入端进行脉冲计数，以获得所需要的时间。

【例 6-3】 试编写程序，实现用定时/计数器 T0 定时，使 P1.7 引脚输出周期为 1s 的方波。设系统的晶体振荡频率为 12MHz。

解：采用定时 20ms，然后再计数 25 次的方法实现，定时时间到启动 T0 中断。

1）T0 工作在定时模式 1 时，控制字 TMOD 的配置：GATE = 0，$C/\overline{T}$ = 0，M1M0 = 01，则取模式控制字为 01H。

2）计算计数初值 X：晶体振荡频率为 12MHz，所以机器周期 T_{cy} 为 1μs。

$$N = t/T_{cy} = 20 \times 10^{-3}/1 \times 10^{-6} = 20000$$
$$X = 2^{16} - N = 65536 - 20000 = 45536 = 4E20H$$

即应将 4EH 送入 TH0 中，20H 送入 TL0 中。

3）实现程序如下：

```
        ORG     0000H
        AJMP    MAIN                ; 跳转到主程序
        ORG     000BH               ; T0 的中断入口地址
        LJMP    FBT0
        ORG     0030H
```

```
MAIN: MOV    TMOD,   #01H        ; 设 T0 工作于定时方式, 模式 1
      MOV    TH0,    #4EH        ; 装入循环计数初值
      MOV    TL0,    #20H        ; 首次计数值
      MOV    R7,     #25         ; 计数 25 次
      SETB   ET0                 ; T0 开中断
      SETB   EA                  ; CPU 开中断
      SETB   TR0                 ; 启动 T0
      SJMP   $                   ; 等待中断
      ORG    0200H
FBT0: DJNZ   R7,     JXDS        ; 计数次数未到, 继续定时
      MOV    R7,     #25         ; 计数次数到, 重新装入计数初值
      CPL    P1.7
JXDS: MOV    TH0,    #4EH
      MOV    TL0,    #20H
      SETB   TR0
      RETI
      END
```

6.3.3　定时/计数器模式 2 的应用

模式 2 是自动重装载模式。在这种模式下，计数初值只需设置一次，以后不再需要用软件重新设置。

【例 6-4】　有一包装流水线，产品每计数 24 瓶时，用 P1.0 发出两个机器周期以上的高电平，使包装机起动工作，如图 6-7 所示。试编写程序完成这一计数任务。

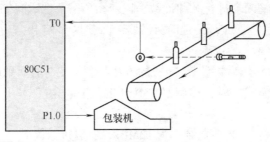

图 6-7　包装流水线示意图

解：本题采用 T0 工作于模式 2 完成计数。

1) T0 工作在计数模式 2 时，控制字 TMOD 的配置：

$GATE = 0$，$C/\overline{T} = 1$，$M1 M0 = 10$

模式控制字为 06H。

2) 求计数初值 X：

$$N = 24$$

$$X = 2^8 - N = 256 - 24 = 232 = 0E8H$$

即应将 0E8H 送入 TH0 和 TL0 中。

3）实现程序如下：

```
        ORG    0000H
        LJMP   MAIN         ; 跳转到主程序
        ORG    000BH        ; T0 的中断入口地址
        LJMP   JST0         ; 转向中断服务程序
        ORG    0100H
MAIN:   MOV    TMOD, #06H   ; 置 T0 工作于计数模式 2
        MOV    TH0,  #0E8H  ; 装入计数初值
        MOV    TL0,  #0E8H
        SETB   ET0          ; T0 开中断
        SETB   EA           ; CPU 开中断
        SETB   TR0          ; 启动 T0
        SJMP   $            ; 等待中断
        ORG    0200H
JST0：  SETB   P1.0
        NOP
        NOP
        CLR    P1.0
        RETI
        END
```

6.3.4 定时/计数器门控位 GATE 的应用

一般情况下，设置门控位 GATE = 0 时，定时/计数器的运行只受 TRX 位的控制；当 GATE = 1 时，定时/计数器的运行将同时受 TRX 位和 $\overline{\text{INT}X}$ 引脚电平的控制。在 TRX = 1 时，若 $\overline{\text{INT}X}$ = 1，则启动计数；若 $\overline{\text{INT}X}$ = 0，则停止计数。这一特点可极为方便地用于测试外部输入脉冲的宽度。

【例 6-5】　如图 6-8 所示，测量 $\overline{\text{INT0}}$ 引脚上出现的正脉冲宽度，并将结果（以机器周期的形式）存入内部 RAM 30H、31H 两个单元中。利用 T0 的门控位 GATE，编程实现检测外部输入脉冲的宽度。

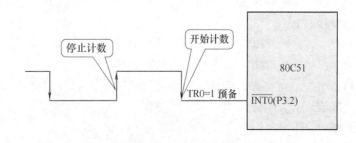

图 6-8　【例 6-5】题图

解：让定时/计数器 T0 工作于定时模式，模式 1。测试时，应在$\overline{INT0}$为低电平时，设置 TR0 = 1，$\overline{INT0}$变为高电平时，就启动计数；当$\overline{INT0}$再次变低时，停止计数，并使 TR0 = 0。此时，读出 TH0、TL0 的计数值并保存，此计数值乘以定时脉冲周期（即机器周期），就得到被检测正脉冲的宽度 TP。

```
        MOV     TMOD,    09H      ; 设 T0 为模式 1，定时模式，GATE = 1
        MOV     TL0,     #00H     ; 设置计数初值为零
        MOV     TH0,     #00H
        MOV     R0,      #30H     ; 地址指针送 R0
        JB      P3.2,    $        ; 等待INT0变低
        SETB    TR0               ; 准备启动定时器 0
        JNB     P3.2,    $        ; 等待INT0变高
        JB      P3.2,    $        ; 启动计数，并等待INT0再次变低
        CLR     TR0               ; 停止计数
        MOV     @R0,     TL0      ; 读取计数值
        INC     R0
        MOV     @R0,     TH0
        SJMP    $
        END
```

设 f_{osc} = 12MHz，则这种方案的最大被测脉冲宽度为 65536μs，由于靠软件启动和停止计数有一定的测量误差，其最大可能的误差应根据有关指令的时序确定。

6.3.5 运行中读定时/计数器

例 6-5 中，在读取定时器的计数值之前，已把它停止计数，但是在某些情况下，不希望在读计数值时打断计数的过程。虽然 80C51 系列单片机中，随时可以读取计数寄存器 THX 和 TLX，但在读取时需要特别加以注意。如不注意，则读取的计数值就很有可能出错，因为不可能在同一时刻读取 THX 和 TLX 的内容。比如，先读（TLX），然后读（THX），由于定时器在不断运行，读（THX）前，若恰好产生 TLX 溢出向 THX 进位的情形，则读得的（TLX）值就完全不对了。同样，先读（THX）再读（TLX）也可能出错。

一种可解决错读问题的方法是：先读（THX），后读（TLX），再读（THX），若两次读得的（THX）没有变化，则可确定读得的内容是正确的。若前后两次读得的（THX）有变化，则再重复读得的内容就应该是正确的了，下面是有关的程序，读得的（TH0）和（TL0）放置在 R1 和 R0 内：

```
RDTIME: MOV     A,    TH0            ; 读（TH0）
        MOV     R0,   TL0            ; 读（TL0）
        CJNE    A,    TH0, RDTIME    ; 比较两次读得的（TH0），必要时重复上述
                                       过程
        MOV     R1,   A
        RET
```

思考题

【6-1】 51 系列单片机的内部设有几个定时/计数器？有几个特殊功能寄存器与定时/计数相关？它们的功能是什么？

【6-2】 如果采用的晶体振荡频率为 6MHz，定时器/计数器工作在模式 0、模式 1、模式 2 下，其最大定时时间各为多少？

【6-3】 定时器/计数器用做定时器模式时，其计数脉冲由谁提供？定时时间与哪些因素有关？

【6-4】 定时器/计数器用做计数器模式时，对外界计数频率有何限制？

【6-5】 采用定时器/计数器 T0 对外部脉冲进行计数，每计数 100 个脉冲后，T0 转为定时工作模式。定时 1ms 后，又转为计数工作模式，如此循环不止。假定 AT89S51 单片机的晶体振荡器频率为 6MHz，请使用模式 1 实现，要求编写程序。

【6-6】 已知 51 系列单片机的系统晶体振荡频率为 6MHz，请利用定时器 T1 和 P1.2 输出矩形脉冲，其波形如下：

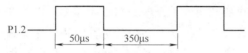

【6-7】 51 系列单片机的 T0 和 T1 在模式 3 时有何不同？

【6-8】 当定时器 T0 用于模式 3 时，应该如何控制定时器 T1 的启动和关闭？

【6-9】 编写程序，要求使用 T0，采用模式 2 定时，在 P1.0 输出周期为 400μs，占空比为 10∶1 的矩形脉冲。

【6-10】 利用定时器/计数器测量某正单脉冲的宽度，采用何种模式可得到最大量程？若时钟频率为 6MHz，求允许测量的最大脉冲宽度是多少？

【6-11】 编写一段程序，功能要求：当 P1.0 引脚的电平正跳变时，对 P1.1 的输入脉冲进行计数；当 P1.2 引脚的电平负跳变时，停止计数，并将计数值写入 R0、R1（高位存 R1，低位存 R0）。

【6-12】 试编写一段程序，利用 T1 模式 2 进行计数，每计 200 次进行累加器 A 加 1 操作。

第 7 章　80C51 系列单片机的串行通信

【学习纲要】

在实际应用中，单片机与计算机之间、单片机与外部设备之间及单片机与单片机之间都需要交换信息，所有这些信息的交换均称为"通信"。通常单片机与计算机之间的通信用的最多。通信分为并行通信和串行通信两种方式。现代单片机测控系统中，信息的交换多采用串行通信方式。

学习本章时应该掌握并行通信和串行通信的概念、特点及应用场合；理解同步通信和异步通信的特点；理解串行通信的 3 种数据传送方向；了解串行通信的数据校验方法。重点掌握与串口相关的特殊功能寄存器的特点及功能；掌握 SCON 各位的使用方法；了解 PCON 特殊功能寄存器在电源管理中的应用。重点掌握 80C51 系列单片机串口的 4 种工作方式的数据帧格式及其波特率。掌握波特率的概念及初值的计算方法；掌握方式 0 扩展并行输入、输出口的电路原理及其典型应用实例；理解方式 1、方式 2、方式 3 的通信软件编程方法；理解单片机双机通信的硬件连接；理解双机通信在不同工作方式中的软件编程方法；理解单片机与 PC 通信的硬件电路和软件编程方案。

7.1　串行通信基础知识

7.1.1　并行通信与串行通信

1. 并行通信

并行通信是指将数据字节的各位用多条数据线同时进行传送。每一位数据都需要一条传输线，如图 7-1a 所示，8 位数据总线的通信系统，一次传送 8 位数据（1 个字节），将需要 8 条数据线。

并行通信的特点是传送速度快，需要的数据传输线较多。因此当距离较远、位数又多时会导致通信线路复杂且成本高，一般适合于短距离的数据传输。如比较老式的微型打印机就是通过并口方式与单片机连接，现在都用传输速度非常快的 USB 串行接口通信了。

由于串行接口技术的不断进步，其数据传输速度不断提高，并行通信已经用得较少，因此在这里也仅做简单介绍，大家只需了解即可。

2. 串行通信

串行通信是指所传送的数据按顺序一位接一位地进行传送。因为一次只能传送一位，所以对于一个字节的数据，至少要分 8 次才能传送完毕。

串行通信的特点是需要的数据传输线较少，通信线路简单、成本低，适用于数据的远距离通信。如图 7-1b 所示只要一对传输线（即发送线和接收线）就可以实现通信。串行通信的缺点是传送速度慢，假设并行传送 n 位数据所需的时间为 t，那么串行传送的时间为 nt，而实际上总是大于 nt。

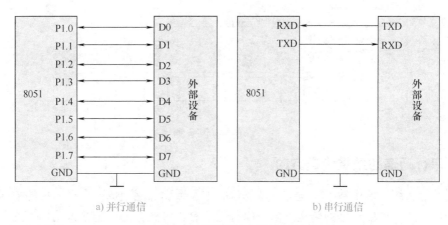

a) 并行通信　　　　　　　　　　　　　b) 串行通信

图 7-1　两种基本通信方式

7.1.2　串行通信的通信方式

根据通信协议的不同，串行通信可分为同步通信和异步通信两种方式。

1. 同步通信

同步通信是一种连续串行传输数据的通信方式，传送的数据可以是多个字符组成的数据块，每次传送的一帧数据由同步字符、数据字符和校验字符 3 部分组成。传输一帧数据的开头采用同步字符使收、发双方实现严格同步，期间不允许出现空隙，没有起始位和停止位，提高了传输速度。无数据传送时，发送同步字符。同步通信方式发送的数据量大、速度快，常用于传输速度要求高的场合，但较复杂。

同步通信方式的帧格式如图 7-2 所示。

图 7-2　字符帧的同步串行通信格式

2. 异步通信

异步通信不需要同步字符，也不需要发送设备保持数据块的连续性，可以准备好一个发送一个，但要发送的每一字符，都必须先按照通信双方约定好的格式进行格式化，在其前、后分别加上起始位和停止位，用以指示每一字符的开始和结束。由于每一字符都包含有起始位和停止位，因此，异步通信的传输效率不如同步通信的效率高，但对接收与发送时钟的要求可以低一些。到第 8 位到来时，接收时钟稍微偏离发送时钟，只要不偏离太大，就不会影响字符的正确接收。

一帧信息传送完毕后，可传送不定长度的空闲位 "1"，作为帧与相邻帧之间的间隔，也可以没有空闲位间隔。当通信线路上没有数据传送时，通信线路呈高电平。在传送数据时，用一个低电平作起始位表示字符传输的开始，用停止位表示一帧字符信息已传输完毕。80C51 系列单片机一般采用异步通信方式，一个字符帧的异步串行通信格式如图 7-3 所示。

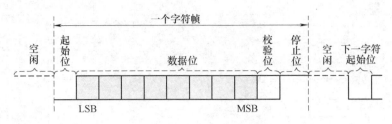

图 7-3　字符帧的异步串行通信格式

7.1.3　串行通信的数据传送方向

数据通信系统一般由数据发送方、数据接收方及数据通路组成。串行通信的数据是在两个站之间传送的，按照数据的传送方向，串行通信有 3 种数据通路连接方式。

1. 单工方式

在单工方式下，通信线的一端连接发送器，另一端连接接收器，形成单向连接。若 A 为发送端，B 为接收端，数据仅能从 A 端发至 B 端，如广播、无线寻呼等，如图 7-4a 所示。

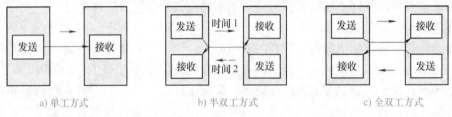

a) 单工方式　　　　　b) 半双工方式　　　　　c) 全双工方式

图 7-4　串行通信的数据通路格式

2. 半双工方式

在半双工方式下，系统中的每个通信设备都由一个发送器和一个接收器组成，通过收、发开关接到通信线上。数据既可从 A 端发送到 B 端，也可以由 B 端发送到 A 端，不过在同一时间只能进行一个方向的数据传送，如使用同一载波频率的对讲机，如图 7-4b 所示。

3. 全双工方式

在全双工方式下，在同一时间两端既可同时发送，也可同时接收，如普通电话、手机等，51 系列单片机使用全双工方式，如图 7-4c 所示。

7.1.4　通信中的误码问题

数据在串行传输过程中，由于干扰等原因可能导致传输的数据发生错误，这种情况称为出现了"误码"，错误的数据位数与所有传输数据总位数的比率叫做"误码率"，发现传输中的错误叫做"检错"，发现错误后消除错误叫做"纠错"。

为了使系统能够可靠、稳定地通信，在编程时应当设计通信协议，并应考虑数据的纠错，一般在通信时采取数据校验的办法，可有效保证数据传输的可靠性。目前较为流行的方法有以下几种：

1. 奇偶校验

最简单的检错方法是奇偶校验，在传送字符的各位之外，再传送 1 位奇/偶校验位。

1）奇校验：数据中 1 的个数与校验位 1 的个数之和应为奇数。

2）偶校验：数据中 1 的个数与校验位 1 的个数之和应为偶数。

在接收字符时，对 1 的个数进行校验，若发现不一致，则说明传输数据过程中出现了差错。奇偶校验无法实现自动纠错，发现错误后只能要求重发，但由于其实现简单，仍得到了广泛使用。

2. 累加和校验

累加和校验是指发送方将发送的数据块求和，并将"校验和"附加到数据块末尾，接收方接收数据时也是先对数据块求和，将所得结果与发送方的"校验和"进行比较，相符则无差错，否则即出现了差错。

校验和能够检测到比奇偶校验更多的错误，但当字节顺序颠倒时，校验和不能发现，因为它不能发现次序错误。

3. 循环冗余码校验

循环冗余码校验是通过某种数学运算实现有效信息与校验位之间的循环校验，常用于对磁盘信息的传输、存储区的完整性校验等。这种校验方法纠错能力强，广泛应用于同步通信中。

7.2　80C51 系列单片机的串行接口

对于单片机来说，为了进行串行通信，需要有相应的串行接口电路。80C51 系列单片机芯片中，通用异步接收/发送器（Universal Asynchronous Receiver/Transmitter，UART）作为一个功能部件集成在其中，构成一个串行通信接口，它是一个全双工的串行接口，这个接口除可以实现串行异步通信，还可以作为同步移位寄存器使用。

7.2.1　串行接口的结构

80C51 系列单片机的串行接口主要由发送数据缓冲器、发送控制器、接收数据缓冲器、接收控制器、输出控制门、输入移位寄存器等组成，如图 7-5 所示。发送缓冲器只能写入、不能读出，接收缓冲器只能读出、不能写入，两者使用同一个符号（SBUF），占用同一个地

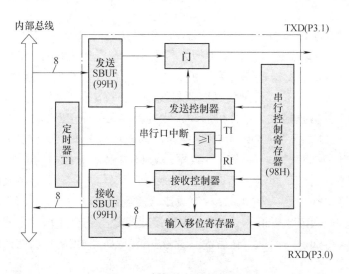

图 7-5　串行接口结构框图

址（99H）。通过使用不同的读、写缓冲器的指令来决定是对哪一个缓冲器进行操作。例如：执行"MOV　SBUF，A"指令，是将数据写入发送缓冲器；执行"MOV　A，SBUF"指令，是从接收缓冲器中读取数据。

串行接口还有两个专用特殊功能寄存器 SCON、PCON。SCON 用来存放串行接口的控制和状态信息，PCON 用来改变串行通信的波特率。80C51 系列单片机的串行接口正是通过对上述专用寄存器的设置、检测与读取来管理串行通信的。

7.2.2　串行接口的控制寄存器

对串行接口的访问和设置是通过访问相关的特殊功能寄存器完成的，与串行接口相关的特殊功能寄存器共有 3 个，见表 7-1。

表 7-1　串行控制寄存器（SCON 复位后 = 00H，PCON 复位后 = 10H）

寄存器	地址	名称	D7	D6	D5	D4	D3	D2	D1	D0
SCON	98H	串行接口控制	SM0	SM1	SM2	REN	TB8	RB8	TI	RI
PCON	87H	电源控制	SMOD				GF1	GF0	PD	IDL
SBUF	99H	串行接口缓存	—	—	—	—	—	—	—	—

1. 串行数据缓冲器 SBUF

80C51 系列单片机的串行数据缓冲器 SBUF 是两个 8 位的特殊功能寄存器，其在功能和物理空间上均独立，但两者共用 SBUF 这个符号，并且字节地址均为 99H。发送缓冲器只能写入、不能读出，接收缓冲器只能读出、不能写入，两者均只能进行字节寻址。

由于串行接口对外有两条独立的收、发信号线 RXD（P3.0）、TXD（P3.1），因此可以同时发送、接收数据，实现双工通信。

（1）串行接口的数据发送　单片机启动发送的方法是：CPU 通过执行一条写 SBUF 指令，如通过执行"MOV　SBUF，A"指令向输出缓冲器 SBUF 写入数据，从而启动数据串行发送。在波特率发生器产生的发送时钟控制下，按照预先设置的帧格式由低位到高位逐位由TXD 端输出发送数据，发送结束 TI = 1。

串行发送数据的原理如图 7-6 所示。例如：甲机执行"MOV　SBUF，A"指令后 CPU向 SBUF 写入数据，启动发送过程，A 中的 8 位数据并行送入 SBUF，在发送控制器的作用下，按照编程人员设定的发送速率（发送波特率），每传来一个时钟脉冲，数据移出一位，从 TXD 端由低位到高位一位一位地发送到通信线路上，移出的数据经过线路直达乙机。

（2）串行接口的数据接收　单片机启动接收的首要条件是 REN = 1，即首先需要执行一条 REN 置 1 指令，如执行"SETB　REN"指令后即表示 CPU 现在允许接收数据。串行接口通过对 RXD 引脚信号的采样来确认串行数据，若检测到发送数据的起始位（一般为低电平），则其后对 RXD 引脚每间隔一定时间进行采样，采样到的数据在接收时钟控制下以移位方式存入输入移位寄存器，当数据接收完成或检测到停止位时，CPU 将自动把接收到输入移位寄存器的内容送入接收缓冲器 SBUF，并置接收完成标志位 RI = 1，编程人员可通过中断方式或查询方式得知这一消息，随后编写读取指令（如"MOV　A，SBUF"指令）将接收到的数据取出。

图 7-6 中的乙机作为接收机，按照与发送速率相同的接收速率（接收波特率），将数据

按照移位脉冲的频率由低位到高位一位一位地移入到 SBUF。

很显然，只有双方的传送速度一致，才能完成数据的正确传送，若不一致，势必会造成数据位的丢失。同样，如果数据传输率一致，帧格式不一致，同样会导致数据传输混乱。

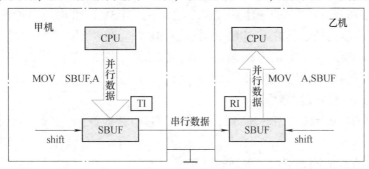

图 7-6　串行通信甲机发送乙机接收

在发送时，CPU 由一条写发送缓冲器的指令把数据写入串行接口的发送缓冲器 SBUF 中，然后从 TXD 端一位一位地向外发送。与此同时，接收端 RXD 逐位接收数据，直到收到一个完整的字符数据后通知 CPU，再用一条指令把接收缓冲器 SBUF 的内容读入累加器。可见，在整个串行收发过程中，串行接口的自主工作能力强大，CPU 的操作时间很短，使得 CPU 还可以从事其他的工作，从而大大提高了 CPU 的使用效率。

SBUF 具有接收缓冲功能，接收器是双缓冲结构，在第一个字节从寄存器读出之前，就可以开始接收第二个字节，但是如果第二个字节接收完毕时，第一个字节仍未读出，其第一个字节将会丢失。发送器为单缓冲，因为发送时 CPU 是主动的。

2. 串行控制寄存器 SCON

串行控制寄存器 SCON 的作用是控制串行通信的工作方式，并在数据发送和接收的过程中设置中断标志。SCON 的字节地址为 98H，可进行位寻址，位地址从高位到低位分别为 9FH ~ 98H，寄存器的位定义如下：

D7	D6	D5	D4	D3	D2	D1	D0
SM0	SM1	SM2	REN	TB8	RB8	TI	RI

（1）**SM0、SM1**　串行接口工作方式选择位。

SM0 和 SM1 定义了串行接口的 4 种工作方式，见表 7-2。其中方式 1、方式 2、方式 3 真正实现了通用异步接收器/发送器的功能，方式 0 本质上工作在移位寄存器状态。

表 7-2　串行接口的工作方式（f_{osc} 为系统晶体振荡频率）

SM0	SM1	工作方式	功　能	波特率
0	0	方式 0	8 位同步移位寄存器方式	$f_{osc}/12$
0	1	方式 1	10 位通用异步接收器/发送器	可变
1	0	方式 2	11 位通用异步接收器/发送器	$f_{osc}/32$ 或 $f_{osc}/64$
1	1	方式 3	11 位通用异步接收器/发送器	可变

（2）**SM2** 多机通信控制位。

SM2 主要用于方式 2 和方式 3。当接收机的 SM2 = 1 时，可以利用收到的 RB8 来控制是否激活 RI（RB8 = 0 时不激活 RI，收到的信息丢弃；RB8 = 1 时收到的数据进入 SBUF，并激活 RI，进而在中断服务程序中将数据从 SBUF 读走）。当 SM2 = 0 时，不论收到的 RB8 是 0 还是 1，均可以使收到的数据进入 SBUF，并激活 RI（即此时 RB8 不具有控制 RI 激活的功能）。通过控制 SM2，可以实现多机通信。在方式 0 时，SM2 必须是 0；在方式 1 时，若 SM2 = 1，则只有接收到有效停止位时，RI 才置 1。

（3）**REN** 允许接收控制位。

该位由软件置 1 或清 0，REN = 1 时，允许串行接口接收数据；REN = 0 时，禁止串行接口接收数据。

（4）**TB8** 方式 2 或 3 中发送数据的第 9 位。

该位由软件置 1 或清 0，在方式 2 或方式 3 时存放要发送数据的第 9 位。可以用做数据的奇偶校验位，或在多机通信中作为地址帧和数据帧的标志位。一般 TB8 = 0 时，表示发送的是数据信息；TB8 = 1 时，表示发送的是地址信息。方式 0 和方式 1 中该位未用。

（5）**RB8** 方式 2 或 3 中接收数据的第 9 位。

在方式 2 或方式 3 下存放接收数据的第 9 位。可以用做数据的奇偶校验位，或在多机通信中作为地址帧和数据帧的标志位。一般约定数据信息为 0，地址信息为 1。在方式 1 中，若 SM2 = 0，则 RB8 是接收到的停止位。在方式 0 中，RB8 未用。

（6）**TI** 发送中断标志位。

该位用来指示一帧数据是否发送完，在方式 0 中，发送完第 8 位数据，由硬件置 1。其他方式中，在发送停止位时，由硬件置 1。值得注意的是，在任何方式下，TI 虽然都是由硬件自动置位，但都必须由软件来清零。

（7）**RI** 接收中断标志位。

该位用来指示一帧数据是否接收完，在方式 0 中，接收完第 8 位数据，由硬件置 1。其他方式中，在接收停止位时，由硬件置 1。RI 必须由软件清零。

注意：发送中断标志 TI 和接收中断标志 RI 共用一个中断服务程序入口地址（中断向量）。

3. 电源管理寄存器 PCON

电源管理寄存器 PCON 在特殊功能寄存器中，字节地址为 87H，不能位寻址。PCON 用来管理单片机的电源部分，包括上电复位检测、掉电模式、空闲模式等。单片机复位时 PCON 全部被清 0，其各位的定义如下：

D7	D6	D5	D4	D3	D2	D1	D0
SMOD	（SMOD0）	（LVDF）	（POF）	GF1	GF0	PD	IDL

（1）**SMOD** 串行通信波特率倍增位。

SMOD = 0：串行接口为方式 1、方式 2、方式 3 时，波特率正常。SMOD = 1：串行接口为方式 1、方式 2、方式 3 时，波特率加倍。

（2）**（SMOD0）、（LVDF）、（POF）** 这 3 位是 STC 单片机特有的功能，请查看相关手册，其他单片机保留未使用。

（3）**GF1、GF0**　两个通用工作标志位，用户可以自由使用。

（4）**PD**　掉电模式设定位。

PD = 0：单片机处于正常工作状态。

PD = 1：单片机进入掉电（Power Down）模式，可由外部中断或者硬件复位模式进入掉电模式后，外部晶体振荡器停振，CPU、定时器、串行接口全部停止工作，只有外部中断继续工作。

（5）**IDL**　空闲模式设定位。

IDL = 0：单片机处于正常工作状态。

IDL = 1：单片机进入空闲（Idle）模式，除 CPU 不工作外，其余仍继续工作，在空闲模式下可由任一个中断或硬件复位唤醒。

7.2.3　串行通信的波特率设计

1. 波特率的定义

波特率是指每秒传送二进制数据的位数。其单位是 bit/s（位/秒），即 1 波特 = 1bit/s。单片机或计算机在串行通信时的速率用波特率表示。如果单片机与计算机之间每秒传送 360 个字符，而每个字符格式包含 10bit（1 个起始位、1 个停止位、8 个数据位），这时的波特率为 10bit × 360 个/s = 3600bit/s。

注意：串行接口或终端直接传送串行信息位流的最大距离与传输速率及传输线的电气特性有关。当传输线使用每 0.3m 有 50pF 电容的非平衡屏蔽双绞线时，传输距离随传输速率的增加而减小。当传输速率超过 1000bit/s 时，最大传输距离迅速下降，如 9600bit/s 时最大距离下降到只有 76m。因此，在做串行通信实验选择较高速率进行数据传输时，尽量缩短数据线的长度，为了能使数据安全传输，即使是在较低传输速率下也不要使用太长的数据线。

2. 80C51 系列单片机串行接口的波特率设计

在串行通信中，收、发双方对发送或接收的数据传输速率要有一定的约定，通过软件对单片机的串行接口编程可设置 4 种工作方式。其中，方式 0 和方式 2 的波特率是固定的，而方式 1 和方式 3 的波特率是可变的，由定时器 T1 和 T2（本书只讲解初学常用的 T1）的溢出率决定。串行接口的波特率反映了串行传输数据的速率，在串行通信中，发送端和接收端必须采用相同的波特率才能实现通信。

串行通信的波特率随串行接口工作方式的不同而不同，串行接口的 4 种工作方式对应着 3 种波特率，影响波特率的因素主要有以下几个：

1）系统的振荡频率 f_{osc}。

2）电源控制寄存器 PCON 中的波特率倍增位 SMOD。

3）定时器/计数器 T1 的溢出率设置。

接下来讨论在各种工作方式下的波特率设置方法。

（1）**模式 0 的波特率**　在模式 0 时，每个机器周期产生一个移位时钟，发送或接收一位数据。所以，波特率固定为振荡频率的 1/12，且不受 SMOD 的影响。即：

$$模式 0 的波特率 = \frac{f_{osc}}{12}$$

（2）**模式 2 的波特率**　模式 2 时波特率的产生与模式 0 不同，模式 2 的波特率由系统的振荡频率f_{osc}和PCON的最高位SMOD确定，当SMOD=0时，波特率为$f_{osc}/64$；若SMOD=1，波特率为$f_{osc}/32$，即：

$$模式2的波特率 = \frac{2^{SMOD}}{64}f_{osc}$$

（3）模式1和模式3的波特率 模式1和模式3的移位时钟脉冲由定时器T1的溢出率决定，故波特率由定时器T1的溢出率与SMOD值共同决定，即：

$$模式1和模式3的波特率 = \frac{2^{SMOD}}{32}T1的溢出率$$

当T1做波特率发生器使用时，最典型的用法是使T1工作在模式2（初值自动加载），定时方式，若计数初值为X，则每过"$256-X$"个机器周期，定时器T1就会产生一次溢出。为了避免因溢出而引起中断，此时应禁止中断。这时，溢出周期为

$$\frac{12}{f_{osc}}(256-X)$$

溢出率为溢出周期的倒数，所以有

$$波特率 = \frac{2^{SMOD}}{32}\frac{f_{osc}}{12(256-X)}$$

此时，定时器T1工作在模式2时的初值为

$$X = 256 - \frac{f_{osc}(SMOD+1)}{384 \times 波特率}$$

【例7-1】 设晶体振荡频率$f_{osc}=6MHz$，SMOD=1，设定时器T1工作在方式2，f_{osc}为6MHz时，波特率为2400bit/s，计算定时初值X，并初始化T1和串行接口。

解：$X = 256 - 6 \times 10^6 \times (1+1)/(2400 \times 32 \times 12) = 242.98 \approx 243 = 0F3H$

则定时器T1和串行接口的初始化程序如下：

```
MOV    TMOD,    #20H      ；设T1为方式2定时
MOV    TH1,     #0F3H     ；置时间常数
MOV    TL1,     #0F3H
SETB   TR1                ；启动T1
ORL    PCON,    #80H      ；SMOD=1
MOV    SCON,    #50H      ；串行接口方式1
```

注意：为什么单片机晶体振荡频率常选用11.0592MHz？设串行接口工作在方式1和方式3，且定时器/计数器工作在方式2，当晶体振荡频率选用11.0592MHz时，选用标准的波特率时初值容易得到整数，见表7-3。因此很多时候选用这个看起来"怪"的晶体振荡频率。另外，晶体振荡频率分别为6MHz和12MHz时的波特率参数分别见表7-4、表7-5。

表7-3 晶体振荡频率为11.0592MHz时的波特率参数

选定波特率/bit·s⁻¹	实际波特率/bit·s⁻¹	定时器预设值	SMOD位	波特率误差(%)
300	300	40H	1	0.00
300	300	A0H	0	0.00
600	600	A0H	1	0.00
600	600	D0H	0	0.00

（续）

选定波特率/bit·s⁻¹	实际波特率/bit·s⁻¹	定时器预设值	SMOD 位	波特率误差(%)
1200	1200	D0H	1	0.00
1200	1200	E8H	0	0.00
2400	2400	E8H	1	0.00
2400	2400	F4H	0	0.00
4800	4800	F4H	1	0.00
4800	4800	FAH	0	0.00
9600	9600	FAH	1	0.00
9600	9600	FDH	0	0.00
19200	19200	FDH	1	0.00

表 7-4　晶体振荡频率为 6MHz 时的波特率参数

选定波特率/bit·s⁻¹	实际波特率/bit·s⁻¹	定时器预设值	SMOD 位	波特率误差(%)
300	300.4	98H	1	0.16
300	300.4	CCH	0	0.16
600	600.9	CCH	1	0.16
600	600.9	E6H	0	0.16
1200	1201.9	E6H	1	0.16
1200	1201.9	F3H	0	0.16
2400	2403.8	F3H	1	0.16

表 7-5　晶体振荡频率为 12MHz 时的波特率参数

选定波特率/bit·s⁻¹	实际波特率/bit·s⁻¹	定时器预设值	SMOD 位	波特率误差(%)
300	300.4	30H	1	0.16
300	300.4	98H	0	0.16
600	600.9	98H	1	0.16
600	600.9	CCH	0	0.16
1200	1201.9	CCH	1	0.16
1200	1201.9	E6H	0	0.16
2400	2403.8	E6H	1	0.16
2400	2403.8	F3H	0	0.16
4800	4807.6	F3H	1	0.16

　　从表 7-3 ~ 表 7-5 可以看出，晶体振荡频率为 11.0592MHz 时波特率的误差为零。晶体振荡频率为 12MHz 时，波特率最高可选 4800bit/s，其误差仍在 0.16% 内；若波特率选得更高，如 9600bit/s，通过计算分别得到波特率的误差为 6.98%（SMOD = 0）和 8.51%（SMOD = 1），误差明显变大，所以不建议采用 4800bit/s 以上的波特率。

7.3　串行接口的工作方式

80C51 系列单片机通过软件编程可设定串行接口的 4 种工作方式，由 SCON 中的 SM0、SM1 两位进行定义。

7.3.1　方式 0

方式 0 时 80C51 系列单片机的串行接口工作在同步移位寄存器状态，有输入/输出方式，一般应用于扩展 I/O 口。8 位串行数据的输入或输出都是通过 RXD 端，而 TXD 端用于送出同步移位脉冲，作为外接器件的同步移位信号。波特率固定为 $f_{soc}/12$。

方式 0 以 8 位为一帧数据，没有起始位和停止位，传送数据时，低位在前、高位在后，其帧格式为

……	D0	D1	D2	D3	D4	D5	D6	D7	……

方式 0 的发送是在 TI = 0 的情况下，由一条写发送缓冲器的指令开始。例如：

MOV　SBUF，A

CPU 执行完该指令，串行接口即将 8 位数据从 RXD 端送出（低位在前），同时在 TXD 端发出同步移位脉冲。8 位数据发送完毕后，由硬件置位 TI = 1，可通过查询 TI 位来确定是否发送完一帧数据，TI = 1 表示发送缓冲器已空；TI = 1 也可作为中断请求信号，申请串行接口发送中断。当要发送下一组数据时，需用软件将 TI 清零，然后才可发送下一组数据。方式 0 的发送时序如图 7-7a 所示。

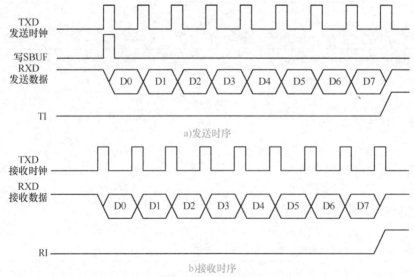

a)发送时序

b)接收时序

图 7-7　串行接口方式 0 发送和接收时序

方式 0 的接收是在 RI = 0 的条件下，执行指令使得 REN = 1，启动串行接口接收。接收数据由 RXD 端输入（低位在前），TXD 端仍发出同步移位脉冲。接收到 8 位数据以后，由

硬件使 RI = 1。可通过查询 RI 位来确定是否接收到一组数据，RI = 1 表示接收数据已装入接收缓冲器，可以用指令读取其内容，常用的指令如 "MOV　A，SBUF"；RI = 1 也可作为中断请求信号，申请串行接口接收中断。无论是中断方式还是查询方式，当 CPU 读取数据后，需用软件使 RI 清零，以准备接收下一组数据。方式 0 的接收时序如图 7-7b 所示。

在方式 0 中，SCON 寄存器中的 SM2、RB8、TB8 都不起作用，一般设它们为零即可。

7.3.2　方式 1

串行接口定义为方式 1 时，是串行异步通信方式。TXD 为数据发送端，RXD 为数据接收端，波特率可变，由定时器 T1 的溢出率及 SMOD 位决定。一帧数据由 10 位组成，包括 1 位起始位、8 位数据位、1 位停止位，其帧格式为

起始	D0	D1	D2	D3	D4	D5	D6	D7	停止

方式 1 的发送也是在 TI = 0 时由一条写发送缓冲器 SBUF 的指令开始的。启动发送后，串行接口自动地插入一位起始位（逻辑 0），接着是 8 位数据（低位在前），然后又插入一位停止位（逻辑 1），在发送移位脉冲作用下，依次由 TXD 端发出。一帧信息发完之后，自动维持 TXD 端的信号为 1。在 8 位数据发完之后，也就是在插入停止位时，使 TI 置 1，用以通知 CPU 可以发送下一帧数据。方式 1 的发送时序如图 7-8a 所示。

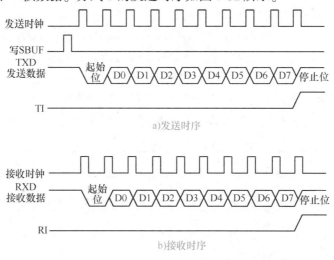

图 7-8　串行接口方式 1 的发送和接收时序

方式 1 发送时的定时信号，也就是发送移位脉冲，是由定时器 1 送来的溢出信号经过 16 或 32 分频（取决于 SMOD 的值是 0 还是 1）而取得的。因此，方式 1 的波特率受定时器控制，可以随着定时器初值的不同而变化。

方式 1 的接收也是在 RI = 0 的条件下，执行指令使 REN = 1，启动串行接口接收。串行接口采样引脚为 RXD（P3.0），在无信号时，RXD 端的状态为 1，当采样到 1 至 0 的跳变时，确认是起始位 "0"，就开始接收一帧数据。在接收移位脉冲的控制下，把收到的数据一位一位地送入移位寄存器，直到 9 位数据全部收齐（包括一位停止位）。当 RI = 0 且停止

位为 1 或者 SM2 = 0 时，8 位数据送入接收缓冲器 SBUF，停止位进入 RB8，同时使 RI 置 1；否则，8 位数据不装入 SBUF，放弃接收的数据结果。所以，方式 1 接收时，应先用软件清除 RI 或 SM2 标志。方模式 1 的接收时序如图 7-7b 所示。

在接收操作时，定时信号有两种：一种是接收移位脉冲，它的频率和发送波特率相同，也是由定时器 1 的溢出信号经过 16 或 32 分频得到的；另一种是接收字符的检测脉冲，它的频率是接收移位脉冲的 16 倍，即在接收一位数据的期间，有 16 个检测脉冲，并以其中的第 7、8、9 这 3 个脉冲作为真正的对接收信号的采样脉冲。对这 3 次采样结果采取"三中取二"的原则来决定所检测到的值，采取这种措施的目的在于抑制干扰。由于采样信号总是在接收位的中间位置，这样既可以避开信号两端的边沿失真，也可以防止由于收、发时钟频率不完全一致而带来的接收错误。

7.3.3 方式 2

方式 2 也是串行异步通信方式。TXD 为数据发送端，RXD 为数据接收端。一帧数据由 11 位组成，包括 1 位起始位、8 位数据位、1 位可编程位、1 位停止位，其帧格式为

起始	D0	D1	D2	D3	D4	D5	D6	D7	0/1	停止

方式 2 的波特率是固定的，且有两种：一种是 $f_{osc}/32$，另一种是 $f_{osc}/64$。

方式 2 的发送包括 9 位有效数据，在启动发送之前，要把发送的第 9 位数值装入 SCON 寄存器中的 TB8 位，第 9 位数据起什么作用串行接口不做规定，完全由编程人员来安排。编程人员需根据通信协议用软件设置 TB8（如作奇偶校验位或地址/数据标志位）。

准备好 TB8 的值以后，在 TI = 0 的条件下，就可以执行一条写发送缓冲器 SBUF 的指令来启动发送。串行接口能自动把 TB8 取出，并装入到第 9 位数据的位置，逐一发送出去。发送完毕，使 TI 置 1。这些过程与方式 1 基本相同。方式 2 的发送时序如图 7-9a 所示。

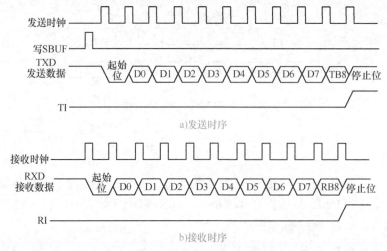

a)发送时序

b)接收时序

图 7-9　串行接口方式 2、方式 3 的发送和接收时序

方式 2 的接收与方式 1 基本相似，不同之处是要接收 9 位有效数据。方式 1 是把停止位当做第 9 位数据来处理，而在方式 2（或方式 3）中存在着真正的第 9 位数据。因此，接收

数据真正有效的条件为：RI = 0，SM2 = 0 或收到的第 9 位数据为 1。

第一个条件是提供"接收缓冲器已空"的信息，即 CPU 已把 SBUF 中上次收到的数据读走，允许再次写入；第二个条件则提供了根据 SM2 的状态和所接收到的第 9 位状态来决定接收数据是否有效。若第 9 位是一般的奇偶校验位（单机通信时），应令 SM2 = 0，以保证可靠的接收；若第 9 位作为地址/数据标志位（多机通信时），应令 SM2 = 1，则当第 9 位为 1 时，接收的信息为地址帧，串行接口将接收该组信息。

若上述两个条件成立，接收的前 8 位数据进入 SBUF 以准备让 CPU 读取，接收的第 9 位数据进入 RB8，同时置位 RI。若以上条件不成立，则这次接收无效，放弃接收数据，即 8 位数据不装入 SBUF，也不置位 RI。方式 2 的接收时序如图 7-9b 所示。

7.3.4　方式 3

方式 3 同样是串行异步通信方式，其一帧数据格式，接收、发送过程与方式 2 完全相同，所不同的仅在于波特率。方式 2 的波特率只有固定的两种，而方式 3 的波特率由定时器 T1 的溢出率及 SMOD 决定，这一点与方式 1 相同。

7.4　串行通信应用举例

7.4.1　串行接口方式 0 的应用

串行接口的方式 0 不用于通信，它的主要用途是可以和外接的移位寄存器结合来进行并行 I/O 口的扩展。这种方法不占用片外 RAM 地址，而且还能简化单片机系统的硬件结构，缺点是操作速度较慢。当串行接口别无他用时，就可利用串行接口方式 0 来扩展并行 I/O 口。

1. 扩展并行输出口

51 系列单片机的串行接口在方式 0 时外接一个串入并出的移位寄存器如 CD4094（或是 74LS164 等），可以扩展一个 8 位并行输出口。如图 7-10 所示，移位寄存器 CD4094 的 STB 端为并行输出允许控制端。STB = 0 时，移位寄存器串行接收；STB = 1 时，打开并行输出控制门，实现并行输出点亮发光二极管。

【例 7-2】用某 51 系列单片机串行接口外接 CD4094 扩展 8 位并行输出口，8 位并行输出口的各位都接一个发光二极管。假设发光二极管为共阴极型，电路连接如图 7-10 所示，要求编程实现：发光二极管呈流水灯状态点亮（从左向右以一定延迟依次点亮，并反复循环）。

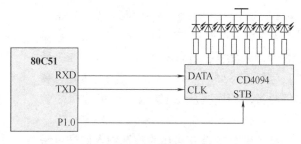

图 7-10　串转并原理图

解：串行接口方式 0 的数据传送可采用中断方式，也可采用查询方式。无论哪种方式，都要借助于 TI 或 RI 标志。串行发送时，可以靠发完一帧数据后 TI 置位引起中断申请，在中断服务程序中发送下一帧数据，或者通过查询 TI 的状态，只要 TI 为 0 就继续查询，TI 为

1 就结束查询，发送下一帧数据。工作方式通过设置 SCON 实现。

本例中，数据的串行发送采用查询方式，显示的延迟由延时程序 DELAY 实现。程序如下：

```
              ORG      2000H
START：MOV      SCON，#00H        ；置串行接口于工作方式 0，且 TI = 0
       CLR      ES                ；禁止串行中断
       MOV      A，#80H           ；拟先点亮最左边一位
OUT0：CLR      P1.0             ；关闭并行输出
       MOV      SBUF，A           ；启动串行输出
OUT1：JNB      TI，OUT1          ；是否输出完成
       CLR      TI                ；输出完成，清 TI 标志，以备下次发送
       SETB     P1.0             ；打开并行输出口
       ACALL    DELAY            ；延时一段时间
       RR       A                 ；循环右移
       CLR      P1.0             ；关闭并行输出口
       JMP      OUT0             ；循环
       RET
DELAY：ORG      2400H            ；延时 50ms
DEL：MOV      R7，#125          ；执行时需 1 个机器周期
DEL1：MOV      R6，#200          ；
DEL2：DJNZ     R6，DEL2         ；200 × 2μs = 400μs（内循环时间）
       DJNZ     R7，DEL1         ；0.4 × 125ms = 50ms（外循环时间）
       RET
```

2. 扩展并行输入口

80C51 系列单片机的串行接口在方式 0 时外接一个并入串出的移位寄存器如 CD4014（或是 74LS165 等），如图 7-11 所示，可以扩展一个 8 位并行输入口。并入串出移位寄存器必须带有一个预置/移位控制端。CD4014 的预置/移位控制端是 P/S，当 P/S = 1 时，8 位数据并行置入移位寄存器；P/S = 0 时，移位寄存器中的 8 位数据串行移位输出。

【例 7-3】 用某 51 系列单片机串行接口外接 CD4014 扩展 8 位并行输入口，输入数据由 8 个开关提供，另有一个开关 S 提供联络信号，电路连接如图 7-12 所示。当 S = 0 时，要求编程实现，连续从 RXD 输入到单片机 8 位开关量。

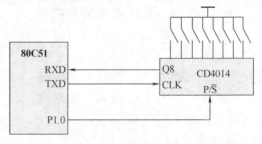

图 7-11 扩展并行输入口

解： 串行接口方式 0 的数据输入同样可采用中断方式和查询方式，但都需要借助于 RI 标志，通过 RI 的置位引起中断或对 RI 查询。当 RI = 1 时，说明单片机已经将数据接收到 SBUF 中，即 SBUF 已满，此时单片机需要执行一条读取 SBUF 的指令将接收的数据读出，使得 SBUF 可以接收下一帧数据。

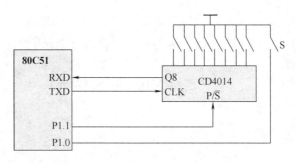

图 7-12　扩展并行输入口接口电路

本例中，用串行接口方式 0 接收数据，初始化时应使 REN 为 1（启动接收），采用查询方式输入数据，程序如下：

```
          ORG     0300H
BJS0：   JB      P1.0,    LP2      ; 开关 S 未闭合，转返回
          CLR     ES               ; 采用查询方式，因此禁止串行中断
          MOV     SCON,    #10H    ; 设方式 0，RI 清 0，REN = 1 启动接收
LP：      SETB    P1.1             ; P/S = 1，并行置入开关数据
          CLR     P1.1             ; P/S = 0，开始串行输出
LP1：     JNB     RI,      LP1     ; 查询 RI，RI = 0 未接收完等待
          CLR     RI               ; 接收完，清 RI，准备接收下一个
          MOV     A,       SBUF    ; 读取数据送入累加器
          MOV     40H,     A       ; 送内部 RAM 区
LP2：     RET                      ; 接收完，子程序返回
```

7.4.2　串行接口方式 1 的应用

【例 7-4】　设计一个发送程序，发送片内 RAM 40H ~ 4FH 中的数据。串行接口设定为工作方式 1，波特率为 1200bit/s，f_{osc} = 11.0592MHz。（设 T1 工作在方式 2，SMOD = 0。）

解： 工作方式 1 的波特率取决于定时器 T1 的溢出率，波特率为 1200bit/s，则 T1 的计数初值 $X = 256 - (2^0/32) \times 11059200/(12 \times 1200) = 232 = 0E8H$，程序如下：

```
          MOV     TMOD,    #20H    ; 定时器 T1 为工作方式 2
          MOV     TH1,     #0E8H   ; 初始化计数器
          MOV     TL1,     #0E8H
          CLR     ET1              ; 禁止 T1 中断
          SETB    TR1              ; 启动 T1
          MOV     SCON,    #40H    ; 设定串行接口工作在方式 1，禁止接收数据
          MOV     PCON,    #00H    ; SMOD = 0
          CLR     ES               ; 禁止串行中断
          MOV     R0,      #40H    ; 置发送数据首地址
          MOV     R7,      #16     ; 置发送数据长度
LOOP：MOV    A,       @R0     ; 读取第一个数据→A
```

```
        MOV     SBUF,   A           ;数据→SBUF，启动发送
        JNB     TI,     $           ;等待一帧数据发送完毕
        CLR     TI                  ;TI 清 0
        INC     R0                  ;指向下一字节单元
        DJNZ    R7,     LOOP
        SJMP    $
        END
```

7.4.3 串行接口方式 2 的应用

【例 7-5】 设计一个发送程序，发送片内 RAM 50H ~ 5FH 中的数据。串行接口设定为方式 2，TB8 用做奇偶校验位。

解：在数据写入发送缓冲器之前，先将数据的奇偶性 P 写入 TB8，这时 TB8 做奇偶校验用，程序如下：

```
        MOV     SCON,   #80H        ;设定为工作方式 2
        MOV     PCON,   #80H        ;SMOD = 1，波特率为 f_{osc}/32
        MOV     R0,     #50H        ;置发送数据首地址
        MOV     R7,     #16         ;置发送数据长度
LOOP:   MOV     A,      @R0         ;取第一个数据→A
        MOV     C,      P           ;P 随 A 变，P→C→TB8
        MOV     TB8,    C
        MOV     SBUF,   A           ;数据→SBUF，启动发送
        JNB     TI,     $           ;等待一帧数据发送完毕
        CLR     TI                  ;TI 清 0
        INC     R0                  ;指向下一字节单元
        DJNZ    R7,     LOOP
        SJMP    $
        END
```

7.4.4 串行接口方式 3 的应用

【例 7-6】 设计一个接收程序，将接收的 16 个字节数据送入片内 RAM 50H ~ 5FH 单元中。串行接口设定为工作方式 3，波特率为 1200bit/s，f_{osc} = 6MHz。

解：工作方式 3 的波特率是由 T1 产生的，波特率为 1200bit/s，T1 的计数初值为 0F3H（SMOD = 0），程序如下：

```
        MOV     TMOD,   #20H        ;定时器 T1 为工作方式 2
        MOV     TH1,    #0F3H       ;初始化计数器
        MOV     TL1,    #0F3H
        SETB    TR1                 ;启动 T1
        MOV     SCON,   #0D0H       ;设定为工作方式 3，可以接收数据
        MOV     R0,     #50H        ;置接收数据首地址
```

```
            MOV     R7,     #16        ; 置接收数据长度
COUNT：JBC     RI,     PRI        ; 等待接收，RI = 1 则结束等待并将 RI 清 0
            SJMP    COUNT
PRI：   MOV     A,      SBUF       ; 从串行接口中读取数据
            JNB     P,      PNP        ; P = 0，转 PNP
            JNB     RB8,    PER        ; P = 1，RB8 = 0，出错转 PER
RIGHT：MOV     @ R0,   A          ; P = 1，RB8 = 1，存接收数据
            INC     R0
            DJNZ    R7,     COUNT
            CLR     PSW. 1             ; 正确接收完 16 个字节数据，标志位 F1 清 0
            SJMP    $
PER：   SETB    PSW. 1             ; 奇偶错置位 F1
            SJMP    $
PNP：   JB      RB8,    PER        ; P = 0，RB8 = 1，奇偶错转 PER
            SJMP    RIGHT              ; P = 0，RB8 = 0，转 RIGHT
            END
```

7.5　串行通信实用技术

利用 80C51 系列单片机的串行接口可以实现 80C51 系列单片机之间的点对点双机串行通信、多机通信以及 80C51 系列单片机与 PC 间的通信。限于篇幅，本节仅详述 80C51 系列单片机之间双机串行通信的硬件接口和软件设计。

7.5.1　双机串行通信的硬件连接

80C51 系列单片机串行接口的输入、输出均为 TTL 电平，这种以 TTL 电平串行传输数据的方式，抗干扰性差、传输距离短、传输速率低。为了提高串行通信的可靠性，增大串行通信的距离和提高传输速率，一般都采用标准串行接口，如 RS-232、RS-422A、RS-485 等来实现串行通信。

1. TTL 电平通信接口

如果两个 80C51 系列单片机相距在 1.5m 之内，它们的串行接口可直接相连，接口电路如图 7-13 所示。甲机的 RXD 与乙机的 TXD 端相连，乙机的 RXD 与甲机的 TXD 端相连，从而直接用 TTL 电平传输方法来实现双机通信。

2. RS-232C 双机通信接口

如果双机通信距离在 1.5 ~ 15m 之间，可利用 RS-232C 标准接口实现点对点的双机通信，接口电路如图 7-14 所示。

图 7-14 中的芯片 MAX232A 是美国 MAXIM（美信）公司生产的 RS-232C 双工发送器/接收器电路芯片。

3. RS-422A 双机通信接口

RS-232C 虽然应用很广泛，但其推出较早，有明显的缺点：传输速率低、通信距离短、

接口处信号容易产生串扰等。后来国际上又推出了 RS-422A 标准。RS-422A 与 RS-232C 的主要区别是：收、发双方的信号地不再共地，RS-422A 采用了平衡驱动和差分接收的方法，每个方向用于数据传输的是两条平衡导线，这相当于两个单端驱动器。输入同一个信号时，其中一个驱动器的输出永远是另一个驱动器的反相信号。于是两条线上传输的信号电平，当一个表示逻辑 1 时，另一条一定为逻辑 0。若传输过程中，信号中混入了干扰和噪声（以共模形式出现），由于差分接收器的作用，就能识别有用信号并正确接收传输的信息，使干扰和噪声相互抵消。

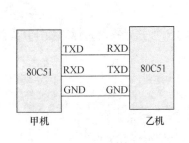

图 7-13　TTL 电平传输的连接方式　　　　图 7-14　RS-232C 双机通信接口电路

因此，RS-422A 能在长距离、高速率下传输数据。它的最大传输速率为 10Mbit/s，在此速率下，电缆允许长度为 12m，如果采用较低传输速率时，最大传输距离可达 1219m。

为了增加通信距离，可以在通信线路上采用光电隔离的方法，利用 RS-422A 标准进行双机通信的接口电路，如图 7-15 所示。

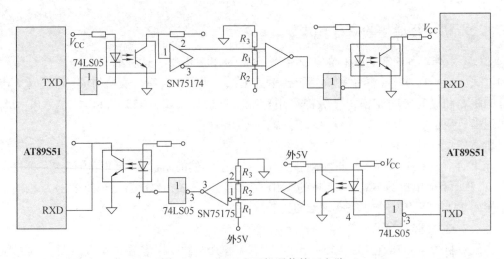

图 7-15　RS-422A 双机通信接口电路

在图 7-15 中，每个通道的接收端都接有 3 个电阻 R_1、R_2 和 R_3，其中 R_1 为传输线的匹配电阻，取值范围为 $50\Omega \sim 1k\Omega$，其他两个电阻是为了解决第一个数据的误码而设置的匹配电阻。为了起到隔离、抗干扰的作用，图 7-15 中必须使用两组独立的电源。

图 7-15 中的 SN75174、SN75175 是 TTL 电平到 RS-422A 电平与 RS-422A 电平到 TTL 电平的电平转换芯片。

4. RS-485 双机通信接口

RS-422A 双机通信需四芯传输线，这对工业现场的长距离通信是很不经济的，故在工业现场，通常采用双绞线传输的 RS-485 串行通信接口，它很容易实现多机通信。RS-485 是 RS-422A 的变型，它与 RS-422A 的区别在于：RS-422A 为全双工，采用两对平衡差分信号线；而 RS-485 为半双工，采用一对平衡差分信号线。RS-485 对于多站互连是十分方便的，很容易实现多机通信。RS-485 标准允许最多并联 32 台驱动器和 32 台接收器。图 7-16 为 RS-485 双机通信接口电路。RS-485 与 RS-422A 一样，最大传输距离约为 1219m，最大传输速率为 10Mbit/s，通信线路要采用平衡双绞线。平衡双绞线的长度与传输速率成反比，传输速率在 100kbit/s 以下才可能使用规定的最长电缆；最大传输速率只有在很短的距离下才能获得。一般 100m 长双绞线的最大传输速率仅为 1Mbit/s。

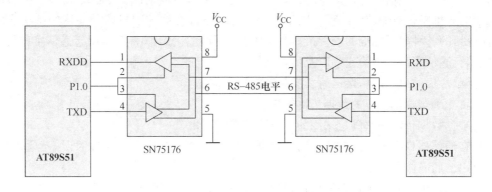

图 7-16　RS-485 双机通信接口电路

在图 7-16 中，RS-485 以双向、半双工的方式来实现双机通信。在 80C51 系列单片机系统发送或接收数据前，应先将 SN75176 的发送门或接收门打开，当 P1.0 = 1 时，发送门打开，接收门关闭；当 P1.0 = 0 时，接收门打开，发送门关闭。

图 7-16 中的 SN75176 芯片内集成了一个差分驱动器和一个差分接收器，且兼有 TTL 电平到 RS-485 电平、RS-485 电平到 TTL 电平的转换功能。此外常用的 RS-485 接口芯片还有 MAX485。

7.5.2　80C51 系列单片机的多机通信

多个 80C51 系列单片机可利用串行接口进行多机通信，经常采用的是如图 7-17 所示的主从式结构。该多机系统中有 1 个主机和 3 个（也可以为多个）80C51 系列单片机组成的从机系统，主机的 RXD 与所有从机的 TXD 端相连，TXD 与所有从机的 RXD 端相连。从机的地址分别为 01H、02H 和 03H。

所谓主从式是指在多个单片机组成的系统中，只有一个主机，其余全是从机。主机发送的信息可以被所有从机接收，任何一个从机发送的信息只能由主机接收。从机和从机之间不能相互进行直接通信，它们之间的通信只能经主机才能实现。

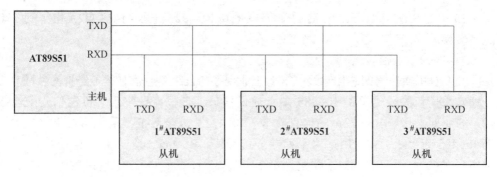

图 7-17　多机通信系统示意图

7.5.3　双机串行通信软件编程

串行接口的 4 种工作方式中的方式 0 是移位寄存器工作方式，主要用于扩展并行 I/O 用，并不用于串行通信。串行接口的方式 1～3 是用于串行通信的，下面介绍串行接口的方式 1～3 的双机串行通信软件编程。应当说明的是，下面介绍的双机串行通信的编程实际上与上面介绍的各种串行标准的硬件接口电路无关，因为采用不同标准的串行通信接口仅仅是由双机串行通信距离、传输速率以及抗干扰性能来决定的。

设计单片机的串行通信接口时，需要考虑以下问题：

1）首先确定通信双方的数据传输速率。

2）根据数据传输速率确定采用的串行通信接口标准。

3）在通信接口标准允许的范围内确定通信的波特率。为减小波特率的误差，通常选用 11.0592MHz 的晶体振荡频率。

4）根据任务需要，确定在通信过程中，收发双方所使用的通信协议。

5）通信线的选择是需要考虑的一个很重要的因素。通信线一般选用双绞线较好，并根据传输的距离选择纤芯的直径。如果空间的干扰较多，还要选择带有屏蔽层的双绞线。

6）在通信协议确定后，再进行通信软件的编程，详见下面的介绍。

1. 串行接口方式 1 实现双机通信

【例 7-7】　本例采用方式 1 进行双机串行通信，收、发双方均采用 6MHz 晶体振荡器，波特率为 2100bit/s，一帧信息为 10 位，第 0 位为起始位，第 1～8 位为数据位，最后 1 位为停止位。发送方要发送的数据块的首地址为 1000H，传送数据的长度未知，但发送方以 78H、77H 单元的内容存放首地址，以 76H、75H 单元内容减 1 为数据块末地址。

解：发送时先发送地址帧，再发送数据帧。接收方在接收时使用一个标志位来区分接收的是地址还是数据，然后将其分别存放到指定的单元中。发送方可采用查询方式或中断方式发送数据，接收方可采用中断或查询方式接收。下面介绍收、发双方均采用中断方式的串行发送、接收程序。

（1）甲机发送程序　中断方式的发送程序如下：

```
        ORG     0000H           ；程序初始入口
        LJMP    MAIN
        ORG     0023H           ；串行中断入口
        LJMP    COM _ INT
```

```
              ORG     1000H
MAIN:     MOV     SP,      #53H          ; 设置堆栈指针
          MOV     78H,     #10H          ; 设置发送的数据块的首、末地址
          MOV     77H,     #00H
          MOV     76H,     #10H
          MOV     75H,     #20H
          ACALL   TRANS                  ; 调用发送子程序
HERE:     SJMP    HERE
TRANS:    MOV     TMOD,    #20H          ; 设置定时器/计数器工作方式
          MOV     TH1,     #0F3H         ; 设置计数器初值
          MOV     TL1,     #0F3H
          MOV     PCON,    #80H          ; 波特率加倍
          SETB    TR1                    ; 接通计数器计数
          MOV     SCON,    #40H          ; 设置串行接口工作方式
          MOV     IE,      #00H          ; 先关闭中断, 利用查询方式发送地址帧
          CLR     F0
          MOV     SBUF,    78H           ; 启动发送, 发送首地址高 8 位
WAIT1:    JNB     TI,      WAIT1
          CLR     TI
          MOV     SBUF,    77H           ; 启动发送, 发送首地址低 8 位
WAIT2:    JNB     TI,      WAIT2
          CLR     TI
          MOV     SBUF,    76H           ; 启动发送, 发送末地址高 8 位
WAIT3:    JNB     TI,      WAIT3
          CLR     TI
          MOV     SBUF,    75H           ; 启动发送, 发送末地址低 8 位
WAIT4:    JNB     TI,      WAIT4
          CLR     TI
          MOV     IE,      #90H          ; 打开中断允许寄存器, 采用中断方式发
                                         ;   送数据
          MOV     DPH,     78H
          MOV     DPL,     77H
          MOVX    A,       @DPTR
          MOV     SBUF,    A             ; 启动发送首个数据
WAIT:     JNB     F0,      WAIT          ; 发送等待
          RET
COM_INT:  CLR     TI                     ; 关发送中断标志位 TI
          INC     DPTR                   ; 数据指针加 1, 准备发送下一个数据
          MOV     A, DPH                 ; 判断当前被发送数据的地址是不是末地址
```

```
              CJNE    A,      76H, END1   ; 不是末地址则跳转
              MOV     A,      DPL         ; 同上
              CJNE    A,      75H, END1
              SETB    F0                  ; 数据发送完毕, 置1标志位
              CLR     ES                  ; 关串行接口中断
              CLR     EA                  ; 关中断
              RET                         ; 中断返回
     END1:    MOVX    A,      @DPTR       ; 将要发送的数据送累加器, 准备发送
              MOV     SBUF,   A           ; 发送数据
              RETI                        ; 中断返回
              END
```

(2) **乙机接收程序** 中断方式的接收程序如下:

```
              ORG     0000H
              LJMP    MAIN
              ORG     0023H
              LJMP    COM_INT
              ORG     1000H
     MAIN:    MOV     SP,     #53H        ; 设置堆栈指针
              ACALL   RECEI               ; 调用接收子程序
     HERE:    SJMP    HERE
     RECEI:   MOV     R0,     #78H        ; 设置地址接收区
              MOV     TMOD,   #20H        ; 设置定时器/计数器工作方式
              MOV     TH1,    #0F3H       ; 设置波特率
              MOV     TL1,    #0F3H
              MOV     PCON,   #80H        ; 波特率加倍
              SETB    TR1                 ; 开计数器
              MOV     SCON,   #50H        ; 设置串行接口工作方式
              MOV     IE,     #90H        ; 开中断
              CLR     F0                  ; 标志位清0
              CLR     7FH
     WAIT:    JNB     7FH,    WAIT        ; 查询标志位等待接收
              RET
     COM_INT: PUSH    DPL                 ; 压栈, 保护现场
              PUSH    DPH
              PUSH    ACC
              CLR     RI                  ; 接收中断标志位清0
              JB      F0,     R_DATA      ; 判断接收的是数据还是地址, F0=0为地
                                            址
              MOV     A,      SBUF        ; 接收数据
```

```
            MOV     @R0,    A           ;将地址帧送指定的寄存器
            DEC     R0
            CJNE    R0,     #74H, RETN
            SETB    F0                  ;置位标志位，地址接收完毕
    RETN：  POP     ACC                 ;出栈，恢复现场
            POP     DPH
            POP     DPL
            RETI                        ;中断返回
    R_DATA：MOV     DPH,    78H         ;数据接收程序区
            MOV     DPL,    77H
            MOV     A,      SBUP        ;接收数据
            MOVX    @DPTR,  A           ;送指定的数据存储单元中
            INC     77H                 ;地址加 1
            MOV     A,      77H         ;判断当前接收的数据的地址是否应向高 8
                                          位进位
            JNZ     END2
            INC     78H
    END2：  MOV     A,      76H
            CJNE    A,      78H, RETN   ;判断是否为最后一帧数据，不是则继续
            MOV     A,      75H
            CJNE    A,      77H, RETN   ;是最后一帧数据则各种标志位清 0
            CLR     ES
            CLR     EA
            SETB    7FH
            SJMP    RETN                ;跳入返回子程序区
            END
```

2. 串行接口方式 2 实现双机通信

方式 2 和方式 1 有两点不同之处：方式 2 接收/发送 11 位信息，第 0 位为起始位，第 1 ~8 位为数据位，第 9 位是校验位，该位可由用户置 TB8 决定，第 10 位是停止位 1；方式 2 的波特率变化范围比方式 1 小，方式 2 的波特率 = 振荡器频率/n。

当 SMOD = 0 时，n = 64；

当 SMOD = 1 时，n = 32。

鉴于方式 2 的使用和方式 3 基本一样（只是波特率不同，方式 3 的波特率要由定时器 T1 的溢出率决定），所以方式 2 的具体编程应用，可参照下面介绍的方式 3 应用编程。

3. 串行接口方式 3 实现双机通信

【例 7-8】　本例为 80C51 系列单片机用串行通信方式 3 进行发送和接收的应用实例。发送方首先将存放在 78H 和 77H 单元中的地址发送给接收方，然后发送数据 00H ~ FFH，共 256 个数据。发送方采用查询方式发送地址帧，采用中断或查询方式发送数据，接收方采用中断或查询方式接收数据。发送和接收双方均采用 6MHz 的晶体振荡器，波特率为 4800bit/s。

解： (1) **甲机发送程序** 中断方式的发送程序如下：

```
            ORG     0000H
            LJMP    MAIN
            ORG     0023H
            LJMP    COM _ INT
            ORG     1000H
MAIN：      MOV     SP,     #53H            ; 设置堆栈指针
            MOV     78H,    #20H            ; 设置要存放数据的单元的首地址
            MOV     77H,    #00H
            ACALL   TRAN                    ; 调用发送子程序
HERE：      SJMP    HERE
TRANS：     MOV     TMOD,   #20H            ; 设置定时器/计数器工作方式
            MOV     TH1,    #0FDH           ; 设置波特率为 4800bit/s
            MOV     TL1,    #0FDH
            SETB    TR1                     ; 开定时器
            MOV     SCON,   #0E0H           ; 设置串行接口工作方式为方式 3
            SETB    TB8                     ; 设置第 9 位数据位
            MOV     IE,     #00H            ; 关中断
            MOV     SBUF,   78H             ; 查询方式发送首地址高 8 位
WAIT：      JNB     TI,     WAIT
            CLR     TI
            MOV     SBUF,   77H             ; 发送首地址低 8 位
WAIT2：     JNB     TI,     WAIT2
            CLR     TI
            MOV     IE,     #90H            ; 开中断
            CLR     TB8
            MOV     A,      #00H
            MOV     SBUF,   A               ; 开始发送数据
WAIT1：     CJNE    A,      #0FFH, WAIT1    ; 判断数据是否发送完毕
            CLR     ES                      ; 发送完毕则关中断
            RET
COM _ INT:CIR       TI                      ; 中断服务子程序段
            INC     A                       ; 要发送数据值加 1
            MOV     SBUF,   A               ; 发送数据
            RETI                            ; 中断返回
            END
```

(2) **乙机接收程序** 接收方把先接收到的数据送给数据指针，将其作为数据存放的首地址，然后将接下来接收到的数据存放到以先前接收的数据为首地址的单元中去。

采用中断方式的接收程序如下：

```
            ORG    0000H
            LJMP   MAIN
            ORG    0023H
            LJMP   COM _ INT
            ORG    1000H
MAIN：      MOV    SP,      #53H           ; 设置堆栈指针
            MOV    R0,      #0FEH          ; 设置地址帧接收计数寄存器初值
            ACALL  RECEI                   ; 调用接收子程序
HERE：      SJMP   HERE
RECEI：     MOV    TMOD,    #20H           ; 设置定时器/计数器工作方式
            MOV    TH1,     #0FDH          ; 设置波特率为 4800bit/s
            MOV    TL1,     #0FDH
            SETB   TR1                      ; 开定时器
            MOV    IE,      #90H           ; 开中断
            MOV    SCON,    #0F0H          ; 设置串行接口作方式，允许接收
            SETB   F0                       ; 设置标志位
WAIT：      JB     F0,      WAIT           ; 等待接收
            RET
COM _ INT:CLR      RI                       ; 接收中断标志位清 0
            MOV    C,       RB8            ; 对第 9 位数据进行判断，是数据还
                                           ;   是地址
            JNC    PD2                      ; 是地址则送给数据指针指示器
                                           ;   DPTR
            INC    R0
            MOV    A,       R0
            JZ     PD
            MOV    DPH,     SBUF
            SJMP   PD1
PD：        MOV    DPL,     SBUF
            CLR    SM2                      ; 地址标志位清 0
PD1：       RETI
PD2：       MOV    A,       SBUF           ; 接收数据
            MOVX   @ DPTR,  A
            INC    DPTR
            CJNE   A,       #0FFH, PD1     ; 判断是否为最后一帧数据
            SETB   SM2                      ; 如果是，则相关的标志位清 0
            CLR    F0
            CLR    ES
            RETI                             ; 中断返回
            END
```

一般来说，定时器方式 2 用来确定波特率是比较理想的，它不需要用中断服务程序设置初值，且算出的波特率比较准确。在用户使用的波特率不是很低的情况下，建议使用定时器 T1 的方式 2 来确定波特率。

7.5.4 PC 与单片机的点对点串行通信接口设计

在测控系统中，经常使用单片机在操作现场进行数据采集，但是由于单片机的数据存储容量较小，数据处理能力也较弱，所以一般情况下单片机通过串行接口与 PC 的串行接口相连，把采集到的数据传送到 PC 上，再在 PC 上进行数据处理。由于单片机的输入、输出是 TTL 电平，而 PC 配置的都是 RS-232 标准串行接口，为 9 针 D 形连接器（插座），其插头引脚定义如图 7-18 所示。表 7-6 为 PC 的 RS-232C 接口信号。由于两者的电平不匹配，因此必须将单片机输出的 TTL 电平转换为 RS-232 电平。单片机与 PC 的接口方案如图 7-19 所示。

表 7-6　PC 的 RS-232C 接口信号

引脚号	符号	方向	功能
1	DCD	输入	数据载波检测
2	TXD	输出	发送数据
3	RXD	输入	接收数据
4	DTR	输出	数据终端就绪
5	GND		信号地
6	DSR	输入	数据通信设备准备好
7	RTS	输出	请求发送
8	CTS	输入	清除发送
9	RI	输入	振铃指示

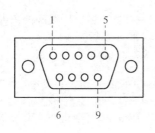

图 7-18　D 形 9 针插头引脚定义

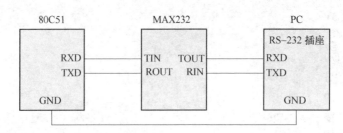

图 7-19　单片机与 PC 的串行接口方案

图 7-19 中所使用的电平转换芯片为 MAX232，接口的连接只用了 3 条线，即 RS-232 插座中的 2 脚、3 脚与 5 脚。

7.5.5 PC 与多个单片机的串行通信接口设计

1. 硬件接口电路

一台 PC 和若干台 80C51 系列单片机可构成小型分布式测控系统，如图 7-20 所示，这也是目前单片机应用的一大趋势。

这种分布式测控系统在许多实时的工业控制和数据采集系统中，充分发挥了单片机功能强、抗干扰性好、面向控制等优点，同时又可利用 PC 弥补单片机在数据处理和交互性等方面的不足。在应用系统中，一般是以 PC 作为主机，定时扫描以 80C51 系列单片机为核心的前沿单片机，以便采集数据或发送控制信息。在这样的系统中，以 80C51 系列单片机为核心的智能式测量和控制仪表（从机）既能独立地完成数据处理和控制任务，又可将数据传送给 PC（主机）。PC 将这些数据进行处理，或显示，或打印，同时将各种控制命令传送给各个从机，以实现集中管理和最优控制。显然，要组成一个这样的分布式测控系统，首先要解决的是 PC 与单片机之间的串行通信接口问题。

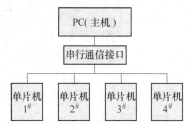

图 7-20　PC 与多台单片机构成小型的分布式测控系统

下面以 RS-485 串行多机通信为例，说明 PC 与数台 80C51 系列单片机进行多机通信的接口电路设计方案。PC 配有 RS-232C 串行标准接口，可通过转换电路转换成 RS-485 串行接口，80C51 系列单片机本身具有一个全双工的串行接口，该串行接口加上驱动电路后就可实现 RS-485 串行通信。PC 与数台 80C51 系列单片机进行多机通信的 RS-485 串行通信接口电路如图 7-21 所示。

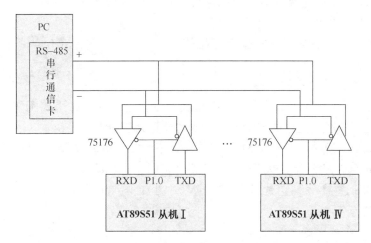

图 7-21　PC 与数台 80C51 系列单片机进行多机通信的 RS-485 串行通信接口电路

在图 7-21 中，80C51 系列单片机的串行接口通过 75176 芯片驱动后就可转换成 RS-485 标准接口，根据 RS-485 标准接口的电气特性，从机数量不多于 32 个。PC 与 80C51 系列单片机之间的通信采用主从方式，PC 为主机，80C51 系列单片机为从机，由 PC 确定与哪个单片机进行通信。

2. 软件设计思想

为了充分发挥高级语言（如 C、BASIC）编程简单、调试容易、制图作表能力强的优点和汇编语言执行速度快的特点，PC 软件可采用 C、BASIC 等语言编写的主程序调用汇编子程序的方法，即 PC 的主程序由 C 语言编写，通信子程序由汇编语言编制。这涉及 C 语言与汇编语言混合编程技术。高级、低级语言混合编程技术的详细内容请参阅有关参考书目。

思考题

【7-1】 什么是并行通信和串行通信？各有什么特点？它们分别适用于什么场合？

【7-2】 什么是串行同步通信？串行异步通信的数据帧格式是怎样的？同步通信传送的是数据块，这种说法是否正确？

【7-3】 同步通信和异步通信二者哪种传送数据效率高？哪种对收、发双方的时钟同步性要求低？

【7-4】 51 系列单片机的串行接口属于异步通信方式，这种说法是否正确？

【7-5】 51 系列单片机的串行接口数据传送方向属于半双工方式，这种说法是否正确？

【7-6】 80C51 系列单片机的串行接口除可以实现串行异步通信，还可以作为同步移位寄存器使用，这种说法是否正确？

【7-7】 51 系列单片机的串行接口包括几个缓冲器？其占有的地址相同，在使用中如何区分？

【7-8】 51 系列单片机的串行接口控制寄存器 SCON 中的 TI、RI 均为零时，CPU 执行"MOV SBUF，A"指令是否可以启动发送？执行"MOV A，SBUF"是否可以启动接收？

【7-9】 51 系列单片机串行接口工作在接收状态时，"MOV A，SBUF"指令在什么情况下使用？功能是什么？

【7-10】 何谓波特率？某异步通信，串行接口每秒传送 250 个字符，每个字符由 11 位组成，其波特率应为多少？

【7-11】 51 系列单片机的串行接口有几种工作方式？其中方式 0 是否工作在全双工异步串行通信方式？

【7-12】 51 系列单片机的 4 种工作方式的波特率如何确定？

【7-13】 为什么定时器 T1 用做串行接口波特率发生器时，常采用工作方式 2？若已知系统晶体振荡频率和通信选用的波特率，应如何计算其初值？

【7-14】 试绘图说明如何利用 51 系列单片机串行接口扩展并行输入口和输出口？

【7-15】 试绘制 AT89S51 单片机进行双机通信时，通信距离小于 1.5m 的电路连接图。

【7-16】 试简述 51 系列单片机在双机通信中 TTL 电平通信接口、RS-232C、RS-422A、RS-485 的应用特点？

第 8 章 80C51 系列单片机并行系统扩展技术

【学习纲要】

  并行系统扩展是单片机领域的一个重要组成部分。尽管单片机内部也有数据和程序存储器，但许多应用场合往往需要在片外扩展数据与程序存储器，以增加容量。80C51 系列单片机一般留给用户的真正可用的 I/O 口主要是 P1 口，对于复杂的系统这是远远不够的，这时可通过扩展并行接口来满足系统的要求。本章主要介绍单片机的存储器扩展和并行 I/O 接口扩展。

  学习本章时要求理解 80C51 系列单片机的系统扩展能力；理解地址锁存的意义；理解地址的译码方法；理解单片机扩展一片程序存储器的硬件电路；理解单片机扩展一片数据存储器的扩展电路；掌握单片机扩展多片程序存储器和数据存储器的综合扩展电路，熟练掌握综合扩展电路各芯片地址的确定方法；理解单片机没有专门操作扩展 I/O 接口的指令，而是借用对外部 RAM 的操作指令；掌握 I/O 口扩展时需要执行的指令；掌握简单 I/O 口扩展的方法；掌握 8155 或 8255 其中一种并行接口芯片的结构引脚及与单片机的连接方法；掌握 8155 和 8255 其中一种芯片扩展并行接口的编程方式。

8.1 80C51 系列单片机的并行系统扩展概述

  80C51 系列单片机的芯片内部集成了计算机的基本功能部件，如 CPU、RAM、ROM、并行和串行 I/O 接口以及定时/计数器，使用非常方便。对于小型的控制及检测系统，利用单片机自身的硬件资源就够了，但对于一些较大的应用系统，往往还需要扩展一些存储器及并行接口等外围芯片，以补充单片机硬件资源的不足。

8.1.1 80C51 系列单片机的并行系统扩展能力

  80C51 系列单片机的地址线有 P2 口和 P0 口提供，共 16 位，故其片外可扩展的存储器最大容量为 64KB，地址为 0000H ~ FFFFH。由于 51 系列单片机访问片外数据存储器和程序存储器的指令及控制信号不同，故允许两者地址重合。

  80C51 系列单片机没有专门对外部扩展的 I/O 口、A/D 芯片、D/A 芯片的操作指令，都借用对外部 RAM 的操作指令 MOVX 来实现对这些外部扩展芯片的控制。即每一个 I/O 口相当于一个 RAM 存储单元，CPU 如同访问外部数据存储器一样访问扩展 I/O 口，对其进行读/写操作。

8.1.2 地址的锁存

1. 锁存的作用

  80C51 系列单片机以三总线（地址总线、数据总线、控制总线）方法扩展存储器及外部 I/O 口芯片时，数据总线（D7 ~ D0）和地址总线（A7 ~ A0）低 8 位通过 P0 口分时输出，地址总线的高 8 位（A15 ~ A8）通过 P2 口输出。P0 口采用分时复用的方法：CPU 先从 P0 口输出低 8 位地址，从 P2 口输出高 8 位地址，从而利用 P0 口线和 P2 口线的高、低电平的状态来确定具体访问的存储器空间位置，再从 P0 口读写数据。所以，只有通过地址锁存器把 P0 口首先输出的低 8 位地址锁存起来，才能实现 P0 口的复用功能。单片机的 ALE 引脚一般与锁存器的控制信号相连接，在 ALE 的下降沿 P0 口的低 8 位地址信号进入锁存器，锁存器输出作为地址总线低 8 位的 A7 ~ A0。

2. 锁存器

74LS373 和 74LS573 等 TTL 芯片常用来完成上述的地址锁存功能。两者功能一样，只是芯片引脚的排列不同，用户可以根据印制电路板的布线需要选用。它们都是带有三态门的、双列直插 20 引脚的 8D 锁存器。74LS373 的引脚排列如图 8-1 所示，其内部结构如图 8-2 所示。74LS373 的引脚符号和功能如下：

1）D7 ~ D0：三态门输入端。

2）Q7 ~ Q0：三态门输出端。

3）GND：接地端。

4）VCC：电源端。

5）$\overline{\text{OE}}$：三态门使能端。$\overline{\text{OE}}=0$，三态门输出为标准 TTL 电平；$\overline{\text{OE}}=1$，三态门输出高阻态。

6）G：8D 锁存器控制端。当 G = 1 时，锁存器处于透明工作状态，即锁存器的输出状态随数据输入端的变化而变化，即 $Qi = Di(i = 1, 2, \cdots, 8)$。当 G 端由 1 变 0 时，数据被锁存起来，此时输出端 Qi 不再随输入端的变化而变化，而一直保持锁存前的值不变。G 端可直接与单片机的锁存控制信号端 ALE 相连，在 ALE 的下降沿进行地址锁存。

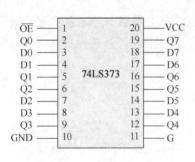

图 8-1　74LS373 的引脚排列

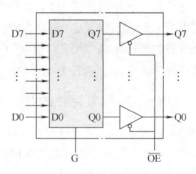

图 8-2　74LS373 的内部结构

74LS373 的逻辑功能见表 8-1。图 8-3 是使用 74LS373 芯片作为 80C51 系列单片机 P0 口的低 8 位地址锁存器的连接方法。

表 8-1　74LS373 的逻辑功能

$\overline{\text{OE}}$	G	D	Q	$\overline{\text{OE}}$	G	D	Q
0	1	1	1	0	0	×	不变
0	1	0	0	1	×	×	高阻态

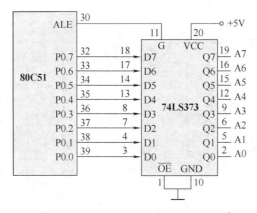

图 8-3　74LS373 与 80C51 系列单片机的连接方法

8.1.3　存储器空间地址

　　无论 ROM 和 RAM 哪种存储器芯片连接在系统中，单片机对其任意一个单元操作都需要先确定其地址空间。例如：某 11 根地址线的存储器芯片，其地址空间为 2KB。如果系统中只有这一片芯片，那其地址范围可以是（0000H ~ 07FFH）。当系统中扩展的存储器芯片多于一片时，同一种类（如 RAM）存储器的每一个单元必须具有唯一的地址（第 2 章曾经把其比喻成房间号）。现在我们把 ROM 和 RAM 分别理解为大学的教学楼和宿舍楼，假设整个学校只有一座 2KB 个房间的宿舍楼，没有教学楼，则给宿舍的各个房间编号的方法非常简单，只需要从 0000H 开始编写到 07FFH 结束即可。只有一座教学楼无宿舍楼的情况相同。但如果同时有一座 2KB 的教学楼和一座 2KB 宿舍楼的地址都可以从 0000H 开始编写到 07FFH。虽然二者地址形式重叠，但是访问 ROM 和 RAM 的控制总线不同、指令不同，因此 CPU 完全能够准确区分二者。但是对于有两座或两座以上宿舍楼、教学楼的情况就要重新讨论了。假设一个学校有两座相同的宿舍楼，其每个楼有 2KB 个宿舍，那么在我们的生活经验中，会采用把其分成 A、B 座的方法，在单片机中也是采用这样的思路。由于每个存储器芯片具有 2KB 个单元，其本身要有 11 条地址线，一般习惯于让其与单片机的 P2.2 ~ P2.0 和 P0.7 ~ P0.0 低 11 位地址（即单片机的地址线 A10 ~ A0）连接，将单片机剩下的 P2.7 ~ P2.3 地址线（即单片机的地址线 A10 ~ A0）连接留下来承担区别芯片的任务，即完成片选功能。扩展芯片的片选方法分为线选法和译码法两种类型。

　　需要说明的是：在实际系统中，片选信号不仅为存储器所需要，也可能还需要提供给 I/O、A/D、D/A 等外围器件。

　　1. 线选法

　　所谓线选法，就是把一根高位地址线直接连到某个存储器芯片的片选端。

　　【例 8-1】　现有 2KB×8 位存储器芯片，需扩展 8KB×8 位存储结构，要求采用线选法进行扩展。

　　解： 扩展 8KB 的存储器结构需 4 片 2KB 的存储器芯片。2KB 的存储器所用的地址线为 A10 ~ A0，共 11 根地址线，单片机的 P2.3、P2.4、P2.5、P2.6 分别与 4 个芯片的片选端连接，如图 8-4 所示。

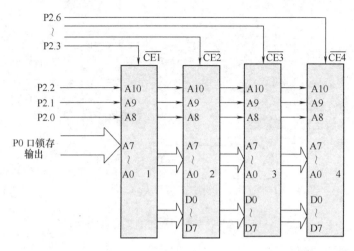

图 8-4 用线选法实现片选

图 8-4 中，1、2、3、4 都是 2KB 的存储器芯片，地址线 A10 ~ A0 实现片内寻址，地址空间为 2KB，用 4 根高位地址线 P2.3、P2.4、P2.5、P2.6 与 4 个芯片的 $\overline{CE}$ 端相连，实现片选，均为低电平有效。为了不出现寻址错误，当 P2.3、P2.4、P2.5、P2.6 中有一根地址线为低电平时，其余 3 根地址线必须为高电平，也就是每次存储器操作只能选中其中一个芯片。现假设剩下的一根高位地址线 A15 接低电平，这样得到的 4 个芯片的地址分配见表 8-2。

表 8-2 线选法芯片地址

	二 进 制 表 示										十六进制表示
	P2.7	P2.6	P2.5	P2.4	P2.3	P2.2	P2.1	P2.0	P0.7	……	P0.0	
	A15	A14	A13	A12	A11	A10	A9	A8	A7	……	A0	
芯片 1	0	1	1	1	0	0	0	0	0	……	0	7000H ~ 77FFH
	0	1	1	1	0	1	1	1	1	……	1	
芯片 2	0	1	1	0	1	0	0	0	0	……	0	6800H ~ 6FFFH
	0	1	1	0	1	1	1	1	1	……	1	
芯片 3	0	1	0	1	1	0	0	0	0	……	0	5800H ~ 5FFFH
	0	1	0	1	1	1	1	1	1	……	1	
芯片 4	0	0	1	1	1	0	0	0	0	……	0	3800H ~ 3FFFH
	0	0	1	1	1	1	1	1	1	……	1	

注：A15 也可取高电平 1。

可以看出，4 个芯片的片内寻址 A10…A0 都是从 0…0（共 11 位）到 1…1（共 11 位），为 2KB 空间，而依靠不同的片选信号——高位地址线 A14、A13、A12、A11 中的某一根为 0，来区分这 4 个芯片的地址空间。

采用线选法进行片选的电路连接简单，其缺点是芯片的地址空间相互之间可能不连续（如图 8-4 所示的情况），不能充分利用微处理器的内存空间。其原因是，用做片选信号的高位地址线的信号状态得不到充分利用。在图 8-4 中，A14、A13、A12、A11 这 4 根地址线的信号状态应有 16 种，从 0000 到 1111，这 4 条线与芯片内部寻址的 11 条线共有 15 条地址线，可寻址 16KB 的存储器单元。但在采用线选法时，只能使用其中 4 种状态（即 4 位数码中只允许 1 位为"0"者），选通 4 个 2KB 芯片，只能寻址 8KB 的存储空间。

另外只要有未用的高位地址线（如图 8-4 中未画出的 P2.7 即 A15），就可能造成地址重叠。所谓地址重叠，是指一个存储单元占有多个地址空间，即不同的地址会选通同一存储单元。这是因为作为片选信号的 A15 由于闲置，它们的电平可以为高也可以为低，并不影响芯片的选通，但这样各芯片就会有不同的地址空间。以图 8-4 为例，当 A11 为低电平选通芯片 1 时，A12、A13、A14 必须为高电平，然而 A15 的电平可高可低。这样对于芯片，实际上存在 2 个地址空间，它们是 7000H ~ 77FFH 和 F000H ~ F7FFH。同理，其他 3 个芯片也各有 2 个地址空间。对于地址重叠现象，编程者需清楚，任意选定其中一个地址空间供编程用即可。

2. 译码法

采用译码方式编址可以克服线选方式的缺点，它通过译码器将高位地址线的状态译码，然后用译码器输出信号来选通相应的存储器芯片。常用的译码器有 74LS139、74LS138 等。

(1) 74LS139 译码器　表 8-3 为 74LS139 译码器的真值表（只给出一组）。74LS139 为双 2 线-4 线译码器，这两个译码器完全独立，分别有各自的数据输入端、译码状态输出端以及数据输入允许端。其引脚排列如图 8-5 所示。

表 8-3　74LS139 的真值表

输　入　端			输　出　端			
允许	选　择					
$\overline{G}$	B	A	$\overline{Y3}$	$\overline{Y2}$	$\overline{Y1}$	$\overline{Y0}$
0	0	0	1	1	1	0
0	0	1	1	1	0	1
0	1	0	1	0	1	1
0	1	1	0	1	1	1
1	×	×	1	1	1	1

注：1 表示高电平，0 表示低电平，× 表示任意。

【例 8-2】　现有 2KB × 8 位存储器芯片，需扩展 8KB × 8 位存储结构，要求采用译码法进行扩展。

解：扩展 8KB 的存储器结构需 2KB 的存储器芯片 4 片。2KB 的存储器共 11 根地址线，与单片机 P2 口的低 3 位（P2.2、P2.1、P2.0）和 P0 口连接。P2.3、P2.4 作为 2 线-4 线译码器的译码地址，译码输出作为扩展 4 个存储器芯片的片选信号，P2.5、P2.6、P2.7 悬空。扩展连线图如图 8-6 所示。

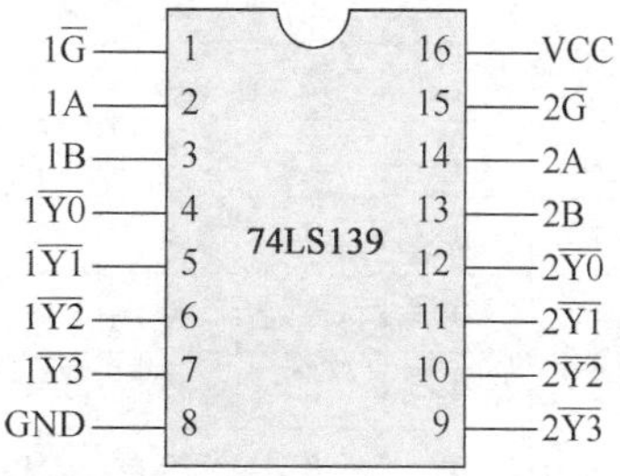

图 8-5　74LS139 的引脚排列

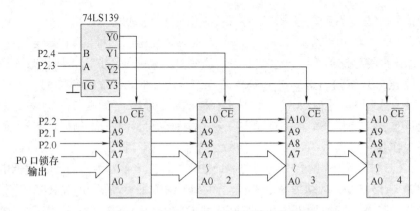

图 8-6 利用 74LS139 译码器实现片选

根据译码器的逻辑关系和存储器的片内寻址范围，当未用的高 3 位都取低电平 0 时，可以得到 4 个芯片的地址空间见表 8-4。

表 8-4 利用 74LS139 器译码法的存储器芯片地址

	二进制表示								十六进制表示
	A15	A14	A13	A12	A11	A10	……	A0	
芯片 1	0	0	0	0	0	0	……	0	0000H~07FFH
	0	0	0	0	0	1	……	1	
芯片 2	0	0	0	0	1	0	……	0	0800H~0FFFH
	0	0	0	0	1	1	……	1	
芯片 3	0	0	0	1	0	0	……	0	1000H~17FFH
	0	0	0	1	0	1	……	1	
芯片 4	0	0	0	1	1	0	……	0	1800H~1FFFH
	0	0	0	1	1	1	……	1	

注：未用的高三位（A15、A14、A13）也可以都取高电平，或同时取其他的电平状态。

(2) 74LS138 译码器 74LS138 译码器属于 3 线-8 线译码器，有 3 个数据输入端，经译码产生 8 种状态，真值表见表 8-5。由表 8-5 可见，当译码器的输入为某一固定编码时，其输出仅有一个固定的引脚输出为低电平，其余的引脚均为高电平，输出为低电平的引脚就作为某一存储器芯片的片选信号。74LS138 译码器的引脚排列如图 8-7 所示。

表 8-5 74LS138 译码器真值表

输 入 端						输 出 端							
G1	$\overline{G2A}$	$\overline{G2B}$	C	B	A	$\overline{Y7}$	$\overline{Y6}$	$\overline{Y5}$	$\overline{Y4}$	$\overline{Y3}$	$\overline{Y2}$	$\overline{Y1}$	$\overline{Y0}$
1	0	0	0	0	0	1	1	1	1	1	1	1	0
1	0	0	0	0	1	1	1	1	1	1	1	0	1
1	0	0	0	1	0	1	1	1	1	1	0	1	1
1	0	0	0	1	1	1	1	1	1	0	1	1	1
1	0	0	1	0	0	1	1	1	0	1	1	1	1

（续）

输　入　端						输　出　端							
G1	$\overline{G2A}$	$\overline{G2B}$	C	B	A	$\overline{Y7}$	$\overline{Y6}$	$\overline{Y5}$	$\overline{Y4}$	$\overline{Y3}$	$\overline{Y2}$	$\overline{Y1}$	$\overline{Y0}$
1	0	0	1	0	1	1	1	0	1	1	1	1	1
1	0	0	1	1	0	1	0	1	1	1	1	1	1
1	0	0	1	1	1	0	1	1	1	1	1	1	1
其他状态			×	×	×	1	1	1	1	1	1	1	1

注：1表示高电平，0表示低电平，×表示任意。

【例8-3】　要扩8片8KB的存储器芯片，如何通过74LS138把64KB空间地址分配给各个芯片？

解：由表8-5可知，把G1接到+5V，$\overline{G2A}$、$\overline{G2B}$接地，P2.7、P2.6、P2.5（高3位地址线）分别接74LS138的C、B、A端。由于对高3位地址译码，这样译码器有8个输出$\overline{Y0}$ ~$\overline{Y7}$，分别接到8片存储器的各片选端，实现8选1的片选；低13位地址A12~A0（P2.4~P2.0，P0.7~P0.0）完成对选中的8KB存储器中各个存储单元的选择，这样就把64KB存储器空间分成8个8KB空间了，接线图如图8-8所示。

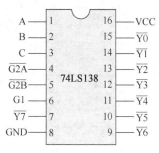

图8-7　74LS138译码器的引脚排列

译码方式的优点是：存储器芯片的地址空间连续，且唯一确定，不存在地址重叠现象；能够充分利用内存空间；当译码器输出端留有空余时，便于继续扩展存储器或其他外围器件。其缺点是电路连接相对复杂一些。

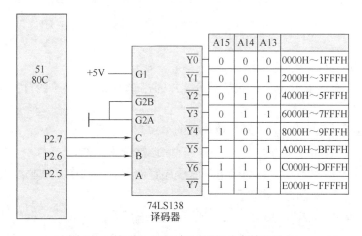

图8-8　利用74LS138译码器划分存储器地址

8.2　外部存储器的扩展方法

8.2.1　程序存储器的扩展

80C51系列单片机片内有4KB ROM，对于较大的系统若4KB不够用，需在片外扩展程序存储器。外部扩展程序存储器的类型可以是 EPROM、EEPROM 或 Flansh ROM，其中使用较多的是 EPROM。

1. 单片 EPROM 程序存储器的扩展方法

（1）**常用 EPROM 的芯片及引脚** 目前常用的是 27 系列 EPROM，如 2716（2KB）、2764（8KB）、27128（16KB）、27256（32KB）、27512（64KB）。型号 27 后面的数字是该芯片的位存储容量，如 2764 中 64 表示该芯片的位存储容量是 64Kbit，该数值除以 8 所得即是该 ROM 能存放程序的 KB 数，因此 2764 芯片的容量为 8KB。图 8-9 是这些芯片的引脚排列。

27C512	27C256	27C128	27C64				27C64	27C128	27C256	27C512
A15	VPP	VPP	VPP	1		28	VCC	VCC	VCC	VCC
A12	A12	A12	A12	2		27	PGM	PGM	A14	A14
A7	A7	A7	A7	3		26	NC	A13	A13	A13
A6	A6	A6	A6	4		25	A8	A8	A8	A8
A5	A5	A5	A5	5	27C64	24	A9	A9	A9	A9
A4	A4	A4	A4	6	27C128	23	A11	A11	A11	A11
A3	A3	A3	A3	7	27C256	22	$\overline{OE}$	$\overline{OE}$	$\overline{OE}$	OE/VPP
A2	A2	A2	A2	8	27C512	21	A10	A10	A10	A10
A1	A1	A1	A1	9		20	$\overline{CE}$	$\overline{CE}$	$\overline{CE}$	$\overline{CE}$
A0	A0	A0	A0	10		19	Q7	Q7	Q7	Q7
Q0	Q0	Q0	Q0	11		18	Q6	Q6	Q6	Q6
Q1	Q1	Q1	Q1	12		17	Q5	Q5	Q5	Q5
Q2	Q2	Q2	Q2	13		16	Q4	Q4	Q4	Q4
GND	GND	GND	GND	14		15	Q3	Q3	Q3	Q3

图 8-9 27 系列程序存储器的引脚排列

其中各引脚功能如下：

1）A15 ~ A0：地址线引脚，它的数量由芯片的存储容量决定，如 27128 有 14 根，27256 有 15 根，用于进行单元选择。

2）D7 ~ D0：数据线引脚，一般与单片机的 P0 口相连接。

3）$\overline{CE}$：片选控制端，其为低电平时程序存储器被选中工作。

4）$\overline{OE}$：输出允许控制端，其为低电平时程序存储器允许指令从数据线引脚输出。

5）VCC：+5V，芯片的工作电压。

6）VPP：编程时，编程电压（+12V 或 +25V）输入端。

7）GND：数字地。

8）NC：无用端。

（2）**程序存储器的扩展方法** 程序存储器的扩展方法是：程序存储器的数据线 D7 ~ D0 与单片机的 P0 口的 8 根线对应连接，作为扩展系统的数据总线，该数据总线为单向数据总线，外部 ROM 中的指令通过该总线读入单片机。单片机 P0 口通过锁存器的输出端与程序存储器地址线的低 8 位 A7 ~ A0 连接；程序存储器的高位地址线 AX（X 为 9 ~ 15）~ A8 与单片机的 P2 口直接连接；程序存储器的输出允许端 $\overline{OE}$ 与单片机的 $\overline{PSEN}$ 相接；如果只有一片 EPROM，其片选端$\overline{CE}$一般固定接地。图 8-10 为 2764 与单片机的连接图，该存储器的地址范围见表 8-6。

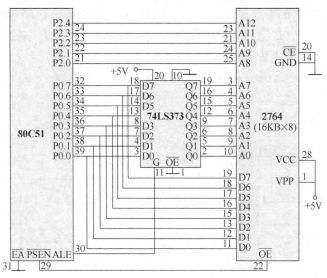

图 8-10　单片机扩展一片 2764 电路图

表 8-6　扩展一片 2764 的地址值

2764	二 进 制 表 示					
	A15	A14	A13	A12	……	A0
	×	×	×	0	……	0
	×	×	×	1	……	1

表 8-6 中叉号代表没有连接的 P2.7、P2.6、P2.5 位，三者可以有 8 种组合，即 000、001、010、……、111。当三者的组合是 000 时，该 2764 的地址范围是 0000H～1FFFH；三者的组合是 001 时，该 2764 的地址范围是 2000H～3FFFH；当三者的组合是 010 时，该 2764 的地址范围是 4000H～5FFFH；当三者的组合是 111 时，该 2764 的地址范围是 E000H～FFFFH。可见如果外扩的 ROM 没有用完所有的 P2 口地址，ROM 地址的范围不固定，一般未用的高位地址常被选择全部为 0。

若需要外部扩展的 EPROM 的芯片为 27128，则其与单片机连接时只需要在图 8-10 的基础上增加一条地址线即可，将外部 ROM 的 A13 与单片机的 P2.5 连接（也可以选择 P2.6 或 P2.7，但习惯于选择 P2.5）。

2. CPU 从外部程序存储器取指令的时序

外部程序存储器与内部程序存储器的功能都是用来存放编程人员编制的程序指令。因此 CPU 对其的操作只有读出，没有写入，程序指令的代码传送的方向是单向的。当 CPU 执行外部 ROM 中的指令时，CPU 将自动逐条读取其内部的指令。在读取指令的过程中，单片机的 ALE、$\overline{PSEN}$、$\overline{EA}$将控制读取过程，其中 ALE 用于低 8 位地址锁存控制；$\overline{PSEN}$是片外程序存储器"读选通"控制信号，它接外扩 EPROM 的 $\overline{OE}$引脚；$\overline{EA}$的功能见第 2 章引脚功能介绍。P2口用来输出程序指令在ROM中存放的单元地址的高8位，P0口分时用做低8位地址总线和数据总线。作低8位地址线时，P0口与P2口联合形成16位的地址，这个16位地址就是指令在ROM中的存放地址，这个地址将指引CPU去该存储单元取指令。P0口作数据线时的功能是指：CPU将P2、P0所指示的外部ROM地址单元中的指令代码从P0口与EPROM D0～D7的连接线上传送到单片机内部。

【例8-4】 试绘图说明CPU从外部ROM 2080H单元中读取"MOV R0，#30H"的指令时序。

解：图8-11是该指令时序图。

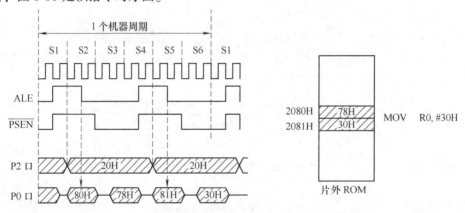

图8-11　单片机外扩程序存储器的时序图

该指令编译后的机器码是"78 30"，依次占用外部ROM 2080H和2081H单元。执行该指令时CPU首先从P2口送出2080H中的高8位地址20H，并将80H通过P0口送到74LS373锁存器输出端，ALE是高电平时74LS373处于直通状态，输出等于输入，在ALE的下降沿P0口送出的数据被锁存在输出端，这时无论P0口数据如何变化，74LS373的输出端仍然保持80H这一状态。这样P2口和P0口共同形成了16位地址2080H。随后单片机将78H这一指令代码通过P0口与外部ROM的D7～D0的连接线读入CPU。接着CPU将2081H这一地址再通过P2口和P0口送出，当作为地址信号的P0口数据被锁存后，CPU会将指令的第二个字节代码30H通过P0口线读入到CPU中。

从图8-11可以看出，80C51系列单片机的一个机器周期包含6个状态S1～S6，ALE和PSEN在一个机器周期中都是两次有效的。当ALE有效（高电平）时，高8位地址（PCH）从P2口输出，低8位地址（PCL）从P0口输出。因此，可以在ALE的下降沿把P0口输出的地址信号锁存起来。然后利用PSEN信号按地址选通外部程序存储器，将相应单元的数据（指令代码）送到P0口。CPU在PSEN上升沿完成对P0口的数据采样，这样就实现了P0口地址/数据的分时操作。

对图8-11有几点值得注意：

1）对应于ALE下降沿时刻，出现在P0口上的信号必然是低8位地址信号A7～A0。

2）对应于PSEN上升沿时刻，出现在P0口上的信号必然是指令信号。

3. 扩展多片EPROM程序存储器

当扩展一片EPROM不能满足要求时，可以采用扩展多片EPROM的方案。这时所有芯片的片选端都必须适当连接，需要使用片内寻址以外的高位地址线，以线选或译码方式提供片选信号。扩展多片 ROM 的地址如表 8-7 所示。

表 8-7　扩展多片 ROM 的地址

	二 进 制 表 示						十六进制表示
	A15	A14	A13	A12	……	A0	
芯片 1	×	0	0	0	……	0	0000H ~ 1FFFH
	×	0	0	1	……	1	
芯片 2	×	0	1	0	……	0	2000H ~ 3FFFH
	×	0	1	1	……	1	
芯片 3	×	1	0	0	……	0	4000H ~ 5FFFH
	×	1	0	1	……	1	
芯片 4	×	1	1	0	……	0	6000H ~ 7FFFH
	×	1	1	1	……	1	

注：表中所示 16 进制地址范围是在 A15（P2.7）取 0 所得，如果 A15 取 1 请读者自己计算。

图 8-12 是采用译码方式扩展 4 片 2764 EPROM 的连接图。2764 的地址线有 13 根，低 8 位地址线连接锁存器的输出端，其余 5 根地址线接到 P2.0 ~ P2.4；4 片 EPROM 的数据线都直接与 P0 口连接；$\overline{OE}$ 端都与 $\overline{PSEN}$ 连接。P2 口剩下的 2 根高位地址线 P2.6、P2.5（A14、A13）通过 74LS139 选通 4 片 2764 的片选信号，接到各片 $\overline{CE}$ 端。A15（P2.7）未用，可以取高电平也可以取低电平，一般来说我们习惯于把 A15 这样未用的位取 0。

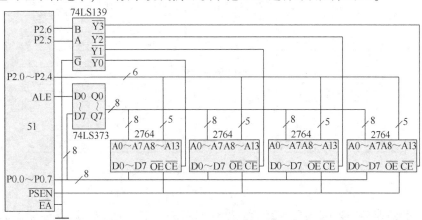

图 8-12　采用译码法扩展多片 EPROM 的连接图

8.2.2　数据存储器的扩展

典型 80C51 系列单片机内部有 128B RAM，用于小系统一般能满足要求，如果不够用，可在片外适当扩展数据存储器，可扩展的最大容量是 64KB。

在单片机应用系统中，如果外部扩展动态数据存储器，还需要有对应的硬件刷新电路。所以，在单片机外部扩展的数据存储器都不采用动态数据存储器，而采用静态数据存储器（SRAM）。

1. 外部数据存储器的扩展方法

（1）常用于外部 RAM 扩展的芯片及引脚 静态数据存储器常用的是62系列产品，如：6216（2KB）、6264（8KB）、62128（16KB）、62256（32KB）、62512（64KB）。同样型号62后面的数字是该芯片的位存储容量。该数值除以8所得即是该RAM能存放数据的K字节数，因此6264芯片的容量为8KB（B表示字节单位）。如图8-13所示，常用的62系列静态存储器芯片的各引脚功能如下：

1）D7～D0：双向三态数据线。与单片机的P0口直接连接。

2）A15～A0：地址输入线，芯片容量不同，地址线数量不同。

3）$\overline{CE}$：片选信号输入线，对6264芯片，当26脚（CS）为高电平且$\overline{CE}$为低电平时才会被选中。

4）$\overline{OE}$：读选通信号输入线，低电平有效。

5）$\overline{WE}$：写允许信号输入线，低电平有效。

6）VCC：工作电源（+5V）。

7）GND：数字地。

62C256	62C128	62C64				62C64	62C128	62C256
A14	NC	NC	1		28	VCC	VCC	VCC
A12	A12	A12	2		27	$\overline{WE}$	$\overline{WE}$	$\overline{WE}$
A7	A7	A7	3		26	CS	A13	A13
A6	A6	A6	4		25	A8	A8	A8
A5	A5	A5	5		24	A9	A9	A9
A4	A4	A4	6	62C64	23	A11	A11	A11
A3	A3	A3	7		22	$\overline{OE}$	$\overline{OE}$	$\overline{OE}$/RFSH
A2	A2	A2	8	62C128	21	A10	A10	A10
A1	A1	A1	9		20	$\overline{CE}$	$\overline{CE}$	$\overline{CE}$
A0	A0	A0	10	62C256	19	D7	D7	D7
D0	D0	D0	11		18	D6	D6	D6
D1	D1	D1	12		17	D5	D5	D5
D2	D2	D2	13		16	D4	D4	D4
GND	GND	GND	14		15	D3	D3	D3

图8-13 62系列芯片的引脚排列

（2）扩展数据存储器的连接电路 数据存储器的扩展方法是：数据存储器的数据总线D7～D0与单片机P0口的8根线对应连接；单片机P0口通过锁存器的输出端与数据存储器地址线的低8位A7～A0连接；数据存储器的高位地址线 $AX(X=9～15)$～A8与单片机的P2口直接连接；片外数据存储器RAM的写允许引脚$\overline{WE}$与80C51单片机的$\overline{WR}$（P3.6）相连接，单片机可以通过执行MOVX写出指令使得引脚$\overline{WR}$为低电平，此时单片机会将数据从P0口送出；$\overline{WE}$与$\overline{WR}$直接连接，当它为低电平时，其允许数据线上的数据进入RAM中的指定单元。片外数据存储器RAM的读选通引脚$\overline{OE}$与80C51系列单片机的$\overline{RD}$（P3.7）相连接，单片机可以通过执行MOVX读入指令使得$\overline{RD}$为低电平，将外部RAM的数据读入单片机内部。

数据存储器的数据总线 D7～D0 与单片机的 P0 口的 8 根线对应连接后，作为扩展系统的数据总线，与外扩程序存储器是单向总线不同，外扩数据存储器是双向数据总线，单片机内部的数据与外部 RAM 之间的数据交换均通过该总线完成，即从单片机内部写出的数据从该总线上进入外部 RAM，外部 RAM 的数据也是通过该总线进入单片机内部。P2、P0 口形成 16 位地址，指示出与单片机进行数据交换的外部 RAM 单元，该地址将出现在 MOVX 指令中。

由于片外数据存储器 RAM 的读和写由 80C51 系列单片机的 $\overline{RD}$（P3.7）和 $\overline{WR}$（P3.6）信号控制，而片外程序存储器 EPROM 的输出端允许引脚（$\overline{OE}$）信号由 80C51 系列单片机的读选通 $\overline{PSEN}$ 信号控制。因此即使外部 RAM 与 EPROM 的地址空间范围都是相同的，但由于控制信号不同，故不会发生总线冲突。图 8-14 为 6264 与单片机的连接图，该存储器的地址范围见表 8-8。

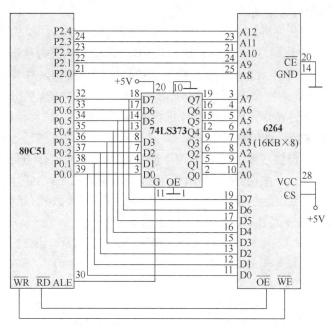

图 8-14　外部扩展一片 6264 与单片机的连接图

表 8-8　扩展一片 6264 的地址值

	二　进　制　表　示					
	A15	A14	A13	A12	……	A0
6264	×	×	×	0	……	0
	×	×	×	1	……	1

由表 8-8 可知 6264 的地址范围随 A15 A14 A13 的取值而变化，当三者都取 000 时，其取值范围固定为 0000H～1FFFH。

2. 操作片外数据存储器所用指令的时序

（1）对外部 RAM 的操作指令　可以完成 80C51 系列单片机与外部 RAM 进行数据交换

的指令如下：

| MOVX | A, @Ri; | ；从外 RAM 读输入单片机 |

MOVX   A,   @Ri;   ；从外 RAM 读输入单片机

MOVX   @Ri,   A   ；从单片机写出到外 RAM

MOVX   A,   @DPTR   ；从外 RAM 读输入单片机

MOVX   @DPTR,   A   ；从单片机写出到外 RAM

这 4 条指令（实际上为 6 条，因为 $i = 0$，1）全为寄存器间接寻址操作，且全为累加器 A 与外部接口打交道。以上指令统称为 MOVX 类指令，前 2 条指令采用 R0 或 R1 间址。

（2）**与外部数据存储器进行数据交换指令的时序**　只有执行 MOVX 类指令才能够对外部数据存储器进行数据交换。当执行这些指令时 CPU 首先将 MOVX 指令从内部 ROM 或外部 ROM 中取出。如果 MOVX 指令存放在内部 ROM 中，其采用内部总线完成指令操作，与 P2、P0、ALE、$\overline{PSEN}$ 等引脚无关。这里讨论当 MOVX 类指令存放在外部 ROM 中时，P2、P0、ALE、$\overline{PSEN}$、$\overline{RD}$、$\overline{WR}$ 的时序关系。

当 MOVX 类指令存放在外部 ROM 中时，第一个机器周期 CPU 首先执行将指令从外部 ROM 取出的操作，其操作时序与例 8-4 基本相同：在读取指令的过程中单片机的 ALE、$\overline{PSEN}$ 将控制读取过程，其中 ALE 用于低 8 位地址锁存控制，且 ALE 在读取 MOVX 指令时仍然保持一个机器周期中有两次高电平有效，$\overline{PSEN}$ 为低电平时，MOVX 指令对应的机器码从 P0 口输入单片机内部。将指令代码输入单片机内部后，CPU 将 DPTR 值的高 8 位 DPH 送到 P2 口，将 DPTR 的低 8 位送到单片机的 P0 口，从而确定与单片机进行数据交换的外部数据存储器的单元地址，P0 口信号被 ALE 信号的下降沿锁存。如果执行的是读入指令，CPU 会使得 $\overline{RD}$ 信号成为低电平，在此期间外部 RAM 单元中的数据被送到 P0 口，单片机将其自动读入到累加器 A 中。如果执行的是写出指令，则 CPU 将令 $\overline{WR}$ 信号有效，数据从累加器 A 输出到 P0 口，从而送入外部 RAM 由 DPTR 指出的单元中。

【例 8-5】　试绘制执行指令 "MOVX A, @DPTR" 的时序。设这条指令存放在外部 ROM 2080H 单元，该代码对应的二进制机器码为 E0H，且（DPTR）= 3658H，（3658H）= 28H。

解： 指令的时序关系如图 8-15 所示。

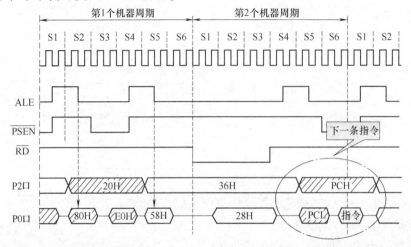

图 8-15　执行读入指令 "MOVX A, @DPTR" 的时序

【例 8-6】 试绘制执行指令"MOVX @ DPTR，A"的时序，设这条指令存放在外部
ROM 2066H 单元，该指令对应的机器码为 F0H，累加器 A 中存放的数值为 68H，（DPTR）
=3022H。

解：如图 8-15 和 8-16 所示，外部数据存储器的读/写操作（执行 MOVX 指令）包含两
个机器周期，第一个机器周期是从外部程序存储器读取指令操作码，第二个机器周期才是从
外部数据存储器读/写数据。

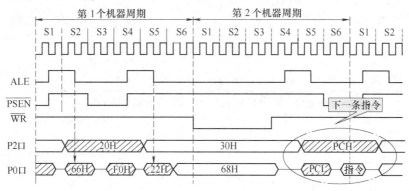

图 8-16 执行写出指令"MOVX @ DPTR，A"的时序

第一个机器周期的时序与 8.2.1 节所述的外部程序存储器读操作时序相似，但由于
$\overline{PSEN}$ 从 S4 状态起就维持高电平，S6 状态不再能读外 ROM 指令，而是在 S5 状态输出外部数
据存储器的地址，利用 ALE 下降沿锁存。若执行的是"MOVX A，@ DPTR"或"MOVX
@ DPTR，A"指令，则 ALE 锁存的 P0 口地址是 DPL，同时在 P2 口上出现 DPH。若执行的
是"MOVX A，@ Ri"或"MOVX @ Ri，A"指令，则 P0 口地址是 Ri 的内容，而在 P2
口上出现的是 P2 口锁存器的内容。

在第二个机器周期中，若是读操作，则 $\overline{RD}$ 信号有效（低电平），P0 口变为输入方式，
$\overline{RD}$ 结合地址信号选通外部 RAM 的某个单元，在 $\overline{RD}$ 上升沿完成数据读出操作；若是写操作，
情况相似，只是 $\overline{WR}$ 代替 $\overline{RD}$ 有效，P0 口变为输出方式。然后在 S5 状态，P0 口和 P2 口分别
出现 PCL 和 PCH，利用 ALE 下降沿锁存 PCL，同时 $\overline{PSEN}$ 变为低电平，为下一条指令的读出
作好准备。

顺便指出，从图 8-11 可以看到，只要不是执行外部 RAM 读、写操作，ALE 信号总是每
个机器周期出现两次，其频率为时钟频率的 1/6，因此 ALE 可以作为外部定时信号。

3. 扩展多片 SRAM

当扩展一片 RAM 不能满足要求时，可以采用扩展多片 RAM 的方案。这时所有芯片的片选
端都必须适当连接，要用到片内寻址以外的高位地址线，以线选或译码方式提供片选信号。

（1）译码法扩展多片 RAM 图 8-17 是采用译码方式扩展 4 片 6264 RAM 的连接图。
6264 的地址线有 13 根，低 8 位地址线连接锁存器的输出端，其余 5 根地址线直接接到 P2.0
~P2.4。4 片 RAM 的数据线直接与单片机的 P0 口连接；$\overline{OE}$、$\overline{WE}$ 端分别与单片机的 $\overline{RD}$ 和
$\overline{WR}$ 对应连接。P2 口剩下的 2 根高位地址线 P2.6、P2.5（A14、A13）通过 74LS139 选通 4
片 6264 的片选信号，接到各片 $\overline{CE}$ 端。P2.7 未用，可取 0 也可取 1。表 8-9 是图 8-17 中 4 片
RAM 芯片对应的地址范围。

表 8-9　扩展多片 RAM 的地址

	二进制表示						十六进制表示
	A15	A14	A13	A12	……	A0	
芯片 1	×	0	0	0	……	0	0000H ~ 1FFFH
	×	0	0	1	……	1	
芯片 2	×	0	1	0	……	0	2000H ~ 3FFFH
	×	0	1	1	……	1	
芯片 3	×	1	0	0	……	0	4000H ~ 5FFFH
	×	1	0	1	……	1	
芯片 4	×	1	1	0	……	0	6000H ~ 7FFFH
	×	1	1	1	……	1	

注：表中所示 16 进制地址范围是 P2.7 取 0 所得，如果 P2.7 取 1 请读者自己计算。

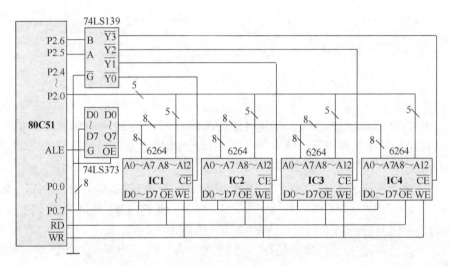

图 8-17　译码方式扩展多片 RAM 的连接图

（2）线选法扩展多片 RAM

图 8-18 是采用线选方式扩展 2 片 62128RAM 的连接图。同样单片机的 P0 口经锁存器与 62128 的低 8 位地址线相连接，其余 6 根地址线直接接到 P2. 5 ~ P2. 0。2 片 RAM 的数据线直接与单片机的 P0 口连接；$\overline{OE}$、$\overline{WR}$ 端分别与单片机的 $\overline{RD}$ 和 $\overline{WR}$ 对应连接。P2 口剩下的 2 根高位地址线 P2. 7、P2. 6 分别作为两片 62128 的片选线。表 8-10 是图 8-18 中两片 RAM 芯片对应的地址范围。

表 8-10　2 片 62128 芯片对应的存储空间

	二进制表示					十六进制表示
	A15	A14	A13	……	A0	
IC1	1	0	0	……	0	8000H ~
	1	0	1	……	1	BFFFH
IC2	0	1	0	……	0	4000H ~
	0	1	1	……	1	7FFFH

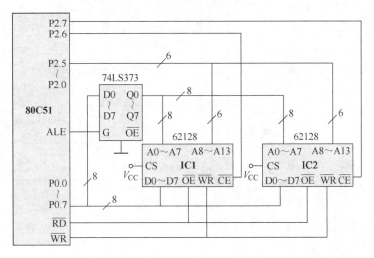

图 8-18　线选法扩展多片 RAM 的连接图

8.2.3　数据存储器和程序存储器的统一编址

图 8-19 是 80C51 系列单片机扩展 2 片 27128 和 2 片 62128 作为外部程序存储器和外部数据存储器的电路图。地址总线与数据总线公用，ROM（27128）用到$\overline{PSEN}$，RAM（62128）用到$\overline{RD}$和$\overline{WR}$，采用片选方式产生片选信号。一片 62128 和一片 27128 共用一个片选信号，其地址是重叠的。由表 8-11 可知，图中 IC1（27128）和 IC3（62128）的地址均为 8000H～BFFFH，IC2（27128）和 IC4（62128）的地址均为 4000H～7FFFH。由于访问片外 ROM 与访问片外 RAM 所用的控制线不同，即$\overline{PSEN}$与$\overline{RD}$、$\overline{WR}$不会同时有效，所以虽然地址总线与数据总线公用，但不会引起混乱。

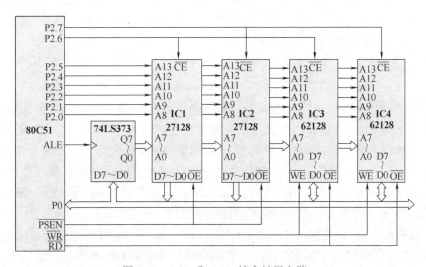

图 8-19　ROM 和 RAM 综合扩展电路

表 8-11 ROM 和 RAM 综合扩展各芯片地址

	二进制表示					十六进制表示
	A15	A14	A13	……	A0	
IC1	1	0	0	……	0	8000H ~ BFFFH
	1	0	1	……	1	
IC2	0	1	0	……	0	4000H ~ 7FFFH
	0	1	1	……	1	
IC3	1	0	0	……	0	8000H ~ BFFFH
	1	0	1	……	1	
IC4	0	1	0	……	0	4000H ~ 7FFFH
	0	1	1	……	1	

8.3 外部 I/O 接口的扩展方法

由于 80C51 系列单片机没有专用的访问 I/O 接口的指令，所以借用单片机访问外部 RAM 的 6 条 MOVX 类指令，即将 I/O 接口视为外部数据存储器的单元进行访问。

8.3.1 简单并行 I/O 接口扩展

并行接口是使用最多的接口，80C51 系列单片机共有 4 个 8 位并行 I/O 接口，但这些 I/O 接口并不能完全提供给用户使用，实际只有 P1 口是留给用户使用的，因此需要用户进行并行接口的扩展。并行接口的扩展一般都利用 P0 口来完成。

1. 简单并行接口扩展的要求

单片机输出数据时，CPU 的工作速度比外设快，数据在总线上保留的时间短，无法满足慢速外设的接收需求，所以在扩展的 I/O 接口电路中输出电路应该具有数据锁存器功能，以保证输出数据能适应慢速的接收设备。单片机读入数据时，数据总线上可能"挂"有多个输入设备，为了在传送数据时不发生总线冲突，只允许当前时刻正在接收数据的 I/O 接口使用数据总线，其余的 I/O 接口应处于隔离状态，为此要求 I/O 接口电路能为数据输入提供三态缓冲功能。P0 是输出和输入的数据通道。

利用锁存器或三态门缓冲器可以实现简单的并行 I/O 接口扩展。常用的有 74LS273、74LS244 等。

知识点：其中 74LS244 为双 4 位三态门缓冲器，三态门缓冲器常用做 8 位数据寄存器。它有两个输出控制端 $\overline{G1}$、$\overline{G2}$，均为低电平有效，分别控制两个 4 位三态门，使用时可将两端连接在一起构成 $\overline{G}$ 端。74LS273 是带有清除端 CLR 的 8D 触发器。清除端为低电平时，输出全部复位为 0；只有在清除端 CLR 保持高电平时，才具有锁存功能，锁存控制端为 11 脚 CLK，采用上升沿锁存。因此，74LS273 作锁存器时，与 74LS373 不同的是 CPU 的 ALE 信号必须经过反相器反相之后才能与 74LS273 的控制端 CLK 端相连。

2. 简单并行接口扩展电路

图 8-20 是一个简单的并行 I/O 接口扩展电路，它采用 74LS244 作为扩展输入，74LS273 作为扩展输出。P0 口为双向数据线，既能从 74LS244 输入数据，又能将数据传送给 74LS273

输出。此电路可以实现按键开、合及信号的采集和 LED 指示灯亮、暗的控制。

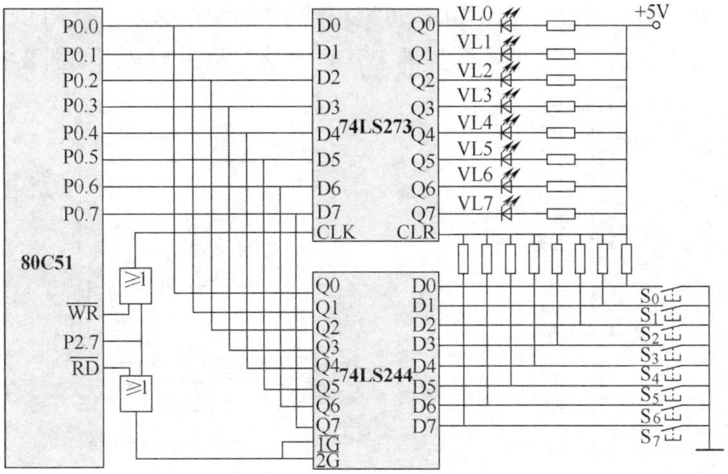

图 8-20　简单的并行 I/O 接口扩展电路图

输入控制信号由 P2.7 和 $\overline{RD}$ 组成，当二者同时为低电平时，或门输出为 0，选通 74LS244，将外部信息输入到总线。若无键按下，输入为全 1；若某键按下，则对应位输入为 0。

输出控制信号由 P2.7 和 $\overline{WR}$ 组成，当二者同时为低电平时，或门输出为 0，当 $\overline{WR}$ 后沿到来时，74LS273 的 CLK 端出现正跳变，将 P0 口数据锁存到 74LS273，其输出控制发光二极管 LED，当某线输出为低电平时，该线上的 LED 发光。

由图 8-20 可见，输入控制和输出控制都是在 P2.7 为 0 时有效，它们的端口地址为 7FFFH，即输入、输出占有相同的地址空间，但因输入和输出分别由 $\overline{RD}$ 和 $\overline{WR}$ 信号控制，因此不会发生冲突。

【例 8-7】　对于图 8-20，若实现按下一个任意键，对应的 LED 发光（如按下 S0 号键，让 VL0 点亮），试设计程序。

解：程序段如下：

```
LOOP: MOV    DPTR,  #7FFFH    ;指向扩展 I/O 接口地址
      MOVX   A,     @DPTR    ;由 74LS244 读入数据，检测按键
      MOVX   @DPTR, A        ;向 74LS273 输出数据，驱动 LED
```

8.3.2　81C55 可编程 I/O 接口及扩展技术

前面介绍的简单接口，虽然可以实现数据的输入或输出，但它们的功能一旦确定，就不能再变动。如果希望一个接口既可以作为输入接口，又可以作为输出接口，就必须使用可编程接口。所谓可编程接口，就是指这些接口的功能可以通过软件程序进行设定。常用的并行可编程 I/O 接口有 81C55、82C55 等。

81C55 是 Intel 公司生产的一种通用的可编程并行接口芯片，它除了能扩展并行接口外，还能够工作在 RAM 存储器和定时/计数器工作方式。

1. 81C55 的基本结构及引脚功能

(1) 81C55 的基本结构　81C55 共有 3 个基本组成部分。第一部分为可编程 I/O 接口，

共有 3 个接口，其中 2 个口（A 口和 B 口）为 8 位口，一个口（C 口）为 6 位口；第二部分为 256B 的 RAM；第三部分为 1 个 14 位可编程减 1 定时/计数器。使用 81C55 可以方便地进行 I/O 接口、RAM 及定时/计数器的扩展，其组成结构及引脚排列如图 8-21 所示。

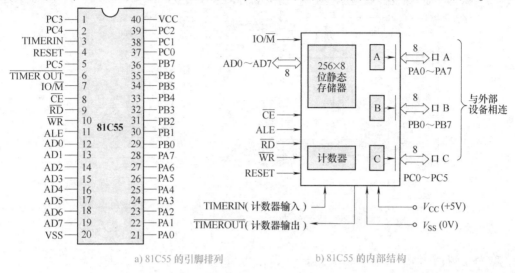

a) 81C55 的引脚排列　　　　　　b) 81C55 的内部结构

图 8-21　81C55 的引脚排列与内部结构

81C55 芯片采取 40 引脚双列直插式封装，单一的 + 5V 电源，其引脚排列如图 8-21a 所示，内部电路的逻辑框图如图 8-21b 所示。

(2) 81C55 的引脚功能　81C55 按其引脚功能大致可分为：

1）电源线：VCC 为 + 5V 电源输入线，VSS 接地。

2）地址数据线：AD7 ~ AD0（8 条）是低 8 位地址线和数据线共用输入口，当 ALE = 1 时输入的是地址信息，否则是数据信息。AD7 ~ AD0 是双向地址/数据总线，分时传送单片机和 81C55 之间的地址、数据、命令、状态信息，与单片机的 P0 口连接。

3）端口线：I/O 总线（22 条），包括 PA、PB 口的各 8 根和 PC 口的 6 根。PA7 ~ PA0 为通用 I/O 线，用于 PA 口及与其连接的外部设备之间的数据传送，数据传送方向由写入 81C55 的控制字决定；PB7 ~ PB0 为通用 I/O 线，用于 PB 口及与其连接的外部设备之间的数据传送，数据传送方向也由写入 81C55 的控制字决定；PC5 ~ PC0 一方面可工作在通用 I/O 方式下，用于传送 I/O 数据，另一方面在需要有应答联络信号的传送方式下，用作传送命令/状态信息。

4）控制引脚。

ALE：为地址允许输入线，高电平有效。在 ALE 的下降沿，80C51 系列单片机从 AD7 ~ AD0 上传送的地址被锁存到 81C55 片内"地址锁存器"，否则 81C55 的锁存器处于封锁状态。81C55 的 ALE 端常和 80C51 的 ALE 端相连。

81C55 的读控制引脚$\overline{RD}$：当$\overline{RD}$ = 0，$\overline{WR}$ = 1 时，81C55 处于被读出数据状态，即数据从 81C55 进入单片机。

81C55 的写控制引脚$\overline{WR}$：当$\overline{RD}$ = 1，$\overline{WR}$ = 0 时 81C55 处于被写入数据状态，即数据从单片机进入 81C55。

81C55 的片选引脚 $\overline{CE}$：$\overline{CE} = 0$ 则 80C51 系列单片机选中 81C55 工作。

I/O 与 RAM 选择引脚 IO/$\overline{M}$：这是一个特殊引脚，因为 81C55 内部的 I/O 接口与 RAM 是分开编址的，因此要求用控制信号进行区分。IO/$\overline{M} = 0$，对 RAM 进行读写；IO/$\overline{M} = 1$，对 I/O 口进行读写。

复位引脚 RESET：81C55 以 600ns 的正脉冲进行复位，复位后 A、B、C 口均为输入方式。

定时/计数器脉冲输入线 TIMERIN：它是外界向 81C55 输入计数脉冲信号的输入端，其上升沿用于对 81C55 片内的 14 位计数器减 1。

定时/计数器的脉冲输出线 TIMEROUT：是 81C55 向外部设备输出脉冲和方波的输出端。当 14 位计数器减为 0 时，就可以在该引线上输出脉冲或方波。可以输出单个脉冲、多个连续脉冲、单个方波及连续方波，通过设置定时/计数器的工作方式来产生对应的波形。

2. 81C55 的寄存器

81C55 有一个控制字寄存器和一个状态字寄存器。

（1）81C55 控制字寄存器　控制字寄存器只能写入不能读出，共 8 位。其低 4 位主要用来设置 PA、PB、PC 这 3 个端口的工作方式；D5、D4 用来确定 A 口、B 口以选通输入/输出方式工作时是否允许中断请求；D7、D6 用来设置定时/计数器的操作。控制字的位定义如图 8-22 所示。

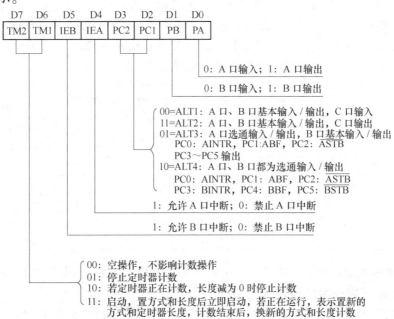

图 8-22　81C55 控制字的位定义

（2）81C55 状态字寄存器　81C55 状态字寄存器用来存入 PA 口和 PB 口的状态标志，它的地址与控制字寄存器地址相同，80C51 系列单片机只能对其读出，不能对其写入。81C55 状态字寄存器的位定义如图 8-23 所示。

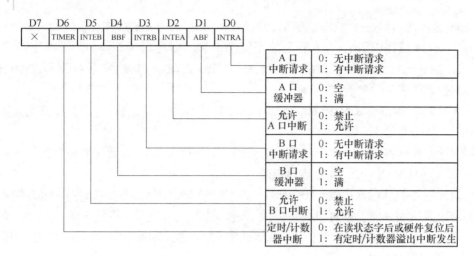

图8-23　81C55状态字寄存器的位定义

图8-22中，D6位为定时/计数器中断状态标志位TIMER。如定时/计数器正在计数或开始计数前，D6 = 0；若定时/计数器的计数长度已经计满，即定时/计数器减为0，则D6 = 1，在硬件复位或对它读出后又恢复为0。D6位可作为定时/计数器中断请求标志。

3. 81C55的工作方式

81C55不但可以作为通用I/O接口工作，也可以作为片外256B RAM及内部定时/计数器方式工作。81C55在以这些方式进行工作时，需要首先知道81C55内部控制/状态寄存器、3个端口、定时/计数器的低8位、定时/计数器的高6位及RAM工作时的地址。81C55用AD2 ~ AD0这3条地址线来区分，端口地址分配详见表8-12。

表8-12　81C55端口地址分配表

$\overline{CE}$	IO/$\overline{M}$	AD7 ~ AD3	AD2	AD1	AD0	选中的端口
0	0	×……×	×	×	×	RAM工作方式
0	1	×……×	0	0	0	控制/状态寄存器
0	1	×……×	0	0	1	PA口
0	1	×……×	0	1	0	PB口
0	1	×……×	0	1	1	PC口
0	1	×……×	1	0	0	计数器低8位
0	1	×……×	1	0	1	计数器高6位

（1）存储器RAM方式　81C55作为片外256B RAM使用时，需要将IO/$\overline{M}$引脚置低电平，这时81C55只能作为片外RAM使用。

81C55内部256B的RAM工作时，P2口中某条线需要与81C55的片选线$\overline{CE}$连接，该条线必须设置为低电平，用这条高位地址线首先选中81C55工作；其次P2口中另有一条线与IO/$\overline{M}$相连接，该P2口线也需要设置为低电平，使得81C55工作在RAM方式。因此RAM工作方式时的高8位地址，只需要限定P2口中与$\overline{CE}$和IO/$\overline{M}$连接的某两位为低电平即可；81C55内部256个字节的低8位地址由单片机P0口的8位确定。

在图8-24所示的81C55与单片机的连接图中，如果设定81C55为RAM工作方式，其RAM的地址见表8-16。

（2）**作为扩展 I/O 接口使用** 作为片外扩展 I/O 接口使用时，需要将 IO/$\overline{M}$ 引脚置高电平。这时 PA、PB、PC 口地址的高 8 位中，只需要限定 P2 口中与 IO/$\overline{M}$ 连接的某位为低电平即可，其他未用的 P2 口线取 0 或 1 都可。PA、PB、PC 口地址的低 8 位分别（假设 AD7 ~ AD3 取 0）为 01H、02H、03H。

81C55 作为扩展 I/O 接口使用时，可以工作于 4 种方式。81C55 的 3 个 I/O 接口中，PA、PB 口可以工作在基本 I/O 方式和选通 I/O 方式；PC 口既可以工作在基本 I/O 方式，也可以作为 PA、PB 口选通工作方式时的状态控制信号。当 81C55 被设定为方式 1 和方式 2 时，PA、PB、PC 口均被定义为基本输入、输出方式，由 MOVX 类指令进行输入、输出操作；设定为方式 3 时，PA 口定义为选通输入、输出，由 PC 口的低 3 位作为 PA 口的联络线，PC 口的其余位作为 I/O 线，PB 口还是基本输入输出；设定为方式 4 时，PA 口、PB 口均定义为选通输入、输出方式，由 PC 口作为 PA 口、PB 口的联络线。PC 口各位的工作方式见表 8-13。

表 8-13 PC 口各位的工作方式

PC 口	方式 1	方式 2	方式 3	方式 4
PC0	输入	输出	AINTR	AINTR
PC1	输入	输出	ABF	ABF
PC2	输入	输出	$\overline{ASTB}$	$\overline{ASTB}$
PC3	输入	输出	输出	BINTR
PC4	输入	输出	输出	BBF
PC5	输入	输出	输出	$\overline{BSTB}$

INTR：中断请求输出线，高电平有效，送给 80C51 系列单片机的外中断引脚。当 81C55 的 PA 口或 PB 口接收到设备输入的数据或设备从缓冲器中取走数据时，中断请求线 INTR 为高电平（仅当命令寄存器相应中断允许位为 1 时），向 CPU 请求中断，CPU 对 81C55 的相应 I/O 接口进行一次读写操作后，INTR 自动变为低电平。

BF：缓冲器满状态信号（输出），高电平有效。缓冲器存有数据时，BF 为高电平，否则为低电平。

STB：选通信号（输入），低电平有效。数据输入操作时，$\overline{STB}$ 是外设送来的选通信号；数据输出操作时，$\overline{STB}$ 是外设送来的应答信号。

（3）**定时/计数器方式**

1）81C55 的定时/计数器的结构 81C55 的定时/计数器是一个 14 位的减法计数器，由两字节组成。定时/计数器中的低 14 位组成计数器，剩下的两个高位（M2、M1）用于定义输出信号波形。定时器格式如下：

高字节计数器地址：× × × × ×101

D7	D6	D5	D4	D3	D2	D1	D0
M2	M1	T13	T12	T11	T10	T9	T8

低字节计数器地址：× × × × ×100

D7	D6	D5	D4	D3	D2	D1	D0
T7	T6	T5	T4	T3	T2	T1	T0

2）定时/计数器的使用　81C55 的定时/计数器与 80C51 系列单片机芯片内部的定时/计数器在功能上是相同的，同样具有定时和计数两种功能，但是在使用方法上却有许多不同之处，具体表现在以下几点：

①81C55 的定时/计数器是减法计数，而 80C51 系列单片机的定时/计数器则是加法计数，因此确定计数初值的方法是不同的。

②80C51 的定时/计数器有多种工作方式，而 81C55 系列单片机的定时/计数器则只有一种固定的工作方式，即 14 位计数。

③80C51 的定时/计数器有两种计数脉冲：当工作在定时方式时，由芯片内部按机器周期提供固定频率的计数脉冲；而当工作在计数方式时，则从芯片外部引入计数脉冲。但是，81C55 的定时/计数器不论是定时工作还是计数工作，都由外部提供计数脉冲，其信号引脚就是 TIMERIN。

④若 80C51 系列单片机的定时/计数器计数溢出，则自动置位 TCON 寄存器的计数溢出标志位（TFX，$X=0$ 或 1），供用户以查询中断方式使用。但 81C55 的定时/计数器，计数溢出时则向芯片外输出一个信号（TIMEROUT），而且这一输出信号还有脉冲和方波两种形式，可由用户进行选择，由定时/计数器的 M1 和 M2 两位定义 4 种输出信号的波形。这 4 种输出信号的波形如表 8-14 所示。

表 8-14　81C55 定时/计数器的输出信号

M1	M2	方式	定时器输出波形
0	1	单个方波	
0	1	连续方波	
1	0	单个脉冲	
1	1	连续脉冲	

4. 81C55 与单片机的连接

81C55 的许多引脚可以与 80C51 系列单片机直接连接。表 8-15 列出了 81C55 系列单片机与 80C51 直接连接的对应引脚。

表 8-15　81C55 与 80C51 直接连接的对应引脚

81C55	80C51	81C55	80C51
AD7 ~ AD0	P0 口	$\overline{RD}$	$\overline{RD}$
ALE	ALE	$\overline{WR}$	$\overline{WR}$
RESET	RST		

81C55 的 AD7 ~ AD0 是数据/地址复用线，由于 81C55 内部已有锁存器，可进行地址锁存，因此不需再外加地址锁存器。

81C55 的 IO/$\overline{\text{M}}$引脚是用于区分 81C55 内部的 RAM 单元和端口地址。81C55 只有 8 位地址线（AD7 ~ AD0），但需要寻址的地址单元却有 3 个 I/O 端口及控制/状态寄存器、定时/计数器共 6 个端口和 256 个 RAM，共 262 个地址单元，控制信号 IO/$\overline{\text{M}}$是为了解决这一问题设立的。IO/$\overline{\text{M}}$ = 0 时，选中 81C55 内部 RAM；IO/$\overline{\text{M}}$ = 1 时，选中 81C55 的 6 个端口。80C51 系列单片机产生 IO/$\overline{\text{M}}$信号有多种方法，不同的产生方法对应着不同的编址方式。例如：采用线选法，以 80C51 系列单片机的 P2.0 接 IO/$\overline{\text{M}}$，则 81C55 与 80C51 系列单片机的连接如图 8-24 所示，其地址分配见表 8-16。

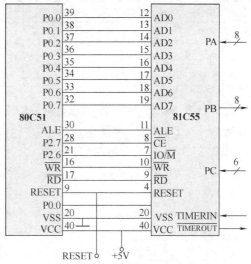

图 8-24　81C55 与单片机的连接电路

表 8-16　81C55 的地址分配

	$\overline{\text{CE}}$（A15）	IO/$\overline{\text{M}}$（A14）	A13 ~ A8	A7 ~ A3	A2	A1	A0	十六位的地址
RAM 单元	0	0	×……×	×……×	×	×	×	3F00H ~ 3FFFH
控制/状态寄存器	0	1	×……×	×……×	0	0	0	4000H
PA 口	0	1	×……×	×……×	0	0	1	4001H
PB 口	0	1	×……×	×……×	0	1	0	4002H
PC 口	0	1	×……×	×……×	0	1	1	4003H
计数器低 8 位	0	1	×……×	×……×	1	0	0	4004H
计数器高 6 位	0	1	×……×	×……×	1	0	1	4005H

注：表中十六位地址为其他未用位取 1 的情况，取 0 时请读者自己思考。

5. 81C55 初始化编程

81C55 在使用前应根据需要进行初始化，初始化的具体内容就是写入控制字或计数值。以下通过实例说明。

【例 8-8】 试利用图 8-24 所示的 81C55 与单片机的连接电路，要求使用定时/计数器对计数脉冲进行千分频，即计数 1000 后，TIMEOUT 端的电平状态发生变化，并重新置数以产生连续方波。设 PA 口为输入方式，PB 口为输出方式，PC 口为输入方式，禁止中断。试编写 81C55 的初始化程序。

解：要编写初始化程序，首先要确定计数值和控制字。由于要求输出连续方波，因此计数器的最高二位 M2M1 = 01。计数器的其他 14 位装入计数值。由于是减法计数器，所以计数值应为十进制数 1000，十六进制数为 03E8H。因此，合并 M1M2 位后，计数器高位字节为 43H，低位字节为 E8H。此外，按各接口的工作方式要求，81C55 的控制字应为 C2H。控制字各位状态的确定方法见表 8-17。

表 8-17 81C55 的控制字状态的确定方法

计数器		PB 口	PA 口	PC 口		PB 口	PA 口
输入后启动		不允许中断		输入		输出	输入
D7	D7	D7	D7	D7	D7	D7	D7
1	1	0	0	0	0	1	0

由于图 8-23 中 81C55 的命令/状态寄存器的端口地址为 4000H,则 81C55 初始化程序为:

MOV	DPTR,	#4D00H	; 命令/状态寄存器地址
MOV	A,	#0C2H	; 控制字
MOVX	@ DPTR, A		; 装入控制字
MOV	DPTR,	#4004H	; 计数器低 8 位地址
MOV	A,	#0E8H	; 低 8 位计数值
MOVX	@ DPTR, A		; 写入计数值低 8 位
INC	DPTR		; 计数器高 8 位地址
MOV	A,	#43H	; 高 8 位计数值
MOVX	@ DPTR, A		; 写入计数值高 8 位

由于控制字的高 2 位 D7D6 = 11 ,因此计数器在装入计数值后即开始工作。

8.3.3 82C55 可编程接口电路的扩展

1. 82C55 的引脚及结构

82C55 是 Intel 公司生产的一种通用的可编程并行接口芯片,在单片机系统中被广泛应用。该芯片具有 3 个可编程并行 I/O 接口:PA 口、PB 口和 PC 口。这 3 个 8 位 I/O 接口的功能完全由程序决定,但每个接口都有自己的特点。82C55 组成框图及引脚排列如图 8-25 所示。

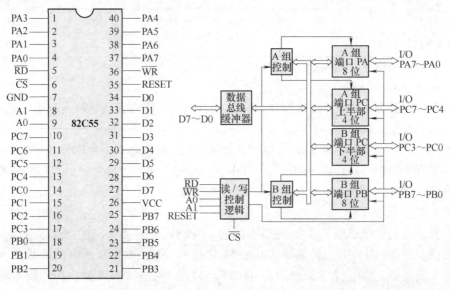

a) 82C55 的引脚排列　　　　　　　　　　　b) 82C55 的结构框图

图 8-25 82C55 的引脚排列及结构框图

（1）82C55 的引脚　82C55 的引脚排列如图 8-25a 所示。82C55 共有 40 个引脚，现根据它们的功能分类叙述如下。

1）引脚 26 和 7 分别是电源 VCC（+5V）和地线 GND。

2）数据总线：D0～D7、PA0～PA7、PB0～PB7、PC0～PC7，这 32 条数据线均为双向三态，其中 D0～D7 用于传送 CPU 与 82C55 之间的命令与数据，PA0～PA7、PB0～PB7、PC0～PC7 分别简称为 PA、PB、PC 口，用于 82C55 与外设之间数据传送。

3）控制总线：

$\overline{RD}$ 为读控制端。当这个引脚为低电平时，82C55 输出数据或状态信息到 CPU，即 CPU 对 82C55 进行读操作。

$\overline{WR}$ 为写控制端。当这个引脚为低电平时，82C55 接收 CPU 输出的数据或命令，即 CPU 对 82C55 进行写操作。

RESET 为复位控制端。当这个引脚为高电平时，82C55 复位。复位状态时所有 82C55 内部寄存器都清零，所有通道都设置为输入方式，24 条 I/O 引脚为高阻状态。

4）寻址线：

$\overline{CS}$ 为片选控制端。当这个引脚为低电平时，82C55 被 CPU 选中。

A1、A0 为两条输入信号线，通常一一对应接到单片机地址总线的其中任意两位上。当 $\overline{CS}$ 有效时，这两位的 4 种组合 00、01、10、11 分别用来选择 PA、PB、PC 口和控制寄存器，所以一片 82C55 共有 4 个地址单元。

（2）82C55 的结构　82C55 可编程并行接口由以下 4 个逻辑结构组成：

1）数据总线驱动器：这是双向三态的 8 位驱动器，用于和单片机的数据总线相连，以实现单片机与 82C55 之间的数据传送。

2）三个并行 I/O 端口：

PA 口具有一个 8 位数据输出锁存/缓冲器和一个 8 位数据输入锁存器，是最灵活的输入/输出寄存器，为可编程 8 位输入/输出或双向寄存器。

PB 口具有一个 8 位数据输出锁存/缓冲器和一个 8 位数据输入缓冲器（不锁存），为可编程 8 位输入/输出寄存器，但不能双向输入/输出。

PC 口具有一个 8 位数据输出锁存/缓冲器和一个 8 位数据输入缓冲器（不锁存），这个口可分为两个 4 位口使用。PC 口除做输入/输出口使用外，还可以作为 PA 口、PB 口选通方式操作时的状态控制信号的输出口。

3）读/写控制逻辑：它用于管理所有的数据、控制字或状态字的传送。它接受单片机的地址信号和控制信号来控制各个口的工作状态。

4）A 组和 B 组控制电路：这是两组根据 CPU 的控制字控制 82C55 工作方式的电路。每组控制电路从读、写控制逻辑接收各种命令，从内部数据总线接收控制字并发出适当的命令到相应的端口。

A 组控制电路，控制 PA 口及 PC 口的高 4 位；

B 组控制电路，控制 PB 口及 PC 口的低 4 位。

2. 82C55 的控制字

82C55 的控制字有方式选择控制字和 PC 口置位/复位控制字。通过对方式选择控制字的合理设置可以设定 82C55 各并行接口的工作方式，通过对 82C55 的 PC 口置位/复位控制字的设置可以设置 PC 口任意一位的值。两个控制字地址相同,通过内容的最高位来区分。当最高位 D7 = 1 时,该控制字为方式选择控制字;当 D7 = 0 时,该控制字为 PC 口置位/复位控制字。

(1) 方式选择控制字 方式选择控制字的格式与定义如图 8-26 所示。

例如:当控制字的内容为 83H(10000011B)时,82C55 的 PA 口被设置为方式 0 输出方式,PB 口为方式 0 输入方式,PC7 ~ PC4 为输出方式,PC3 ~ PC0 为输入方式。

(2) PC 口置位/复位控制字 PC 口置位/复位控制字的格式及定义如图 8-27 所示。

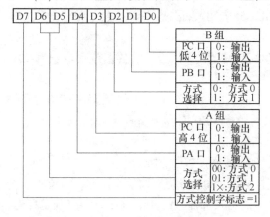

图 8-26 82C55 控制字的格式与定义

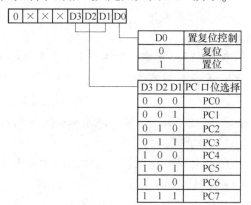

图 8-27 82C55 PC 口控制字的格式与定义

PC 口具有位操作功能,把一个置位/复位控制字送入 82C55 的控制字寄存器(控制口),就能把 PC 口的某一位置 1 或清零而不影响其他位的状态。例如,将 07H 写入控制字寄存器后,82C55 的 PC3 置 1;写入 0EH 时,PC7 复位为 0。

3. 82C55 的工作方式

82C55 有 3 种工作方式,即方式 0、方式 1、方式 2。

(1) 方式 0(基本输入/输出方式) PA 口、PB 口及 PC 口的高 4 位和低 4 位都可以被设定为输入或输出。作为输出口时,输出的数据被锁存;作为输入口时,输入的数据不锁存。方式 0 适用于 82C55 与外设之间不需要任何应答信号的无条件数据传输的情况,如读入键盘状态或控制发光二极管的亮灭等情况。

(2) 方式 1(选通输入/输出方式) 方式 1 是一种采用应答联络的输入/输出工作方式,PA 口、PB 口皆可设成这种工作方式。在这种方式下,PA、PB、PC 三个口将被分为两组:A 组包括 PA 口和 PC 口的高 4 位,PA 口可由编程设定为输入口或输出口,PC 口的高 4 位则用来作为输入/输出操作的控制和同步信号;B 组包括 PB 口和 PC 口的低 4 位,PB 口可通过编程设定为输入口或输出口,PC 口的低 4 位则用来作为输入/输出操作的控制和同步信号。

方式 1 适用于 82C55 与外设之间需要应答联络信号的有条件数据传输的情况,如 82C55 与打印机等设备进行数据传输时,需要知道每次送出的数据对方是否接收完等信息,这时与打印机连接的 82C55 的相应端口应采用该方式。

在方式 1 下,82C55 的 PA 口和 PB 口通常用于 I/O 数据的传送,PC 口用做 PA 口和 PB 口的应答联络信号线,以利用中断方式来传送 I/O 数据。PC 口的 PC7 ~ PC0 的应答联络线是规定好的,不作应答联络用的仍可以作 I/O 口。方式 1 时 PC 口的联络信号定义见表 8-18。

表 8-18　方式 1 时 PC 口的联络信号定义

PC 口位线	方式 1		PC 口位线	方式 1	
	输　入	输　出		输　入	输　出
PC7	—	$\overline{OBFA}$	PC3	INTRA	INTRA
PC6	—	$\overline{ACKA}$	PC2	$\overline{STBB}$	$\overline{ACKB}$
PC5	IBFA	—	PC1	IBFB	$\overline{OBFB}$
PC4	$\overline{STBA}$	—	PC0	INTRB	INTRB

以下介绍方式 1 输入/输出时的应答联络信号与工作原理。

1）方式 1 输入时的应答联络信号。方式 1 输入的应答联络信号见表 8-18，其中 $\overline{STB}$ 与 IBF 为一对应答联络信号。各应答联络信号的功能如下：

$\overline{STB}$：是由输入外设发给 82C55 的选通输入信号，低电平有效。表示外部设备正向 82C55 传送数据。

IBF：82C55 与外部设备连接端口的输入缓冲器满标志。IBF 为高电平表示 82C55 已经收到外设发来的数据，且已将该数据打入 82C55 的输入缓冲器，但 CPU 尚未读取。当 CPU 读取端口数据后，IBF 变为低电平，表示端口缓冲器数据为空。

INTE：虽然不在表 8-18 中，它是 82C55 端口内部的中断允许触发器，可由 PC4 或 PC2 置位或复位。只有当 INTE 为高电平时才允许端口中断请求。其中 INTEA，控制 PA 口是否允许中断的控制信号，由 PC4 的置位/复位来控制；INTEB 控制 PB 口是否允许中断的控制信号，由 PC2 的置位/复位来控制。

INTR：由 82C55 向 80C51 单片机发出的中断请求信号，高电平有效。当 $\overline{STB}$、IBF、INTE 都为 1 时，INTR 就置 1。$\overline{RD}$ 的下降沿使它复位为 0。

图 8-28 是 PA 口方式 1 的工作示意图，PA 口方式 1 的输入工作过程如下：

①当外部设备向 82C55 传送的数据到达 PA 口时，外部设备自动在 $\overline{STBA}$ 上向 82C55 发送一个低电平选通信号。

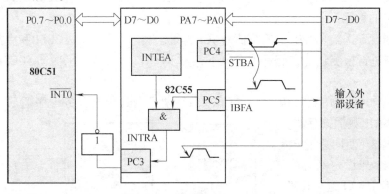

图 8-28　PA 口方式 1 输入工作图

②82C55 收到选通信号 $\overline{STBA}$ 后，首先把 PA 端口线上的数据存入 PA 口的输入数据缓冲/锁存器，然后使得输出应答信号 IBFA 变为高电平，以通知外部输入设备，82C55 的 PA 口已经收到它送来的输入数据。

③82C55 检测到$\overline{\text{STBA}}$由低电平变为高电平、IBFA 为 1 状态且中断允许 INTEA 为 1 时，使得 INTRA 变为高电平，从而向单片机发出中断请求。INTEA 的指令可由用户对 PC4 的置位/复位来控制。

④80C51 单片机响应中断后，进入中断服务子程序来读取与 PA 口连接的外部设备发来的输入数据。当输入数据被 80C51 单片机读走后，82C55 自动撤除 INTRA 上的中断请求，并使得 IBFA 变为低电平，以通知外部设备可以传送下一个输入数据。

2）方式 1 输出时的应答联络信号。$\overline{\text{OBF}}$与$\overline{\text{ACK}}$构成一对应答联络信号，表 8-18 中各应答联络信号的功能如下：

$\overline{\text{OBF}}$：82C55 端口输出缓冲器满信号，低电平有效。它是 82C55 发给外部设备的联络信号，表示 80C51 单片机已经将数据输出到 82C55 的指定端口，外部设备可以将数据取走。

$\overline{\text{ACK}}$：外部设备的应答信号，低电平有效。当外部设备把 82C55 端口的数据取走后，会发送低电平通知 82C55，并使得$\overline{\text{OBF}}$升为高电平。

INTE：82C55 端口内部的中断允许触发器（不在表 8-18 中）。INTE 为高电平时才允许端口发出中断请求。INTEA 是控制 PA 口是否允许中断的控制信号，由 PC6 的置位/复位来控制；INTEB 是控制 PB 口是否允许中断的控制信号，由 PC2 的置位/复位来控制。

INTR：中断请求信号输出线，高电平有效。INTR 为高电平表示该数据已经被外部设备取走，向 80C51 单片机发出中断请求，如果单片机响应中断，则在中断服务子程序中向 82C55 的端口写入下一个要输出的数据。

方式 1 的输出工作示意图如图 8-29 所示，下面以 PB 口的方式 1 输出为例，介绍方式 1 输出的工作过程。

①80C51 系列单片机对可编程 I/O 接口 82C55 的输出指令为"MOVX @DPTR，A"，该指令中 DPTR 的值为 PB 口的地址。该指令将累加器 A 中的数据送到 PB 口的输出数据锁存器，82C55 收到后令$\overline{\text{OBFB}}$（PC1）变为低电平，以通知输出设备 82C55 已经在 PB 口准备好发送数据。

②外部设备从 PB 口将数据取走，然后使$\overline{\text{ACKB}}$变为低电平，通知 82C55 外部设备已收到 82C55 输出的数据。

③从外部设备送给 82C55 的应答信号$\overline{\text{ACKB}}$收到低电平后，就对$\overline{\text{OBFB}}$和中断允许控制位 INTEB 的状态进行检测，若它们皆为高电平，则 INTRB 变为高电平而向 80C51 单片机请求中断。

④80C51 单片机响应 INTRB 上中断请求后，便可通过中断服务程序把下一个输出数据送到 PB 口的输出数据锁存器。

（3）**方式 2**（双向总线方式）

只有 PA 口才能设定为方式 2。在这种方式下 PA 口为 8 位双向总线口，PC 口的 PC3 ~ PC7 用来作为输入/输出的控制同步信号，详见表 8-19。应注意的是，只有 PA 口允许作为双向总线口使用，这时 PB 口和 PC0 ~ PC2 则可编程

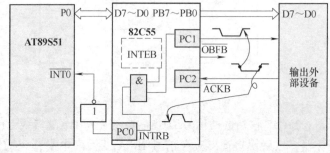

图 8-29　PB 口方式 1 输出工作图

为方式 0 或方式 1 工作。

方式 2 是方式 1 输入和方式 1 输出的结合。82C55 的 PA 口工作在方式 2 并作为输入端口使用时，PA7 ~ PA0 受 $\overline{\text{STBA}}$ 和 IBFA 控制，其工作过程和方式 1 输入时相同；当作为输出口使用时，PA7 ~ PA0 受 $\overline{\text{OBFA}}$、$\overline{\text{ACKA}}$ 控制，其工作过程和方式 1 输出时相同。

表 8-19　PA 口工作在方式 2 时 PC 口的联络信号定义

PC 口位线	方式 2		PC 口位线	方式 2	
	输　入	输　出		输　入	输　出
PC7	—	$\overline{\text{OBFA}}$	PC3	INTRA	INTRA
PC6	—	$\overline{\text{ACKA}}$	PC2	—	—
PC5	IBFA	—	PC1	—	—
PC4	$\overline{\text{STBA}}$	—	PC0	—	—

4. 80C51 单片机与 82C55 的接口

80C51 单片机与 82C55 的接口比较简单，如图 8-30 所示，82C55 的片选信号 $\overline{\text{CS}}$ 与 P2.7 相连接，A0、A1 与 80C51 系列单片机的 P0.0、P0.1 经地址锁存后的输出端相连接。当其他未用到的 13 条地址线全部取 1 时，82C55 的 PA、PB、PC 口及控制口地址分别为 7FFCH、7FFDH、7FFEH、7FFFH。82C55 的 D0 ~ D7 分别与 80C51 单片机的 P0.0 ~ P0.7 相连。82C55 的复位端与 80C51 单片机的复位端相连，都接到 80C51 单片机的复位电路上。另外 80C51 单片机的 $\overline{\text{RD}}$、$\overline{\text{WR}}$ 与 82C55 的 $\overline{\text{RD}}$、$\overline{\text{WR}}$ 一一对应相连。

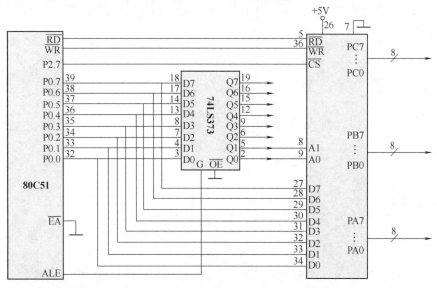

图 8-30　80C51 与 82C55 的接口电路

5. 82C55 扩展综合应用

【例 8-9】　图 8-31 是用 82C55 扩展连接键盘和数码显示的部分电路，试回答下列问题：

1）试写出 82C55 的 PA、PB、PC 口及控制寄存器的地址；

2）设置 82C55 的控制字寄存器，并初始化 82C55（88H）。

解：1）由于 82C55 芯片的片选信号直接连接地信号，因此其 PA、PB、PC 口及控制字寄存器的地址只由与 82C55 的 A0、A1 相连接的单片机地址确定。由图 8-31 可知，单片机 P0 口的低两位地址通过锁存器输出端与 82C55 的 A0、A1 地址线相连接。因此当其他未用的地址线都取高电平时，PA、PB、PC 口及控制寄存器的地址分别为 FFFCH、FFFDH、FFFEH、FFFFH。

2）因为图 8-31 中数码管显示和键盘输入都不需要联络信号，因此选择 PA、PB、PC 口都工作在方式 0；PA 口需要输出字段码，因此 PA 口应设置为输出口，PB 口连接的是键盘的列，一般需要进行列扫描也应该设置为输出口，PC 口连接的是键盘的行，应该设置成输入口。因此控制字寄存器的内容为 81H。初始化程序如下：

```
MOV    DPTR,   #FFFFH
MOV    A,      #81H
MOVX   @DPTR,  A
```

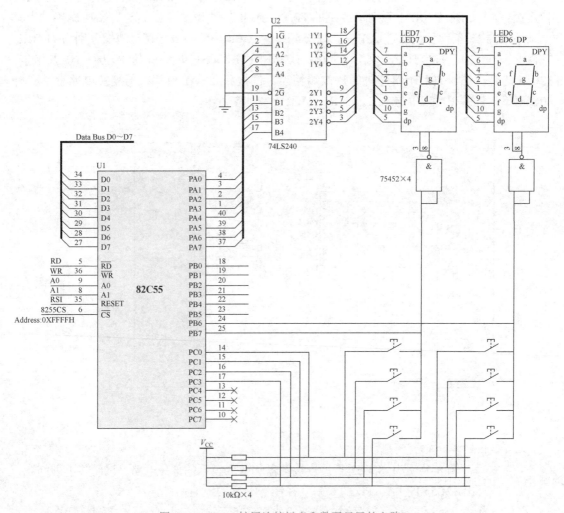

图 8-31 82C55 扩展连接键盘和数码显示的电路

思考题

【8-1】　在存储器扩展中，无论是线选法还是译码法最终都是为扩展芯片的片选端提供（　　）控制信号。

【8-2】　起止范围为 0000H ~ 7FFFH 的存储器的容量是（　　）KB。

【8-3】　在 80C51 单片机中，PC 和 DPTR 都用于提供地址，但 PC 是为访问（　　）存储器提供地址，而 DPTR 是为访问（　　）存储器提供地址。

【8-4】　12 条地址线可选（　　）个存储单元，16KB 存储单元需要（　　）条地址线。4KB RAM 存储器的首地址若为 0000H，则末地址为（　　）H。

【8-5】　为什么单片机系统在外部扩展 ROM 和 RAM 时，即使地址相同也不会造成总线冲突？

【8-6】　为什么 80C51 单片机存储器扩展必须用锁存器？

【8-7】　哪些指令能访问单片机外部数据存储器？执行这些指令时，会产生什么信号？这些信号与单片机访问外部程序存储器时产生的信号有什么不同？

【8-8】　试画出 80C51 单片机扩展 1 片 27128 程序存储器时的接线图，并写出 27128 的地址范围。

【8-9】　试画出 80C51 单片机扩展 4 片 27128 程序存储器时的接线图，并写出 4 片 27128 的地址范围。

【8-10】　试画出 80C51 单片机与 3 片 SRAM6264 的连接图，写出它们各自的地址码范围。

【8-11】　并行简单 I/O 口扩展的方法是？

【8-12】　并行简单 I/O 口扩展数据传送指令与读写外部 RAM 相同吗？

【8-13】　试简述可编程并行接口芯片 81C55 和 82C55 工作在基本输入/输出和选通输入/输出的差别。

第 9 章　单片机的接口技术

【学习纲要】
　　键盘、显示器等外部接口是单片机进行人机交互的重要手段。温度、湿度、压力等模拟量控制在日常生活中应用广泛，因此学好模-数（A/D）和数-模（D/A）转换技术具有实用价值。

　　学习本章时要求熟练掌握独立式按键、矩阵式按键与单片机的连接方法，理解键扫描的概念和方法，特别要掌握键码识别原理。掌握数码管显示字符的原理；掌握动态显示和静态显示的区别。熟练掌握 ADC0809 和 DAC0832 的引脚功能与单片机的接口方法以及应用实例。

9.1　单片机键盘接口技术

　　键盘分为编码键盘和非编码键盘。键盘上闭合键的识别由专用的硬件编码器实现，并产生键编码号或键值的称为编码键盘，如计算机键盘。靠软件编程来识别的键盘称为非编码键盘。在单片机组成的各种系统中，用得较多的是非编码键盘。非编码键盘又分为独立键盘和行列式（又称矩阵式）键盘。

9.1.1　单片机的键扫描方式

　　无论是独立式按键还是矩阵式按键，都存在选择键扫频率的问题。单片机在忙于其他各项工作任务时，如要兼顾键盘的输入，就涉及了键盘扫描工作的方式的选择问题。工作方式选取原则是：既要保证及时响应按键操作，又不过多占用单片机工作时间。键盘扫描工作方式有 3 种，即查询扫描、定时扫描和中断扫描。查询扫描是利用单片机空闲时调用键盘扫描子程序，反复扫描键盘。如果查询频率过高，单片机虽能及时响应键盘的输入，但也会影响其他任务的进行；查询的频率过低，则可能会对键盘的输入漏判。所以要根据单片机系统的繁忙程度和键盘的操作频率，来调整键盘扫描的频率，每隔一定的时间对键盘扫描一次。在这种方式中，通常利用单片机内的定时器产生的定时中断，进入中断子程序来对键盘进行扫描，在有键按下时识别出该键，并执行相应键的功能程序。为了不漏判有效的按键，定时中断的周期一般应小于 100ms。中断扫描方式是利用外部中断 0 和外部中断 1 的输入引脚触发键扫描程序，如图 9-1 所示。

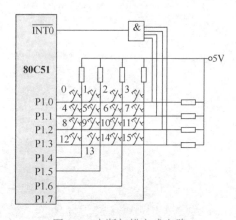

图 9-1　中断扫描方式电路

9.1.2　独立键盘

单片机系统中广泛使用机械式非编码键盘，通过键盘向单片机输入数字、字符等代码，是最常用的输入手段。图 9-2a 是弹性按键实物，图 9-2b 是自锁按键实物，图 9-2c 是 4 个按键引脚的电气关系。

a) 弹性按键实物　　　　　　b) 自锁按键实物　　　　c) 按键引脚的电气关系

图 9-2　按键实物及引脚电气关系图

弹性按键被按下时闭合，松手后自动断开。自锁式按键按下时闭合且会自动锁住，只有再次按下时才弹起断开。通常把自锁式按键当做开关使用，比如单片机系统中的电源开关就使用自锁按键。单片机的外围输入控制用弹性按键较好。

1. 独立按键与单片机的连接电路

独立式按键特点是：一键一线，各键相互独立，每个键各接一条 I/O 接口线，通过检测 I/O 输入线的电平状态，可容易地判断哪个按键被按下。独立式按键的连接方法非常简单，如图 9-3 所示，右侧 I/O 端与单片机的任一 I/O 接口相连即可。

2. 独立式按键的识别

（1）**测试是否有键被按下**　如图 9-3 所示，单片机检测按键的原理是：单片机的 I/O 接口既可作为输出也可作为输入使用，当检测按键时用的是它的输入功能，把按键的一端接地，另一端与单片机的某个 I/O 接口相连，开始时先给该 I/O 接口赋一高电平，然后让单片机不断地检测该 I/O 接口是否变为低电平，当按键闭合时，即相当于该 I/O 接口通过按键与地相连，变成低电平。程序一旦检测到 I/O 接口变为低电平则说明有按键被按下。

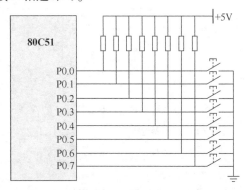

图 9-3　独立式按键与单片机的连接

（2）**去抖动**　键是一种开关结构，由于机械触点的弹性及电压突跳等原因，在闭合及断开的瞬间，行线上会出现电压抖动。按键在被按下时，其触点电压变化过程如图 9-4 所示。

按键按下时电压的理想波形如图 9-4a 的波形，按键按下的实际波形如图 9-4b 的波形。

理想波形与实际波形之间是有区别的，实际波形在按下和释放的瞬间都有抖动现象，抖动时间的长短和按键的机械特性有关，一般为 5～10ms。通常手动按下键然后立即释放，这个动作中稳定闭合的时间超过 20ms。因此单片机在检测键盘是否按下时都要加上去抖动操作软件或专用的去抖动电路及去抖动芯片。但通常用软件延时（一般延时 10～20ms 左右）的方法就能很容易解决抖动问题，而很少采用添加去抖硬件电路的方法。

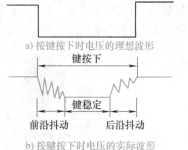

a) 按键按下时电压的理想波形

b) 按键按下时电压的实际波形

图 9-4　按键按下时电压变化

(3) **键扫描以确定被按键的物理位置**　如图 9-3 所示，要想知道被按下的是哪个键，单片机只需要读入 P0 口的数值，如执行指令"MOV　A, P0"，然后执行测试条件转移指令如"JB　ACC.＊(0～7), rel"，即可根据累加器 A 中的值判断连接 P0 口的键盘哪一位被按下。

(4) **等待键释放**　确定键的物理位置后，再以延时的方法判定键释放。键释放之后，就可以根据得到的键码转去执行相应的键处理子程序，进行数据的输入或命令的处理。

3. 独立式键盘的识别程序

下面是识别某一键是否按下的子程序：

```
KEYIN:  MOV    P1,    0FFH          ; P1 口写入 1, 设置 P1 口为输入状态
        MOV    A,     P1            ; 读入 8 个按键的状态
        CJNE   A,     #0FFH, QUDOU  ; 有键按下, 跳去抖动
        LJMP   RETURN               ; 无键按下, 返回
QUDOU:  MOV    R3,    A             ; 8 个按键的状态送 R3 保存
        LCALL  DELAY10              ; 调用延时子程序, 软件去键抖动
        MOV    A,     P1            ; 再一次读入 8 个按键的状态
        CJNE   A,     R3, RETURN    ; 两次键值比较, 不同, 则是抖动引起,
                                    ; 转 RETURN
KEY0:   MOV    C,     P1.0          ; 有键按下, 读 P1.0 的按键状态
        JC     KEY1                 ; P1.0 为高, 该键未按下, 跳 KEY1,
                                    ; 判下一个键
        LJMP   PKEY0                ; P1.0 的键按下, 跳 PKEY0 功能程序
KEY1:   MOV    C,     P1.1          ; 读 P1.1 的按键状态
        JC     KEY2                 ; P1.1 为高, 该键未按下, 跳 KEY2,
                                    ; 判下一个键
        LJMP   PKEY1                ; P1.1 的键按下, 跳 PKEY1 功能程序
KEY2:   MOV    C,     P1.2          ; 读 P1.2 的按键状态
        JC     KEY3                 ; P1.2 为高, 该键未按下, 跳 KEY3,
                                    ; 判下一个键
        LJMP   PKEY2                ; P1.2 的键按下, 跳 PKEY2 功能程序
KEY3:   MOV    C,     P1.3          ; 读 P1.3 的按键状态
        ……
```

```
KEY7：    MOV     C,      P1.7          ；读 P1.7 的按键状态
          JC      RETURN                ；P1.7 为高，该键未按下，跳 RETURN 处
          LJMP    PKEY7                 ；P1.7 的键按下，跳 PKEY7 功能程序
RETURN：  RET                           ；子程序返回
```

说明：子程序 PKEY0、PKEY1、PKEY2、……PKEY7 为按键 0 ~ 7 的键盘功能程序，由于篇幅限制此处省略。

9.1.3　矩阵式键盘

独立键盘与单片机连接时，每一个按键都需要单片机的一个 I/O 接口，若某单片机系统需较多按键，如果用独立按键便会占用过多的 I/O 接口资源。单片机系统中 I/O 接口资源往往比较宝贵，当用到多个按键时，为了节省 I/O 接口线，常引入矩阵式键盘。矩阵式键盘通常是由若干个键按行列排成矩阵而组成的（见图 9-5），在行列的交点处对应有一个键。

研究键盘接口技术的主要内容就是如何确定被按键的行列位置，并据此产生键码，CPU 根据键码产生相应的键功能程序。

1. 矩阵式键盘与单片机的连接

如图 9-5a 所示，以 4×4 矩阵键盘为例讲解其工作原理和检测方法。将 16 个按键排成 4 行 4 列，第一行将每个按键的一端连接在一起构成行线，第一列将每个按键的另一端连接在一起构成列线，这样便一共有 4 行 4 列共 8 根线，将这 8 根线连接到单片机的 8 个 I/O 接口上，通过程序扫描键盘就可检测 16 个键。用这种方法也可实现 3 行 3 列 9 个键、5 行 5 列 25 个键、6 行 6 列 36 个键等。图 9-5b 是矩阵式键盘单个按键的电气图。

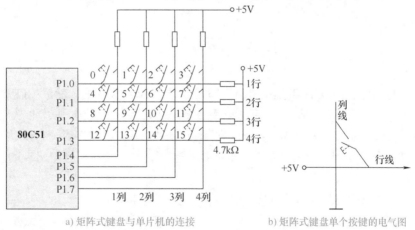

a) 矩阵式键盘与单片机的连接　　　　　　b) 矩阵式键盘单个按键的电气图

图 9-5　矩阵式键盘与单片机的连接及单个按键的电气图

2. 矩阵式按键的识别

（1）测试是否有键被按下　单片机检测矩阵式键盘是否有键被按下的依据与独立式键盘一样，也是检测与该键对应的 I/O 接口是否为低电平。独立键盘有一端固定为低电平，单片机写程序检测时比较方便。而矩阵键盘两端都与单片机 I/O 接口相连，因此在检测时需人为通过单片机 I/O 接口送出低电平。

如图 9-5b 所示，键盘的行线一端经电阻接 +5V 电源，另一端接单片机系统的输入口；

各列线一端接输出口，另一端接 +5V 电源。为判断有没有键被按下，可先经输出口向所有列线输出低电平，然后再经输入口输入各行线状态。若各行线状态皆为高电平，则表明无键被按下；若各行线状态中有低电平出现，则表明有键被按下。

（2）**去抖动** 矩阵式键盘也需要去抖动操作，在单片机系统中多采用软件方法，延迟时间大约为 10ms。

（3）**键扫描以确定被按键的物理位置**

1）列扫描。要想确定被按键的物理位置，先使一列为低电平，其余几列全为高电平，然后立即检测各行是否有低电平，若检测到某一行为低电平，便可确认当前被按下的键是哪一行哪一列的。用同样的方法轮流使各列依次为低电平，并检测相应各行是否变为低电平，这样即可检测完所有的按键，当有键被按下时便可判断出按下的键是哪一个键。当然，也可以将行线置低电平，扫描列是否有低电平。这就是矩阵键盘检测的原理和方法，通常被称为列扫描。

图 9-6 是图 9-5 的键盘部分，下面用它来说明列扫描的方法。假定键盘中有 A 键被按下，这时键盘矩阵中 A 点处的行线和列线相通。

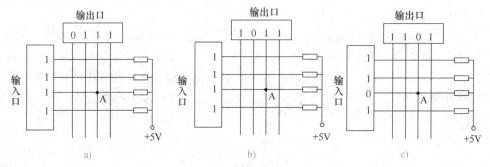

图 9-6　键扫描过程

键扫描的过程是：先从端口输出 FEH，即是左端列线为低电平，然后 CPU 读取行线状态，判断行线状态中是否有低电平者（见图 9-6a）。如果没有低电平，再从输出口输出 FDH，再判断行线状态（见图 9-6b）。依次向下，当输出口输出 FBH 时，行线状态中有一条为低电平，则闭合键找到（见图 9-6c）。如此继续进行下去，以发现可能出现的多键同时被按下的现象。

图 9-5 所示电路的列扫描程序如下：

```
SMKEY: MOV    P1,   #0FH        ;置 P1 口高 4 位为"0"，低 4 位为输入状态
       MOV    A,    P1          ;读 P1 口
       ANL    A,    #0FH        ;屏蔽高 4 位
       CJNE   A,    #0FH, HKEY  ;有键按下，转 HKEY
       SJMP   SMKEY             ;无键按下转回
HKEY:  LCALL  DELAY10           ;延时 10ms，去抖
       MOV    A,    P1
       ANL    A,    #0FH
```

```
            CJNE    A,      #0FH，WKEY       ;确认有键按下，转判哪一键按下
            SJMP    SMKEY                   ;是抖动转回
    WKEY：  MOV     P1,     #1110 1111B     ;置扫描码，检测 P1.4 列
            MOV     A,      P1
            ANL     A,      #0FH
            CJNE    A,      #0FH，PKEY       ;P1.4 列（Y0）有键按下，转键处理
            MOV     P1,     #1101 1111B     ;置扫描码，检测 P1.5 列
            MOV     A,      P1
            ANL     A,      #0FH
            CJNE    A,      #0FH，PKEY       ;P1.5 列（Y1）有键按下，转键处理
            MOV     P1,     #1011 1111B     ;置扫描码，检测 P1.6 列
            MOV     A,      P1
            ANL     A,      #0FH
            CJNE    A,      #0FH，PKEY       ;P1.6 列（Y2）有键按下，转键处理
            MOV     P1,     #0111 1111B     ;置扫描，检测 P1.7 列
            MOV     A,      P1
            ANL     A,      #0FH
            CJNE    A,      #0FH，PKEY       ;P1.7 列（Y3）有键按下，转键处理
            LJMP    SMKEY
    PKEY：  … …                             ;键处理
```

2）反转法。扫描法要逐列扫描查询，有时则要多次扫描。而反转法则很简练，无论被按键是处于第一列或最后一列，均只需经过两步便能获得此按键所在的行列值，下面以图 9-5a 所示的矩阵式键盘为例，介绍反转法的具体步骤。首先将行线编程为输入线，列线编程为输出线，并使输出线输出全为低电平，则行线中电平由高变低的所在行为按键所在行。再将行线编程为输出线，列线编程为输入线，并使输出线输出全为低电平，则列线中电平由高变低所在列为按键所在列。两步即可确定按键所在的行和列，从而识别出所按的键。

反转法程序如下：

```
    SMKEY：MOV     P1,     #0FH            ;置 P1 口高 4 位"0"、低 4 位输入状态
            MOV     A,      P1              ;读 P1 口
            ANL     A,      #0FH            ;屏蔽高 4 位
            CJNE    A,      #0FH，HKEY       ;有键按下，转 HKEY
            SJMP    SMKEY                   ;无键按下转回
    HKEY：  LCALL   DELAY10                 ;延时 10ms，去抖
            MOV     A,      P1
            ANL     A,      #0FH
            MOV     B,      A               ;行线状态在 B 的低 4 位
            CJNE    A,      #0FH，WKEY       ;有键按下，判哪一键按下
            SJMP    SMKEY                   ;是抖动转回
    WKEY：  MOV     P1,     #0F0H           ;置 P1 高 4 位为输入、低 4 位为"0"
```

```
MOV     A,    P1
ANL     A,    #0F0H       ;屏蔽低 4 位
ORL     A,    B           ;列线高 4 位,与行线合成于 B
……                       ;键处理
```

（4）**计算键码** 根据输出低电平的列线号和变为低电平的行线值,可以求得闭合键的键码。键码实际上就是键在矩阵中按从左向右、从上向下的序号。按这种规律,图 9-7 所示键盘 32 个键的键码为 00H ~ 1FH。

00H	01H	02H	… 06H	07H
08H	09H	0AH	… 0EH	0FH
10H	11H	12H	… 16H	17H
18H	19H	1AH	… 1EH	1FH

图 9-7　4 × 8 键盘键码

键码的计算公式为

键码 = 行首键码 + 列值

图 9-7 的行首键码为：00H、08H、10H、18H；列值为 0 ~ 7。

（5）**等待键释放** 计算键码之后,再以延时和扫描的方法等待和判定键释放。键释放之后,就可以根据得到的键码转相应的键处理子程序,进行数据的输入或命令的处理。

3. 矩阵式键盘举例

以下用一个典型的 4 行 ×8 列矩阵式键盘为例,说明实际的键盘接口的程序设计方法。

【例 9-1】 键盘的接口电路如图 9-8 所示,其接口芯片为 81C55。其中 PA 口为输出口,接键盘列线。PC 口为输入口,以 PC3 ~ PC0 接键盘的 4 条行线。此外,已知 PA 口的地址为 0101H,PC 口的地址为 0103H。试编制 81C55 的键扫描和读键码程序。

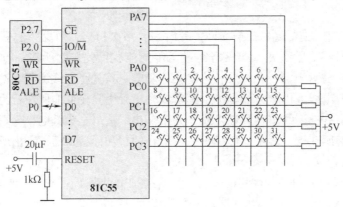

图 9-8　典型的键盘接口电路

在键盘程序中共调用两个子程序,它们分别是：

1）DELAY 延时子程序（程序略）。该程序的执行时间约为 6ms。

2）KS1 判断子程序,用于判断键盘上是否有键闭合。KS1 的程序如下：

```
KS1:  MOV     DPTR,  #0101H       ;设定 PA 口地址
      MOV     A,     #00H
      MOVX    @DPTR, A            ;PA 口向列线输出 00H
      INC     DPTR               ;设定 PC 口地址
      INC     DPTR
```

```
            MOVX    A,      @DPTR       ; PC 口输入行线状态
            CPL     A                   ; 行线状态取反
            ANL     A,      0FH         ; 屏蔽 A 的高半字节
            RET                         ; 返回
```

3）键盘扫描程序

```
KEY:    ACALL   KS1                     ; 调用子程序，检查有键闭合否
        JNZ     LK1                     ; A 非 0 则有键按下，转移到消抖处理程序
        ACALL   DELAY                   ; 执行一次延时程序（延时 6ms）
        AJMP    KEY
LK1:    ACALL   DELAY                   ; 有键闭合，延时 12ms 以去抖动
        ACALL   DELAY
        ACALL   KS1                     ; 再检查有键闭合否
        JNZ     LK2                     ; 若有键闭合，则转 LK2
        ACALL   DELAY                   ; 若无键闭合，则说明是干扰信号，不处
                                          理
        AJMP    KEY                     ; 延时 6ms 后转 KEY 继续等待键入
LK2:    MOV     R2,     FEH             ; 扫描初值送 R2
        MOV     R4,     #00H            ; 列号初值送 R4
LK4:    MOV     DPTR,   #0101H          ; 建立 PA 口地址
        MOV     A,      R2
        MOVX    @DPTR,  A               ; 扫描初值送 PA 口
        INC     DPTR
        INC     DPTR                    ; 指向 PC 口
        MOVX    A,      @DPTR           ; 输入行状态
        JB      ACC.0,  LONE            ; ACC.0 = 1，第 0 行无键闭合，转 LONE
        MOV     A,      #00H            ; 第 0 行行值
        AJMP    LKP
LONE:   JB      ACC.1,  LTWO            ; ACC.1 = 1，第 1 行无键闭合，转 LTWO
        MOV     A,      #08H            ; 第 1 行行值
        AJMP    LKP
LTWO:   JB      ACC.2,  LTHR            ; ACC.2 = 1，第 2 行无键闭合，转 LTHR
        MOV     A,      #10H            ; 第 2 行行值
        AJMP    LKP
LTHR:   JB      ACC.3,  NEXT            ; ACC.3 = 1，第 3 行无键闭合，转 NEXT
        MOV     A,      #18H            ; 第 3 行行值
LKP:    ADD     A,      R4              ; 计算键码
        PUSH    ACC                     ; 保存键码
LK3:    ACALL   DELAY                   ; 延时 6ms
        ACALL   KS1                     ; 判断键是否继续闭合，若闭合再延时
```

```
          JNZ      LK3
          POP      ACC                      ; 若键起，则键码送 A
          RET
NEXT：    INC      R4                       ; 列号加 1
          MOV      A，      R2
          JNB      ACC.7，  KND              ; 第 7 位为 0，已扫描到最高列，转 KND
          RL       A                        ; 循环右移 1 位
          MOVE     R2，     A
          AJMP     LK4                      ; 进行下一列扫描
KND：     AJMP     KEY                      ; 扫描完毕，开始新的一轮
```

键盘扫描程序的运行结果是：把被按键的键码放在累加器 A 中，然后再根据键码进行下一步的处理。

9.2 数码显示器接口电路

9.2.1 数码管显示原理

图 9-9a 为单位数码管，图 9-9b 为双位数码管，图 9-9c 为 4 位数码管。

a) 单位数码管　　　　b) 为双位数码管　　　　c) 为4位数码管

图 9-9　数码管实物

不管将几位数码管连在一起，数码管的显示原理都是一样的，都是靠点亮内部的发光二极管来发光。数码管的引脚排列及内部电路如图 9-10 所示，一位数码管的引脚是 10 个，显示一个 "8" 字需要 7 个小段，另外还有一个小数点 "."，所以其内部一共有 8 个小的发光二极管，最后还有一个公共端。生产商为了封装统一，单个数码管都封装 10 个引脚，其中第 3 和第 8 引脚是连接在一起的。而它们的公共端又可分为共阳极和共阴极。图 9-10b 为共阴极数码管的内部电路，图 9-10c 为共阳极数码管的内部电路。

对共阴极数码管来说，其 8 个发光二极管的阴极在数码管内部全部连接在一起，所以称 "共阴"，而它们的阳极是独立的，通常在设计电路时把阴极接地。当我们给数码管的任一个阳极加一个高电平时，对应的这个发光二极管就点亮了。如果想要显示出一个 "8" 字，并且把右下角的小数点也点亮的话，可以给 8 个阳极全部送高电平，如果想让它显示出一个 "0" 字，那么可以除了给第 g、dp 这两位送低电平外，其余引脚全部都送高电平，这样它就显示出 "0" 字了。想让它显示数字几，就给相对应的发光二极管送高电平，因此在显示数字的时候首先做的就是给 0~9 这 10 个数字编码，这个编码称为字段码或字形码，常简称

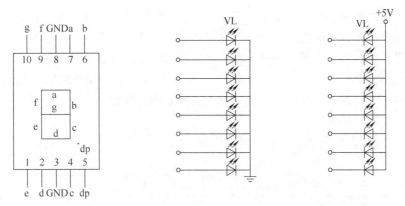

a) 数码管的引脚排列　　　　b) 共阴极数码管的内部电路　　　c) 共阳极数码管的内部电路

图 9-10　数码管的引脚排列及内部电路

为段码。需要显示数字的时侯，直接把这个数字的字段码送到它的阳极就行了。

共阳极数码管其内部 8 个发光二极管的所有阳极全部连接在一起，电路连接时，公共端接高电平，因此要点亮某个发光二极管，只需给其阴极送低电平。共阴极数码管显示数字的编码与共阳极编码是相反的关系，数码管内部发光二极管点亮时，也需要 5mA 以上的电流，但电流也不可过大，否则会烧毁发光二极管。由于单片机的 I/O 接口送不出如此大的电流，所以数码管与单片机连接时需要加驱动电路。

图 9-9b 和图 9-9c 还显示了二位一体、四位一体的数码管。当多位一体时，它们内部的公共端是独立的，而负责显示什么数字的段线全部是连接在一起的，独立的公共端可以控制多位体中的哪一位数码管点亮，而连接在一起的段线可以控制某位数码管点亮什么数字。通常把公共端叫做"位选线"，连接在一起的段线叫做"段选线"，有了这两个线后，通过单片机及外部驱动电路就可以控制任意的数码管显示任意的数字了。

一般单个数码管有 10 个引脚；2 位数码管也是 10 个引脚，8 位段选引脚，2 位位选引脚；4 位数码管是 12 个引脚，8 位段选引脚，4 位位选引脚。具体的引脚及段、位标号可以通过查询相关资料获得，最简单的办法就是用数字万用表测量。

知识点：如何用万用表检测数码管的引脚排列？

对数字万用表来说，红表笔连接表内部电池正极，黑表笔连接表内部电池负极。当把数字万用表置于二极管挡时，其两表笔间的开路电压约为 1.5V，用两表笔正确接触发光二极管两端时，可以点亮发光二极管。如图 9-11 所示，将数字万用表置于二极管挡，红表笔接在①脚，然后用黑表笔去接触其他各引脚，假设只有当接触到⑨脚时，数码管的 a 段发光，而接触其余引脚时则不发光。由此可知，被测数码管为共阴极结构类型，⑨脚是公共阴极，①脚则是数码管的 a 段。接下来再检测各段引脚，仍使用数字万用表二

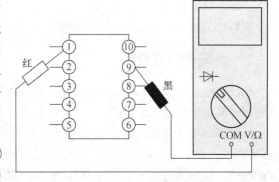

图 9-11　用万用表测量数码管的引脚

极管挡，将黑表笔固定接在⑨脚，用红表笔依次接触②，③、④、⑤、⑥、⑦、⑧、⑩引脚时，数码管的其他段先后分别发光，据此便可绘出该数码管的内部结构和引脚排列图。检测中，若被测数码管为共阳极类型，则需将红、黑表笔对调才能测出上述结果。

使用 LED 显示器时，为了显示数字和符号，要为 LED 显示器提供代码，代码通过各段的亮与灭来显示字符，控制发光二极管的 8 位二进制数称为段选码，通常各段位与数据位的对应关系见表 9-1。

表 9-1   各段位与数据位的对应关系

段码位	D7	D6	D5	D4	D3	D2	D1	D0
显示位	dp	g	f	e	d	c	b	a

共阴极和共阳极的段选码互为反码，常用的字符及段选码见表 9-2。

表 9-2   8 段数码管的常用字符及段选码

显示字符	共阴极段选码	共阳极段选码	显示字符	共阴极段选码	共阳极段选码
0	3FH	C0H	D	5EH	A1H
1	06H	F9H	E	79H	86H
2	5BH	A4H	F	71H	84H
3	4FH	B0H	P	73H	82H
4	66H	99H	U	3EH	C1H
5	6DH	92H	H	76H	89H
6	7DH	82H	L	38H	C7H
7	07H	F8H	n	54H	ABH
8	7FH	80H	r	31H	CEH
9	6FH	90H	y	6EH	91H
A	77H	88H	.	80H	7FH
B	7CH	83H	8.	FFH	00H
C	39H	C6H	"灭"	00H	FFH

注意：字符的段选码是相对的，由各字段在字节中所处的位置决定。例如 8 段 LED 的段码是按格式 "."、g、f、e、d、c、b、a（由高到低）形成的，0 的段码为 3FH（共阴）。反之，如果格式按照 "."、a、b、c、d、e、f、g 形成，则 "0" 的段码为 7EH（共阴）。因此上述对应关系并不是绝对的，可根据实际情形，自行设定，灵活选用。

9.2.2   数码管动态显示

在使用时，由于 LED 显示器的工作电流通常为 5～15mA，工作电压为 1.5～2.5V，因此使用时需加驱动及限流电阻。

LED 显示器工作在静态显示方式下，共阴极或共阳极连接在一起接地或 +5V，每位的段选线（a～dp）与一个 8 位并行接口相连。如图 9-12 所示，该图表示了一个 4 位静态 LED 显示电路。该电路的每一位可独立显示，只要在该位的段选线上保持段选码电平，该位就能保持相应的显示字符。

静态显示方式中，由于每一位由一个 8 位输出口控制段选码，故在同一时间里每一位显示的字符可以各不相同。静态显示的优点明显，一旦刷新之后就能够保持，直至下一次数据到来，并不需要反复刷新，节省 CPU 运行时的资源。同时其缺点显而易见，N 位静态显示器要求有 N ×8 根 I/O 接口线，占用 I/O 资源较多，所有的 LED 位一直同时发光，功耗较大，故在位数较多时往往采用动态显示方式。

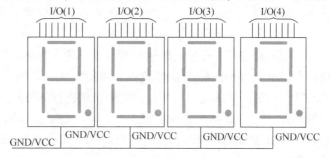

图 9-12　4 位静态 LED 显示电路

在多位 LED 显示时，为了节约 I/O 接口，简化电路，降低成本，将所有位的段选线并联在一起，由一个 8 位的 I/O 控制，而共阴极点或共阳极点分别由相应的 I/O 接口线控制。图 9-13 就是一个 8 位 LED 动态显示电路。

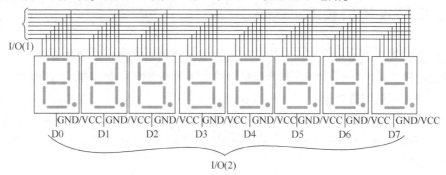

图 9-13　8 位 LED 动态显示电路

从图中可以看到，8 位数码管只占用 2 个 8 位的 I/O 口线即可，其中一个接口控制段选码，另一个接口选择显示位。由于所有位的段选码都由一个 I/O 接口控制，因此，在每个瞬间，8 位 LED 都显示相同的字符。一般情况下，我们需要的是 8 个数码管显示 8 个不同的字符，这该如何实现呢？众所周知电影是利用人眼的视觉暂留效应，只要每秒播放 24 帧图片，人眼就会感觉到电影是连续的，我们也利用人眼的视觉暂留效应实现动态显示。

下面举例说明动态显示的方法，假设图 9-13 是 8 个共阴极数码管，要求在其上显示奥运会开幕式日期 20080808。动态显示的方法是首先将 2 的共阳极段码 5B 送到 I/O（1）接口，这样 8 个数码管都有可能显示数字 2，但是我们只给左面第一个数码管的公共端有效的低电平，这样只有从左数第一个数码管显示数字 2，其他数码管不显示，由于单片机执行指令的速度非常快，因此需要延时一段时间人眼才能看到，否则人眼会觉察不到；紧接着我们把 0 的共阴极段码 3F 送到 I/O（1）接口，但只给左面第二个数码管的公共端低电平，这样只有该数码管能够显示数字 0，同样送显后仍然需要延时一段时间；依此类推，再接着送第 3 个数字 0、第四个数字 8、第五个数字 0、第六个数字 8、第七个数字 0、第八个数字 8 对应的段码到 I/O（1）接口，并依次使第 3 到 8 个数码管的公共端获得有效低电平，每次送显一个数字后都需要延时一段时间。这样任何一个时间只有一个数码管在显示，但只要选择的延时时间合适，人眼看到的效果就是 8 个数字在同时显示。这就是动态扫描方式，即在每一瞬间只使某一位显示相应字符，在此瞬间，段选控制 I/O 接口输出相应字符段选码，位选控制 I/O 接口在该显示位送入选通电平（共阴极送低电平、共阳极送高电平）以保证该位显示相应字符。如此轮流，就能使每位显示该位应显示字符，并保持延时一段时间，以造成视觉暂留效果，获得视觉稳定的显示状态。

实际经验表明，按照人的视觉暂停效应和人眼对闪烁物体的敏感性，如果需要良好的视觉效果，至少需要刷新 30～40 次/s，否则，从视觉上，该显示器会出现闪烁或者亮度不够的问题，这是在实际设计中需要注意的。动态显示方式用的器件较少，电路较为简单，每一时刻只有一位 LED 发光，功耗较少。但由于需要反复刷新，占用 CPU 资源，也可以借助于专用的 LED 驱动电路来承担此工作。因此，当显示的 LED 个数较少时，通常采用动态驱动显示方式。

实际生活中车站等公共场所的大型七段码电子钟，由于其驱动电流较大，所需的电子器件昂贵但是其显示只有年、月、日、时、分等少量数据，就通常采用动态显示以节约成本。

9.3 A/D 转换接口技术

在单片机的实时控制和智能仪表等应用系统中，被控制或测量对象的有关参量往往是一些连续变化的模拟量，如温度、压力、流量、速度等物理量。这些模拟量必须转换成数字量后才能输入到计算机进行处理。

模拟量转换成数字量的过程称为量化，也称为 A/D 转换，实现 A/D 转换的设备称为 A/D 转换器（ADC）。A/D 转换器种类很多，按转换原理可以分成逐次逼近式、双积分式、并行式及计数器式。

衡量 A/D 转换器性能的主要参数如下。

(1) **分辨率** 分辨率即输出的数字量变化一个相邻的值所对应的输入模拟量的变化值。

A/D 转换器的分辨率是指输出的单位数字量变化对应的输入模拟量的变化。通常定义为满刻度值与 2^n 之比（n 为 A/D 转换器的二进制位数）。显然二进制位数越多，分辨率越高，A/D 转换器对输入量变化的敏感程度越高。

例如，若满量程为 10V，根据分辨率定义则分辨率为 $10V/2^n$。设 8 位 A/D 转换，即 $n=8$，分辨率为 $10V/2^n = 39.1mV$，即二进制数最低位的变化可引起输入的模拟电压变化 39.1mV，该值占满量程的 0.391%，常用符号 1LSB 表示。

因此，若是 10 位的 A/D 转换器，1LSB = 9.77mV = 0.1% 满量程；若是 12 位的 A/D 转换器，1LSB = 2.44mV = 0.024% 满量程；若是 14 位的 A/D 转换器，1LSB = 0.61mV = 0.006% 满量程；若是 16 位的 A/D 转换器，1LSB = 0.076mV = 0.0076% 满量程。

使用时，应根据对 A/D 转换器分辨率的要求来确定 A/D 转换器的位数。

(2) **转换时间** 转换时间是指启动 A/D 转换到转换结束所需的时间，转换时间的倒数为转换速率。转换速度取决于芯片采用的时钟频率。

(3) **转换精度** A/D 转换器的转换精度定义为一个实际 A/D 转换器与一个理想 A/D 转换器在量化值上的差值，即转换结果相对于理想值的偏差。转换精度有绝对精度和相对精度两种表示方法。

绝对精度指满刻度输出的实际电压与理想输出值之差，用二进制最低位（LSB）的倍数来表示，如 ± （1/2） LSB、±1LSB 等。相对精度指相对于转换器满刻度输出模拟电压的百分比，如 ±0.05% 等。

应该注意，分辨率和转换精度是两个不同的概念。分辨率相同的 A/D 转换器其转换精度可能不同。例如，ADC0804 与 ADC570，分辨率均为 8 位，ADC0804 的转换精度为 ± 1LSB，而 AD570 的转换精度为 ±2LSB。

除此之外，A/D 转换器还有一些其他的技术指标与 D/A 转换器类似，将在后文具体介绍。

选择 A/D 转换器件主要是从速度、精度和价格上考虑，逐次逼近式 A/D 转换器在精度、速度和价格上都适中，是最常用的 A/D 转换器。本书选择逐次逼近式 A/D 转换器 ADC0809 来进行介绍。ADC0809 是美国国家半导体公司研制的 8 位 8 通道逐次逼近式 COMS 工艺集成的 A/D 转换芯片，ADC0809 需要外接时钟信号，转换精度小于 1LSB，单 +5V 供电，功耗为 15mV，输出与 TTL 电平兼容。

1. A/D 转换芯片 ADC0809 的结构及引脚

图 9-14a 为 ADC0809 的内部结构，图 9-14b 为其引脚排列。在图 9-14a 中，多路开关可选通 8 个模拟量分时输入，共用一个 8 位 A/D 转换器进行转换。地址锁存与译码电路对 A、B、C 地址位进行锁存和译码，锁存 3 位地址信号并选择要转换 8 个模拟量中的那一个。三态输出锁存器能对转换后的数字量进行三态锁存输出。

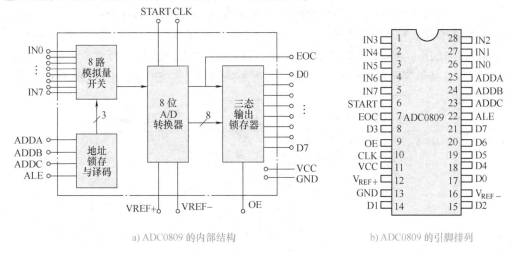

a) ADC0809 的内部结构　　　　　　　b) ADC0809 的引脚排列

图 9-14　ADC0809 的内部结构及引脚

ADC0809 有 28 只引脚，为双列直插式封装。ADC0809 的引脚功能说明如下：

1) IN0 ~ IN7：8 个模拟量输入通道。

2) D0 ~ D7：8 位三态数字量输出线。

3) ADDC、ADDB、ADDA：通道选择输入线，其中 ADDC 为最高位，ADDA 为最低位，三位地址的取值关系对应 8 个模拟量通道。

4) START：启动转换输入信号，正脉冲有效。该信号的上升沿清除 ADC0809 内部寄存器（复位），下降沿启动控制电路开始转换。

5) ALE：通道地址锁存信号，ALE 正跳变时把 3 个地址信号送入地址锁存器，并经译码器得到地址输出，以选择相应的模拟输入通道。

6）EOC：转换结束信号输出线。ADC0809 启动转换后约 10 个时钟周期（更准确地说是在 ADC0809 复位后约 10 个时钟周期），即约 10μs EOC 信号变低。转换结束时，EOC 返回高电平。这个信号可以作为 A/D 转换器的状态信号来查询，也可以直接用做中断请求信号。

7）OE：输出允许控制信号输出线。OE 为高电平时，转换结果送到数据线 D7 ~ D0 上；OE 为低电平时，D7 ~ D0 上呈现高阻态。

8）CLK：时钟信号接入端。ADC0809 的时钟频率的范围是 10 ~ 1280kHz，典型值为 640kHz，其完成一次转换所需要的时间大约为 100μs。时钟信号的频率将影响转换时间和转换精度，典型值附件转换精度最高。

9）V_{REF+}：参考电压输入端，典型值为 +5V。应该采用电压精度低于 1LSB 的电源，否则转换精度会降低。

10）V_{REF-}：参考电压输入端，典型值为 0V。

11）V CC：主电源 +5V。

12）GND：数字地。

2. 单片机与 ADC0809 的连接方法

ADC0809 和 80C51 系列单片机接口电路的连接要考虑 3 个问题：一是 8 路模拟信号通道的选择，二是 ADC0809 的启动；三是转换结果数据的传送方式。由于 ADC0809 带有三态锁存器，所以它的输出端 D7 ~ D0 和 80C51 系列单片机 P0 口可以直接连接。

（1）8 路模拟信号通道的选择 由于 ADC0809 内部有地址锁存器，因此 ADC0809 的地址线 ADDC、ADDB、ADDA 可以直接与 80C51 系列单片机地址总线的任意 3 条线直接连接，也可以和 P0 口经锁存器输出的 8 条线中的任意 3 条连接。ADDC、ADDB、ADDA 信号与通道号的关系见表 9-3 所示。

表 9-3　ADC0809 的 ADDA、ADDB、ADDC 与通道号的关系

ADDC	ADDB	ADDA	通道	ADDC	ADDB	ADDA	通道
0	0	0	IN0	1	0	0	IN4
0	0	1	IN1	1	0	1	IN5
0	1	0	IN2	1	1	0	IN6
0	1	1	IN3	1	1	1	IN7

（2）ADC0809 的启动及转换

1）ADC0809 转换时序。ADC0809 各引脚的转换时序如图 9-15 所示。

2）ADC0809 的启动及转换的条件。从图 9-15 可看到，要将某个通道的模拟信号进行 A/D 转换，需满足以下条件：

①在 START 端需产生一个正脉冲，上升沿复位 ADC0809，下降沿启动 A/D 转换。

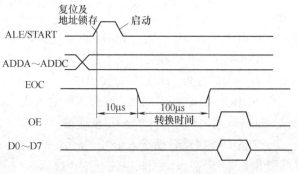

图 9-15　ADC0809 各引脚的转换时序

②在 START 信号之前，待转换的模拟通道的地址应稳定地出现在地址线上，同时需在 ALE 端产生一个正跳变，将地址锁存起来，使得在 A/D 转换期间，比较器内部输入始终是选中的模拟通道输入信号。

③在转换结束之前，在 START 端和 ALE 端不能再次出现正脉冲信号。

3) ADC0809 启动转换的方法。启动转换的硬件连接方法是：利用 80C51 系列单片机的写选通信号 $\overline{WR}$ 与 A15 ~ A0 地址线中的任意一位 "或非" 后作为 ADC0809 启动信号 (START) 和 ALE 信号相连接。

在单片机系统中，单片机将 ADC0809 作为数据存储器看待。启动转换的软件语句为

  MOV   DPTR,   addr16

  MOVX   A,   @DPTR

这两条语句的功能是：单片机 A15 ~ A0 地址线中与 ADC0809 相连接的那条线在 addr16 中的对应位必须为 0，作为 ADC0809 的片选信号，如图 9-16 中的 P2.7 所示。其次单片机中与 ACD0809 的 ADDC、ADDB、ADDA 引脚相连的地址线 (图 9-16 中为 P0.2、P0.1、P0.0)，其电平取值应该与所转换的通道相对应 (如果现在转换 IN5 通道，则 P0.2、P0.1、P0.0 取值为 101)。执行 MOVX 输出指令后，一方面可以使得 $\overline{WR}$ 呈现低电平；另一方面可以设定与 ADC0809 连接的那条地址线呈现低电平，两者 "或非" 后输出呈现一个正脉冲，从而启动 ADC0809；同时可以使得与 ADC0809 相连接的 3 条地址信号呈现相应的电平。图 9-16 中，如果要转换 IN5 通道的模拟量，未用的 12 位地址线全部取 1，则 addr16 为 7FFDH。当然，未用的 12 位地址线可以任意取值，只要 P2.7 = 0，P0.2、P0.1、P0.0 取值为 101，其他未用的 12 位共有 $2^{12} = 4096$ 种形式，都可以作为图 9-16 转换 IN5 通道的地址。

(3) ADC0809 数据的输出

1) ADC0809 数据的输出方式。A/D 转换器转换后得到的是数字量，这些数据应传送给单片机进行处理。ADC0809 转换结束时，EOC 返回高电平。为此可采用下述 3 种方式完成数据输出：

①定时传送方式：对于一种 A/D 转换器来说，只要工作在典型时钟频率范围，其转换时间基本是固定的。例如，ADC0809 的转换时间为 128μs，相当于采用 6MHz 晶体振荡器的 80C51 系列单片机的 64 个机器周期，因此可设计一个延时子程序，A/D 转换启动后，就调用这个延时子程序，延迟时间一到，转换肯定已经完成。接着，就可进行数据传送。

②查询方式：A/D 转换芯片有表示转换完成的状态信号，如 ADC0809 的 EOC 端。因此可以通过查询方式用软件测试 EOC 的状态，确认转换是否完成，若完成，则接着进行数据传送。

③中断方式：转换完成的状态信号 EOC 可与单片机的外部中断输入引脚 INTX 相连接，作为中断请求信号，以中断方式进行数据传送。

2) ADC0809 数据的输出电路及指令。

①ADC0809 数据的输出电路：将 80C51 系列单片机读选通信号 $\overline{RD}$ 与 A15 ~ A0 地址线中的任意一位相或非后与 ADC0809 的读出信号 (OE) 相连接。

②ADC0809 数据的输出指令：ADC0809 转换结速后，单片机读取转换数据的指令为

  MOV   DPTR,   #addr16

  MOVX   @DPTR, A

如图 9-16 所示，addr16 的取值与启动转换相同，不再详述。执行"MOVX @ DPTR，A"指令会使得 $\overline{RD}$ 信号呈现低电平，P2.0 呈现低电平，两者相"或非"后可以使得 $\overline{OE}$ 出现高电平，ADC0809 将转换后的结构锁存输出。

3. 应用实例

图 9-16 为 80C51 系列单片机与 ADC0809 的接口电路，采用的是中断方式进行转换结果数据的传送方式。图中将 80C51 系列单片机的 ALE 信号 2 分频后作为 ADC0809 的时钟信号（CLK），利用 80C51 系列单片机的 P2.7 线确定线选址方式，ADC0809 的地址码为 7FEF8H ~ 7FEFFH（未用 12 条地址线都选取为 1）。

如果要对其中 IN1 通道进行 A/D 转换，应执行如下初始化程序和中断服务程序。

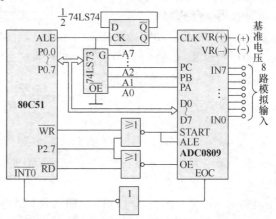

图 9-16　80C51 系列单片机与 ADC0809 的接口电路

（1）初始化程序

```
MAIN:  SETB   IT1                  ; 设置脉冲触发中断方式
       SETB   EX1                  ; 允许外部中断 1
       SETB   EA                   ; 开中断
       MOV    DPTR，7FEF9H          ; 设置 ADC0809 地址
START: MOV    A，01H                ; 对 IN1 通道进行转换，A 的值可选任何数，
                                       无实际意义
       MOVX   @DPTR，A              ; 启动 A/D 转换
HERE:  SJMP   HERE                 ; 等待中断
       ……                         ; 其他程序
```

（2）中断服务程序

```
NTR1:  ……                         ; 保护现场
       MOVX   A，     @DPTR        ; 读取转换数据
       ……                         ; 保存数据或进行其他处理（略）
       RETI                        ; 返回断点
```

9.4　D/A 转换接口技术

模拟量必须转换成数字量后才能输入到计算机进行处理，计算机处理的结果，也常常需要转换为模拟信号，驱动相应的执行机构，实现对被控对象的控制。以下介绍常用的 DAC0832 D/A 转换器的工作原理及其与单片机的连接方法。

DAC0832 是以 CMOS 工艺制造的 8 位的单片 D/A 转换器，其主要的特性参数如下：

1）分辨率为 8 位。

2）为电流输出型 D/A 转换器，要获得模拟电压输出时，需要外加转换电路。加不同的转换电路可以输出单极性电压（0~5V 或 -5V~0）和双极性电压（-5V~5V）。

3）可单缓冲、双缓冲或直接输入数字。

4）单一电源供电（5~15V）。

5）低功耗（20mV）。

6）DAC0832 内部无参考电源，需外接参考电压源。

7）电流建立时间为 1μs。

建立时间也叫做转换时间，是指从输入数字量变化到输出达到终值误差 ±（1/2）LSB（最低有效位）时所需的时间。建立时间是描述 D/A 转换速率快慢的一个重要参数，这个参数直接影响系统的控制速度。实际应用时，D/A 转换器的建立时间必须小于等于数字量的输入信号发生变化的周期。

DAC0832 价格低廉、接口简单、转换控制容易，在单片机控制系统中广泛应用。

1. DAC0832 的结构和引脚

DAC0832 的引脚排列和结构如图 9-17 所示。DAC0832 主要由两个 8 位寄存器和一个 8 位 D/A 转换器组成。使用两个寄存器（输入寄存器和 DAC 寄存器）的好处是能简化某些应用中的硬件接口电路设计。

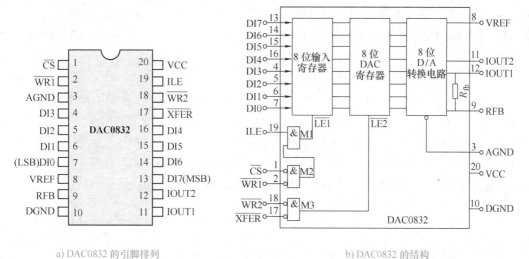

a) DAC0832 的引脚排列　　　　　　　　　　　b) DAC0832 的结构

图 9-17　DAC0832 的引脚排列及结构

DAC0832 转换芯片为 20 引脚，双列直插式封装。DAC0832 的引脚功能如下：

1）D7~D0：数字量数据输入线。

2）ILE：数据锁存允许信号，高电平有效。

3）$\overline{CS}$：输入寄存器选择信号，低电平有效。

4）$\overline{WR1}$：输入寄存器的"写"选通信号，负脉冲有效（脉冲宽度大于 500ns）。当 $\overline{CS}$ = 0，ILE = 1，$\overline{WR1}$ 为 0 至 1 的跳变时，$\overline{LE1}$ 发生由 1 到 0 的跳变，D7~D0 的数据状态被锁存至输入寄存器。

5）$\overline{WR2}$：DAC 寄存器写选通输入线，负脉冲有效（脉冲宽度大于 500ns）。当 $\overline{XFER}$ = 0，且 $\overline{WR2}$ 为 0 到 1 的跳变时，数据锁存器的状态被锁存到 DAC 寄存器中。

6）VREF：基准电压输入线。VREF 的电压范围为 $-10 \sim 10V$。

7）RFB：反馈信号输入线。

8）IOUT1 和 IOUT2：电流输出线（设输出电流分别为 I_{OUT1} 和 I_{OUT2}）。I_{OUT1} 与 I_{OUT1} 的和为常数。I_{OUT1} 随 DAC 寄存器的内容线性变化，当 DAC 寄存器中的值为全 1 时，I_{OUT1} 最大。

9）VCC：工作电源，电压为 $5V \sim 15V$。

10）DGND：数字地。

11）AGND：模拟信号地。由于 D/A 转换芯片输入是数字量，输出为模拟量，模拟信号很容易受到电源和数字信号的干扰而引起波动。因此，为提高输出的稳定性和减少误差，模拟信号部分最好采用高精度基准电源 V_{REF} 和独立的地线。一般数字地和模拟地是分开的，模拟地是模拟信号及基准电源的参考地，其余信号的参考地，包括工作电源地及数据、地址、控制等数字逻辑地都是数字地。

2. DAC0832 的工作原理

在图 9-17b 中，$\overline{LE1}$、$\overline{LE2}$ 是寄存器命令，下降沿有效。当 LE1 = 1 时，输入寄存器的输出随输入变化；LE1 发生由高电平到低电平的跳变时，数据锁存在寄存器中，不再随数据总线上的数据变化而变化。ILE 为高电平，$\overline{CS}$ 为低，$\overline{WR1}$ 同时为低时，使得 LE1 = 1；当 $\overline{WR1}$ 由低变高时，8 位输入寄存器便将输入数据锁存。$\overline{XFER}$ 与 $\overline{WR2}$ 同时为低，使得 LE2 = 1，8 位 DAC 寄存器的输出随寄存器的输入变化。$\overline{WR2}$ 上升沿将输入寄存器的信息锁存在 DAC 寄存器中。

3. 单片机与 DAC0832 的连接及应用

DAC0832 利用 $\overline{WR1}$、$\overline{WR2}$、ILE、$\overline{XFER}$ 通过与单片机连接，可形成 3 种工作方式，即直通方式、单缓冲方式、双缓冲方式。采用直通工作方式时，$\overline{WR1} = \overline{WR2} = 0$，数据可以从输入端经两个寄存器直接进入 D/A 转换器；采用单缓冲方式时，两个寄存器之一始终处于直通状态（即 $\overline{WR1} = 0$ 或 $\overline{WR2} = 0$），另一个寄存器处于受控状态；采用双缓冲方式时两个寄存器均处于受控状态，这种工作方式适合于多模拟信号同时输出的应用场合。

（1）单缓冲方式　图 9-18 为单片机与 DAC0832 构成的 D/A 转换电路。在此电路中，ILE 接 +5V 端，片选信号 $\overline{CS}$ 和转移控制信号 $\overline{XFER}$ 都连到地址线 P2.7，这样，输入寄存器和 DAC 寄存器的地址都是 7FFFH。写选通线 $\overline{WR1}$ 和 $\overline{WR2}$ 都与 80C51 系列单片机的"写"信号线 $\overline{WR}$ 连接，CPU 执行一次"写"操作，把一个数据直

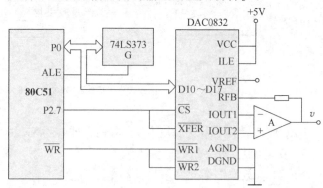

图 9-18　DAC0832 与 80C51 系列单片机的单缓冲接口

接写入 DAC 寄存器，DAC0832 的输出模拟信号就随之相应变化。在单片机系统中，单片机将 DAC0832 作为数据存储器看待，它占据一个或多个数据地址空间，因此需用单片机访问外部数据区的 MOVX 类指令访问 DAC0832。

单片机执行操作指令"MOVX　@DPTR，A"即能完成一次 D/A 转换。以图 9-18 为例，要想进行一次 D/A 转换只需要执行以下指令：

```
MOV      DPTR,    #addr16    ; addr16 = 7FFFH
MOV      A,       #DATA      ; DATA 为待转换数字量
MOVX     @DPTR,A             ; 数字量从 P0 口送到 P2.7 所指向的地址，WR 有效时
                              完成一次 D/A 输入与转换。
```

由于 DAC0832 是电流输出，为了取得电压输出，需要在其电流输出端接运算放大器。图 9-18 中，放大器 A 的输出直接反馈到 RFB，故这种接线产生的模拟输出电压是单极性的。

【例 9-2】 DAC0832 用做波形发生器，分别写出产生锯齿波、三角波和矩形波的程序。

解： 锯齿波的产生程序如下：

```
         ORG    0100H
START：  MOV    DPTR,    #7FFFH    ; 将 DAC0832 的地址送 DPTR
         MOV    A,       #00H      ; 数字量初值→A
LOOP：   MOVX   @DPTR,   A         ; 数字量→D/A 转换器
         INC    A                  ; 数字量逐次加 1
         NOP                       ; 延时
         NOP
         SJMP   LOOP
         END
```

对锯齿波的产生作如下几点说明：

1）输入数字量从 0 开始，逐次加 1 变换，当 A 为 FFH 时，再加 1 则溢出清 0，模拟输出又为 0，然后又循环，重复上述过程，如此循环下去输出锯齿波，如图 9-19 所示。实际上锯齿波的上升沿是由 256 个小阶梯构成的，但由于阶梯很小，所以从宏观上看就是线性增长的锯齿波。

2）可通过循环程序段的机器周期数计算出锯齿波的周期，并可根据需要，通过延时的办法来改变波形周期。当延迟时间较短时，可用 NOP 指令来实现；当

图 9-19　例 9-2 产生的锯齿波

需要延迟时间较长时，可以使用一个延时子程序。延迟时间不同，波形周期不同，锯齿波的斜率和频率就不同。

3）通过 A 加 1，可得到正向的锯齿波；如要得到负向的锯齿波，改为减 1 指令即可实现。

4）程序中 A 的变化范围是 0～255，因此得到的锯齿波是满幅度的。如要求得到非满幅锯齿波，可通过计算求得数字量的初值和终值，然后在程序中通过置初值判终值的办法即可实现。

三角波的产生程序如下：

```
         ORG    0100H
START：  MOV    DPTR,    #7FFFH    ; 将 DAC0832 的地址送 DPTR
         MOV    A,       #00H      ; 数字量初值→A
LOOP：   MOVX   @DPTR,   A         ; 数字量→D/A 转换器
         INC    A
```

```
              JNZ       LOOP
    DOWN：  DEC       A              ；A＝0 时再减 1 又为 FFH
              MOVX      @DPTR，A       ；三角波下降边
              JNZ       DOWN
              SJMP      LOOP
              END
```

输出的三角波波形如图 9-20 所示。

矩形波的产生程序如下：

```
              ORG       0100H
    START：  MOV       DPTR，#7FFFH    ；将 DAC0832 的地址送 DPTR
    LOOP：   MOV       A，#DATA1       ；矩形波上限数字量初值→A
              MOVX      @DPTR，A        ；输出矩形波上限电平
              LCALL     DELAY1         ；调用高电平延时程序
              MOV       A，#DATA2       ；矩形波下限数字量初值→A
              MOVX      @DPTR，A        ；输出矩形波上限电平
              LCALL     DELAY2         ；调用低电平延时程序
              SJMP      LOOP           ；重复进行下一个周期
```

说明：DELAY1、DELAY2 为两个延时程序，决定矩形波高、低电平时的持续时间，频率也可采用延时长短来改变，本程序中没有给出。矩形波的输出波形如图 9-21 所示。

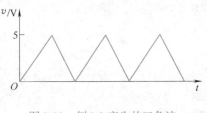

图 9-20　例 9-2 产生的三角波

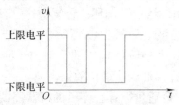

图 9-21　例 9-2 产生的矩形波

（2）**双缓冲方式**　对于多路 D/A 转换，要求进行多路同步 D/A 转换输出时，必须采用双缓冲工作方式。例如：绘图仪和示波器中 X 和 Y 轴上的坐标值必须同时输出，才会使绘制的曲线光滑。否则先输出 X 通道的模拟电压，再输出 Y 通道的模拟电压，则绘图笔先向 X 方向移动，再向 Y 方向移动，此时绘制的曲线就是阶梯状的。

在双缓冲方式下工作时，数字量的输入锁存和 D/A 转换输出是分两步完成的，单片机要对两个寄存器进行两步写操作。首先将数据写入输入寄存器，其次将输入寄存器的内容写入 DAC 寄存器并启动转换。双缓冲工作方式可以使数据接收和启动转换异步进行，在 D/A 转换的同时接收下一个转换数据，从而提高了通道的转换效率。

双缓冲工作方式下的 DAC0832 与 80C51 系列单片机的接口电路如图 9-22 所示，1# DAC0832 的 $\overline{CS}$ 和译码器的 $\overline{Y5}$ 相连接，而 2# DAC0832 的 $\overline{CS}$ 和译码器的 $\overline{Y6}$ 相连接。两片 DAC0832 的 $\overline{XFER}$ 都与译码器的 $\overline{Y7}$ 相连接。因此要想同步输出转换后的数字量信号，需要分以下 3 步完成：

1）将要转换 X 坐标的数据写入 1# DAC 的输入寄存器；

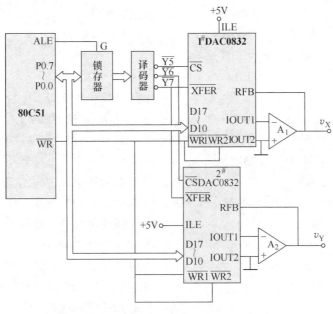

图 9-22 DAC0832 与 80C51 系列单片机同步输出
两路模拟信号的接口电路（双缓冲方式）

2）将要转换 Y 坐标的数据写入 2#DAC 的输入寄存器；

3）同时将两片 DAC 的数据从输入寄存器送入 DAC 寄存器，并且进行转换。

单片机运行以下程序，DAC0832 完成一次 D/A 转换：

MOV	R0,	#0FDH	；1#DAC0832 的 $\overline{CS}$
MOV	A,	#DATA1	；DATA1 为要转换的数据
MOVX	@R0, A		；数据送入 1#DAC0832 的输入寄存器
MOV	R0,	#0FEH	；2#DAC0832 的 $\overline{CS}$
MOV	A,	#DATA2	；DATA2 为要转换的数据
MOVX	@R0, A		；数据送入 2#DAC0832 的输入寄存器
MOV	R0,	#0FFH	；1#DAC0832 和 2#DAC0832 的 $\overline{XFER}$
MOVX	@R0, A		；数据送入 2 片的 DAC 寄存器，并启动同步转换

【例 9-3】 两路模拟信号同步输出接口电路如图 9-22 所示。设 80C51 系列单片机内部 RAM 中有两个长度为 20 的数据块，其起始地址分别为 20H 和 60H，编写能把 20H 和 60H 中的数据分别从 1# 和 2#DAC0832 同步输出的程序。（该实例可以应用于曲线的绘制，20H 和 60H 起始的单元相当于存放的是曲线的 20 个横、纵坐标点。）

解： DAC0832 的各端口地址为：FDH 是 1# DAC0832 数字量输入寄存器的地址，FEH 是 2#DAC0832 数字量输入寄存器的地址，FFH 是 1# 和 2#DAC0832 启动 D/A 转换的地址。设 R1 寄存器指向 60H 单元，R0 寄存器指向 20H 单元，并同时作为 2 个 DAC0832 的端口地址指针，R7 寄存器存放数据块长度。

同步输出程序如下：

```
ORG      0030H
```

	MOV	R7,	#20	; 数据块长度
	MOV	R1,	#60H	
	MOV	R0,	#20H	
LOOP:	MOV	A,	R0	
	PUSH	ACC		; 保存 20H 单元地址
	MOV	A,	@R0	; 取 20H 单元中的数据
	MOV	R0,	#0FDH	; 指向 1# DAC0832 数字量输入寄存器
	MOVX	@R0,	A	; 取 20H 单元中的数据送 1# DAC0832
	INC	R0		; 指向 2# DAC0832 数字量输入寄存器
	MOV	A,	@R1	; 取 60H 单元中的数据
	INC	R1		; 修改 60H 单元地址指针
	MOVX	@R0,	A	; 取 60H 单元中的数据送 2# DAC0832
	INC	R0		; 指向 1# 和 2# DAC0832, 启动 D/A 转换地址
	MOVX	@R0,	A	; 启动 2 片 DAC0832, 同时进行转换
	POP	ACC		; 恢复 20H 单元地址
	INC	A		; 修改 20H 单元地址指针
	MOV	R0,	A	
	DJNZ	R7,	LOOP	; 数据未传送完, 继续

(3) 直通方式 此方式适用连续反馈控制线路中, 方法是使得所有的控制信号 $\overline{CS}$、$\overline{WR1}$、$\overline{WR2}$、$\overline{ILE}$、$\overline{XFER}$ 均有效。

思考题

【9-1】 试叙述列扫描的方法。CPU 对键盘的监视采用哪两种手段?

【9-2】 监视键盘为什么要进行去抖处理?

【9-3】 LED 显示器的显示方式有哪两种? 各自的优、缺点是什么?

【9-4】 多个共阴极数码管动态显示, 要想点亮哪一位, 哪一位就应该接低电平。这种说法是否正确?

【9-5】 ADC0809 的地址/数据总线可以直接和单片机的 P0 口连接吗?

【9-6】 要想转换 IN6 通道, DAC0809 的 ADDC、ADDB、ADDA 引脚的电平关系是什么?

【9-7】 启动对 ADC0809 的转换指令应该是 MOVX 类中的读入指令。这种说法是否正确?

【9-8】 启动 DAC0832 转换的指令应该是 MOVX 类的写入指令。这种说法是否正确?

【9-9】 DAC0832 可以连接成几种转换方式?

【9-10】 要想使绘图仪或示波器获得平滑的曲线, DAC0832 应该连接成什么转换方式?

第 10 章 单片机 C51 程序设计

【学习纲要】

目前，在单片机系统应用程序开发过程中，主要使用的就是 C51 语言。本章主要讲解如何用 C51 来编写单片机程序。

首先要掌握单片机 C51 程序设计的基本知识，主要包括 C51 中有哪些基本数据类型，为了适应单片机程序开发的需要又扩展了哪些数据类型，注意在定义变量的时候数据类型的选择；在程序编写过程中经常用到哪些运算符；C51 中常用的语句以及程序设计的三大结构。其次，通过举例编写程序来深入学习 C51 程序开发过程中常用的知识点，这些知识点主要有：C51 中常用的头文件有哪些，及其作用和使用方法、主函数 main（）的作用、注释的作用、#define 宏定义的作用及使用方法、循环语句的使用方法、自定义子函数（主要分为两类）的定义声明及调用方法，这些知识点要求深入理解并掌握。在程序编写方面要求会用 C51 编写如下程序：定时器初始化程序（包括计数初值的计算）、C51 的中断函数程序、串口程序、移位操作程序等。

10.1 C51 程序设计基础

10.1.1 C51 中的基本数据类型

数据是计算机加工处理的对象，C 语言中的数据有常量和变量之分。在程序运行过程中，其值不能被改变的量称为常量，而其值可以被改变的量称为变量。例如，设圆的周长为 C，半径为 r，则 $C = 2\pi r$，其中 π 即为常量，C 的值随 r 的值变化而变化，因此，C 和 r 是变量，其值可以是任意大小的数。

当我们在编写单片机程序时，用到的相关变量在单片机的内存中都要占据一定的存储空间，变量大小不同，所占据的空间就不同，所以，变量数据的大小是有限制的，不能随意给一个变量赋任意大小的值。为了合理利用内存空间，我们在编程时就要选择大小合适的数据，不同的数据类型也就代表了不同大小的数据，因此在使用变量之前，首先要声明这个变量的类型，以便让编译器提前从内存中为其分配空间。表 10-1 列出了 C51 的基本数据类型。

表 10-1 C51 的基本数据类型

数据类型		关键字	长 度	取值范围
字符型	字符型	char	1 字节	−128 ~ +127
	无符号字符型	usigned char	1 字节	0 ~ 255
	有符号字符型	signed char	1 字节	−128 ~ +127

（续）

数据类型			关键字	长 度	取值范围
整型	基本型	无符号	usigned int	2字节	$0 \sim 65535$
		有符号	［signed］int	2字节	$-32768 \sim +32767$
	短整型	无符号	usigned short［int］	2字节	$0 \sim 65535$
		有符号	［signed］short［int］	2字节	$-32768 \sim +32767$
	长整型	无符号	usigned long［int］	4字节	$0 \sim 4294967295$
		有符号	［signed］long［int］	4字节	$-2147483648 \sim +2147483647$
浮点型	单精度		float	4字节	$-3.4 \times 10^{-38} \sim 3.4 \times 10^{38}$
	双精度		double	8字节	$-1.7 \times 10^{-308} \sim 1.7 \times 10^{308}$
	长双精度		long double	16字节	$-1.2 \times 10^{-4932} \sim 1.7 \times 10^{4932}$
位类型			bit	1位	$0 \sim 1$

说明：

1）在单片机中，所有的数据都是以二进制的形式存储在存储器中的，其中，1个字节等于8位二进制数据（即1Byte = 8bit）。

2）在C语言中：short int即为int，long int即为long。

3）前面若无unsigned，则一律认为是signed型。

4）一般情况下，float型数据只能提供7位有效数字，double型数据能够提供15~16位有效数字，但是这个精度还和编译器有关系，并不是所有的编译器都遵守这条原则。例如：

float x;

x = 32.45678912；   //变量名为x，变量类型为float

由于float类型的有效数字是7位，故x = 32.45679,若将x改成double类型的则能将32.45678912全部存放在x中,所以,在声明变量时应根据其使用情况来为其选择类型。例如：

int i = 9;   //变量名为i，变量类型为int，变量值为9，在内存中占16位
（2字节）的存储单元。int类型的9在存储单元中的存放情况如下：

0	0	0	0	0	0	0	0	0	0	0	0	1	0	0	1

10.1.2 C51中扩充的数据类型

C51中除以上基本数据类型外，为了适应单片机程序开发的需要又扩充了如下的数据类型：

1）位变量声明bit：声明一个位变量。

2）8位寄存器声明sfr：声明一个8位寄存器。

3）16位寄存器声明sfr16：声明一个16位寄存器。

4）特殊功能位声明sbit：声明特殊功能寄存器中的某一位。

下面举例说明这些数据类型：

①bit flag;

说明：声明了一个变量名为flag的位变量。

②sfr TCON = 0x88H;

说明：声明一个 8 位 SFR，起始地址为 0x88H。单片机内部有很多特殊功能寄存器（SFR），每个 SFR 在单片机内部都分配有唯一的一个地址，当我们在程序中使用 SFR 时，一般通过声明将相应的地址编号赋给一个名称，以后通过该名称来使用相应 SFR，其中这些声明绝大多数都包含在相应的头文件（如 reg51. h）中（关于头文件的内容将会在后面讲解）。本例中 TCON 是单片机的定时/计数器控制寄存器，它在单片机内存中的地址为0x88H。经过该语句声明以后，在后面的程序中使用该寄存器时，只需使用其名称 TCON 即可，当程序进行编译时，编译器也知道实际要操作的是单片机内部 0x88H 地址处的这个寄存器，而 TCON 仅仅是这个地址的一个代号或名称而已。当然，我们也可以声明成其他的名称。

③sfr16　T1 = 0x8BH;

说明：声明了一个 16 位 SFR，起始地址为 0x8BH，道理与②相同不再重复解释。

④ sbit TR0 = TCON^4;　　　//声明 TCON 中的第 4 位为 TR0

说明：首先应该有 "sfr TCON = 0x88H;" 这句声明后，我们才知道 TCON 是定时/计数器控制寄存器的名称。它是一个 8 位的寄存器，其中，TCON^0 为最低位，TCON^7 为最高位。通过本例的声明，以后使用 TCON^4 时，直接操作 TR0 即可，当然，也可以将 TCON^4声明成其他的名称。

10. 1. 3　C51 中的运算符

绝大多数的程序都需要对数据进行加工处理，即进行运算，要进行运算就得规定可以使用的运算符，C51 中的运算符与 C 语言基本相同，在单片机程序开发过程中最常用的主要有算术运算符、关系运算符、逻辑运算符和位运算符等。

1. 算术运算符

算术运算符见表 10-2，说明如下：

表 10-2　算术运算符

算术运算符	含　义	算术运算符	含　义
+	加法	+ +	自加
–	减法	– –	自减
*	乘法	%	求余运算
/	除法（或求模运算）		

1）键盘中没有 "×"，乘法运算符用 "＊" 代替。

2）键盘中没有 "÷"，除法运算符用 "/" 代替，两个实数相除的结果是双精度实数，两个整数相除的结果为整数。

求模运算也是在整数之间进行的，例如：13/3 = 4，如 13 对 3 求模即求 13 当中含有多少个整数 3，即 4 个。当进行小数除法运算时，我们需要这样写 13/3.0，它的结果是4.333333，若写成 13/3 则结果为 4，得不到小数。

3）"％" 为求余运算，要求参加运算的对象（即操作数）为整数，运算结果也为整数，如 13％3 = 1。

2. 关系运算符和逻辑运算符

关系运算符和逻辑运算符见表 10-3，说明如下：

表 10-3 关系运算符和逻辑运算符

关系（逻辑）运算符	含　义	关系（逻辑）运算符	含　义
>	大于	! =	测试不等
> =	大于等于	&&	按位与
<	小于	‖	按位或
< =	小于等于	!	非
= =	测试等于		

1）" = ="表示测试两数是否相等，如 a = = b，即测试 a 和 b 中的值是否相等。

2）"! ="表示测试两数是否不相等，如 a!=b，即测试 a 和 b 中的值是否不相等。

3. 位运算符

位运算符见表 10-4，说明如下：

表 10-4 位 运 算 符

位 运 算 符	含　义	位 运 算 符	含　义
&	逻辑与	~	取反
|	逻辑或	> >	右移
∧	异或	< <	左移

1）右移操作符为"＞＞"，每执行一次右移指令，被操作数的各位依次向右移动一位。其中最高位补 0，最低位移入 PSW 寄存器的 CY 位，CY 位中原来的数被覆盖，如图 10-1 所示。

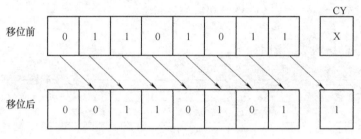

图 10-1　右移示意图

2）左移操作符为"＜＜"，每执行一次左移指令，被操作数的各位依次向左移动一位。其中，最高位移入 PSW 寄存器中的 CY 位，CY 位中原来的数被覆盖，最低位补 0，如图 10-2 所示。

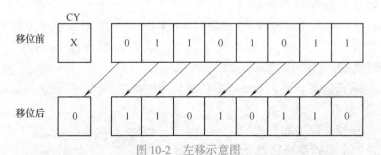

图 10-2　左移示意图

4. 其他运算符

1）赋值运算符：=

2）条件运算符：?：

3）逗号运算符：，

4）指针运算符：* 和 &

5）求字节运算符：sizeof

6）强制类型转换运算符：（类型）

7）成员运算符：—>

8）下标运算符：[ ]

C51 程序中用到的运算符远不止这些，此处不再一一列举，请读者自行查阅相关资料。

10.1.4 C51 中的语句及程序结构

1. 语句

C51 程序是由语句组成的。语句可分为以下几类：

（1）表达式语句 由一个表达式（赋值表达式、算术运算表达式、关系表达式、逻辑表达式等）加上一个分号构成，最典型的就是赋值表达式构成的赋值语句。例如：

x = 3.6；

（2）函数调用语句 由一个函数调用加上一个分号构成。例如：

printf（"Hello everyone!"）；

说明：在屏幕上输出显示"Hello everyone!"（无双引号）。

（3）控制语句

1）条件语句：if、switch。

2）循环语句：for、while、do while。

3）控制转移语句：break、continue、return、goto。

（4）复合语句 用 ｛｝ 把一些语句和声明括起来就构成了复合语句。例如：

｛

　　float x = 3，y = 9，z；

　　z = x + y；

　　printf（"z = % f"，z）；

｝

（5）空语句 只有一个分号（；），什么也不做，可以作为程序流程的转向点，也可用做循环语句的循环体（循环体是空语句）。

2. 程序结构

由以上语句可以构成 C51 程序的三大结构，即顺序结构、选择结构（分支结构）、循环结构。

1）顺序结构：仅仅是简单的一条语句一条语句地顺序执行。

2）选择结构：主要由条件语句构成。

3）循环结构：主要由循环语句构成，与标准 C 语言一样，循环结构中可以使用 break、

continue、return、goto。

10.1.5　C51 中的头文件

在代码中引用头文件，其实就是将这个头文件中的全部内容放到引用头文件的位置，免去每次使用相关功能时，都要重复编写程序的麻烦。C51 中已定义的常用的头文件主要有如下类别：

1）absacc. h——包含允许直接访问 8051 系列单片机不同存储区的宏定义。

2）assert. h——文件定义 assert 宏，可以用来建立程序的测试条件。

3）ctype. h——字符转换和分类程序。

4）math. h——数学函数程序。

5）reg51. h——51 系列单片机的特殊寄存器声明。

6）reg52. h——52 系列单片机的特殊寄存器声明。

7）setjmp. h——定义 jmp _ buf 类型和 setjmp 和 longjmp 程序的原型。

8）stdarg. h——可变长度参数列表程序。

9）stdlib. h——存储器分配程序。

10）stdio. h——流输入和输出程序。

11）string. h——字符转操作程序，缓冲区操作程序。

还有些类别的头文件没有在这里列出，在安装好 Keil μvision3 编译软件后，可以到 Keil \ C51 \ INC 文件夹下找到所有的头文件

在单片机程序中，经常使用的头文件主要有 math. h、reg51. h 或 reg52. h、stdio. h 等，下面对这几个头文件进行介绍。

1. 头文件 math. h

头文件 math. h 是数学函数库，各种数学计算函数的具体实现就放在文件 math. h 里，如平方根函数 sqrt、绝对值函数 fabs、指数函数 exp、正弦函数 sin、余弦函数 cos 等，需要使用时可以直接调用这些函数。

2. 头文件 reg51. h 和 reg52. h

头文件 reg51. h 和 reg52. h 的作用是声明 51 系列单片机或 52 系列单片机特殊功能寄存器和位寄存器的，这两个头文件中大部分内容是一样的，51 系列单片机比 52 系列单片机少一个定时/计数器 T2，因此，reg51. h 中也就比 reg52. h 中少了几行对寄存器 T2 声明的内容。

3. 头文件 stdio. h

包含了与标准输入输出库有关的变量定义和宏定义以及对函数的声明，标准输入输出函数主要有 printf、scanf、putchar、getchar 等。

除以上已定义的头文件外，用户也可以根据自己的需要定义扩展名为 . h 的头文件，存放到指定的目录下，在编程中可以直接使用。

10.2　C51 程序设计

本节主要通过具体的例子来讲解如何用 C51 来编写单片机程序，同时详细讲解了编程过程中所涉及到的常用知识点。本节着重帮助读者学习编程的同时掌握主要的知识点，而不

是一味地讲理论知识，所以，认真学习好本节，对初学者来说将会是一个非常好的开头。

本节的例题中所用到的 51 系列单片机，规定其晶体振荡频率 $f_{osc} = 11.0592\text{MHz}$。

10.2.1 定时/计数器初始化程序设计举例

【例 10-1】 在 8051 系列单片机中，利用定时器 T0 产生 50ms 的定时时间。

通过本例我们将对头文件、主函数 main（）、注释等 3 个方面的知识点进行讲解。

解：程序代码如下：

```
#include < reg51. h >              //包含头文件
void main （）
{
        TMOD = 0x01;              //设置定时器 0 为方式 1、定时模式
        TH0 = （65536 - 45872）/256;   //装初值
        TL0 = （65536 - 45872）%256;
        TR0 = 1;                 //启动定时器 0
        while （1）              //程序停止
}
```

说明：

1）按照定时/计数器的初始化流程，首先设置 TMOD = 0x01，置 T0 工作于方式 1、定时模式，给 TH0 和 TL0 装入初值，之后启动定时器开始计时，获得 50ms 的时间。

2）初值的计算。晶体振荡频率为 $f_{osc} = 11.0592\text{MHz}$，则机器周期 $T = 12 \times 1/f_{osc} = 12 \times 1/11.0592\text{MHz} \approx 1.09\mu s$，计数值 $= 50 \times 10^{-3}/(1.09 \times 10^{-6}) = 45872$。

因单片机的定时器是加法计数器，如果想获得 50ms 的定时时间，就要给 TH0 和 TL0 装入计数初值 X，在这个初值的基础上计 45872 个数至 65536（方式 1 的溢出值 2^{16}），定时器溢出，此时刚好 50ms。因此，计数初值 $X = 65536 - 45872 = 19664$。在编写程序时要将计数值转换成 16 进制，我们采用下面的方法转换：把 19664 对 256 求模（即 19664/256），装入 TH0 中；把 19664 对 256 求余（即 19664%256），装入 TL0 中。

1. 头文件

10.1 节中已经提到过头文件 reg51. h，下面对其做详细的介绍。

（1）**头文件包含的书写方法** 在代码中加入头文件有两种书写方法，分别为#include < reg51. h > 和#include "reg51. h"，包含头文件时都不需要在后面加分号。

1）当使用#include < reg51. h > 时（即本例中所使用的方法），编译器先进入到软件安装文件夹（Keil \ C51 \ INC）处开始搜索这个头文件，如果这个文件夹下没有引用的头文件，编译器将会报错。

2）当使用#include "reg51. h" 时，编译器先进入到当前工程所在文件夹处开始搜索该头文件，如果当前工程所在文件夹下没有该头文件，编译器将继续回到软件安装文件夹处搜索这个头文件，若仍然找不到该头文件，编译器将报错。

（2）**头文件中的内容** 在安装好 Keil μvision3 编译软件后，可以到 Keil \ C51 \ INC 这个文件夹下找到头文件 reg51. h 或者在 Keil 中编辑程序时鼠标移动到 reg51. h 上，单击右键选择 "Open document < reg51. h >" 也可以打开，打开之后其具体内容如下：

```
/* -------------------------------------------------
REG51. H
Header file for generic 80C51 and 80C31 microcontroller.
Copyright (c) 1988 - 2002 Keil Elektronik GmbH and Keil Software, Inc.
All rights reserved.
------------------------------------------------- */
#ifndef __REG51_H__
#define __REG51_H__
/* BYTE Registers */
sfr P0      = 0x80;
sfr P1      = 0x90;
sfr P2      = 0xA0;
sfr P3      = 0xB0;
sfr PSW     = 0xD0;
sfr ACC     = 0xE0;
sfr B       = 0xF0;
sfr SP      = 0x81;
sfr DPL     = 0x82;
sfr DPH     = 0x83;
sfr PCON    = 0x87;
sfr TCON    = 0x88;
sfr TMOD    = 0x89;
sfr TL0     = 0x8A;
sfr TL1     = 0x8B;
sfr TH0     = 0x8C;
sfr TH1     = 0x8D;
sfr IE      = 0xA8;
sfr IP      = 0xB8;
sfr SCON    = 0x98;
sfr SBUF    = 0x99;
/* BIT Registers */
/* PSW */
sbit CY     = PSW^7;
sbit AC     = PSW^6;
sbit F0     = PSW^5;
sbit RS1    = PSW^4;
sbit RS0    = PSW^3;
sbit OV     = PSW^2;
sbit P      = PSW^0;
```

```
/ *  TCON  * /
sbit TF1     = TCON^7;
sbit TR1     = TCON^6;
sbit TF0     = TCON^5;
sbit TR0     = TCON^4;
sbit IE1     = TCON^3;
sbit IT1     = TCON^2;
sbit IE0     = TCON^1;
sbit IT0     = TCON^0;
/ *  IE  * /
sbit EA      = IE^7;
sbit ET2     = IE^5;        //8052only
sbit ES      = IE^4;
sbit ET1     = IE^3;
sbit EX1     = IE^2;
sbit ET0     = IE^1;
sbit EX0     = IE^0;
/ *  IP  * /
sbit PT2     = IP^5;
sbit PS      = IP^4;
sbit PT1     = IP^3;
sbit PX1     = IP^2;
sbit PT0     = IP^1;
sbit PX0     = IP^0;
/ *  P3  * /
sbit RD      = P3^7;
sbit WR      = P3^6;
sbit T1      = P3^5;
sbit T0      = P3^4;
sbit INT1    = P3^3;
sbit INT0    = P3^2;
sbit TXD     = P3^1;
sbit RXD     = P3^0;
/ *  SCON * /
sbit SM0     = SCON^7;
sbit SM1     = SCON^6;
sbit SM2     = SCON^5;
sbit REN     = SCON^4;
sbit TB8     = SCON^3;
```

```
sbit RB8      = SCON^2;
sbit TI       = SCON^1;
sbit RI       = SCON^0;
#endif
```

该头文件中声明了 51 系列单片机内部的 21 个特殊功能寄存器的名称和可以进行位操作的特殊功能寄存器中的各个位的名称。这里主要用到了前面讲到的 sfr 和 sbit 这两个关键字。

例如：sfr TMOD = 0x89;

该语句的含义是：把单片机内部地址 0x89 处的这个寄存器重新命名为 TMOD。这样，以后在程序中使用该寄存器时直接使用 TMOD 即可。其实对单片机而言，只知道它的内部地址 0x89 是什么，而并不知道 TMOD 是什么，现在通过"sfr TMOD = 0x89;"这条语句，单片机就清楚了程序中的 TMOD 具体指什么了。因此，以后凡是编写 51 内核单片机程序时，源代码的前面都应写上#include < reg51. h > 或#include "reg51. h"。

例如：sbit EA = IE^7;

或   sbit EA = 0xAF;

第二条语句也是头文件的书写方法，0xAF 是 IE 寄存器中的最高位的地址，与 IE^7 的写法作用相同。这两条语句的含义是：把 IE 这个寄存器中的最高位重新命名为 EA。这样，以后单独操作 EA 即可。

例 10-1 中的 TMOD、TH0、TL0、TR0 这 4 个名称之所以能在程序中代表相关寄存器来使用，就是因为它们已经在头文件中进行了声明。

注意：在应用时，如果将大写的 TMOD 或 EA 写成小写的 tmod 或 ea，编译程序时将会出错，找不到 tmod 或 ea，因为在头文件中定义的是"sfr TMOD = 0x89;""sbit EA = IE^7;"，都是大写的，这也是大多数初学者开始编写程序时容易犯的错误。

2. 主函数 main( )

学过 C 语言的同学都十分熟悉这个函数，它是一个没有返回值、没有参数的函数。

格式：void main( ) 或 void main(void)

说明：

1）任何一个 C51 程序中可以包含一个或多个函数，其中必须包含 main 函数（且只能有一个），例 10-1 中只有一个函数 main( )，它是整个程序开始执行的入口，所有的单片机在运行程序时，总是从主函数开始运行的。

2）main( ) 是一个无返回值的函数，其前面的 void 表示无返回值的意思（void 可省略不写），该函数执行完后不返回任何值。

3）main( ) 是一个无参数的函数，表示该函数不带任何参数，即 main 后面的括号中没有任何参数，括号中是空的或 void。

4）在 main( ) 之后有一对大括号 { }，程序中所有的代码都写在这对大括号内，代码中的每条语句后都要加上分号，语句与语句之间可以用空格或回车隔开。

3. 注释

在 C 语言中，为了增加程序的可读性，在编写程序时经常加上注释。注释有两种写法：

1）"//"：只能注释一行，当换行时，需要在新行上重新写两个斜扛进行注释。

2）"/＊…＊/"：可以注释任意行，即斜扛星号与星号斜扛之间的所有文字都作为注释。

所有注释都不参与程序编译，编译器在编译过程中会自动删除注释，一般在编写较大的程序时都应加上注释。这样，以后再次读程序时，因为有了注释，其代码的意义便一目了然了。若无注释，我们不得不将程序重新阅读一遍方可知道代码含义。

10.2.2　点亮发光二极管实现流水灯程序

流水灯可以用移位操作来实现，也可以用 C51 自带的函数来实现。

1. 循环移位操作

10.1 节介绍了移位运算符，这里我们来学习循环移位操作。

（1）**循环右移**　被操作数的各位依次向右移动一位，其中最低位移入最高位。C 语言中没有专门的循环右移位运算符，可以利用右移位运算符编写程序实现循环右移位，或直接利用 C51 中自带的库函数_ cror _来实现循环右移位操作，如图 10-3 所示。为了加深理解，举例如下。

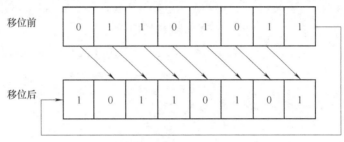

图 10-3　循环右移示意图

【例 10-2】　编写程序实现如下功能：使变量 t 中的值循环右移位。

解：程序代码如下所示：

```
#include < reg51. h >          //头文件
unsigned char t;              //定义无符号字符类型变量 t
void main( )                  //主函数
{
    t = 0x66;                 //给 t 赋初始值
    while(1)                  //循环程序,每次循环使 t 中的当前值右移 1 位
    {
      t = t >> 1;
    }
}
```

（2）**循环左移**　被操作数的各位依次向左移动一位，其中最高位移入最低位。C 语言中没有专门的循环左移位运算符，可以利用左移位运算符编写程序实现循环左移，或直接利用 C51 库中自带的函数_ crol _来实现循环左移位操作，如图 10-4 所示。

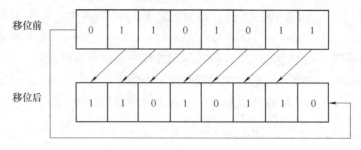

图 10-4 循环左移示意图

【例 10-3】 编写程序实现如下功能：使变量 t 中的值循环左移位。

解：程序代码如下所示：

```
#include < reg51h >          //头文件
unsigned char t;             //定义无符号字符类型变量 t
void main( )                 //主函数
{
    t = 0x55;                //给 t 赋初始值
    while(1)                 //循环程序,每次循环使 t 中的当前值左移 1 位
    {
        t = t << 1;
    }
}
```

2. 移位函数 "_ crol _"

大家打开 Keil 软件安装文件夹，定位到 Keil \ C51 \ HLP 文件夹，打开此文件夹下的 C51lib 文件，这是 C51 自带库函数帮助文件。在索引栏找到 "_ crol _" 函数，双击打开它的介绍，内容如下：

```
#include  < intrins. h >
unsigned char _ crol _ (unsigned char c,      /* character to rotate left */
                       unsigned char b);      /* bit positions to rotate */
```

函数 "_ crol _" 是 C51 自带的内部库函数，在使用这个函数之前，需要在程序开头包含它所在的头文件（即#include < intrins. h >）。"_ crol _" 是一个有返回值、带参数的函数，其功能是将字符 c 循环左移 b 位同时将左移之后的值返回。

【例 10-4】 编写程序实现如下功能：将变量 a 中的二进制值向左移 3 位。

解：程序代码如下所示：

```
#include  < intrins. h >            //头文件
void main ( )
{
    char a;                        //定义字符类型的变量 a
    char b;                        //定义字符类型的变量 b
    a = 0xA5;                      //给 a 赋初始值
```

```
b = _ crol _(a,3);                        /* 移位后的值返回给 b,故 b =0x2D */
}
```

3. 流水灯程序的实现

【例 10-5】　参考第 2 章的图 2-12,利用 C51 自带的库函数"_ crol _",每隔 300ms 依次点亮发光二极管,实现流水灯的程序。

通过本例对#define 宏定义、循环语句 for 和 while、自定义子函数等 3 个方面的知识进行讲解。

解:程序代码如下所示:

```
#include  < reg51. h >              //头文件
#include  < intrins. h >
#define uchar unsigned char        //宏定义
#define uint unsigned int
void delay (uint);                 //声明子函数
uchar t;
void main( )                       //主函数
{
    t =0xfe;                       //给 t 赋初值 11111110
    while(1)                       //循环点亮发光二极管
    {
        P1 = t;
        delay (300);               //延时 300 毫秒
        t = _ crol _(t,1);         //将 t 循环左移 1 位后再赋给 t
    }
}
void delay (uint x)                //延时 1ms 子函数
{
    uint i,j;
    for( i = x;i >0;i − − )
        for( j =110;j >0;j − − );
}
```

对于程序中的"t = _ crol _ (t, 1);"语句,因为"_ crol _"是一个带返回值的函数,本句在执行时,先执行等号右边的表达式,即将 t 的值循环左移一位,然后将结果再重新赋给 t,如 t 初值为 0xfe,二进制为 11111110,执行此函数后值为 11111101,即 0xfd,然后再将 0xfd 重新赋给 t 变量,点亮第 2 个发光二极管,依次循环点亮后面的发光二极管。

除这种方法实现流水灯外,利用左移、右移指令与逻辑运算指令也可以实现循环移位,若感兴趣大家可以自己编写这方面的程序。

4. #define 宏定义

1)格式:#define 新名称 原名称

注明:注意该语句后面没有分号。#define 命令可以解释为给"原名称"重新起一个比较简单的"新名称",方便以后在程序中直接使用简短的新名称,而不必每次都写繁琐的原名称。

2)例 10-5 中我们使用宏定义的目的就是将 unsigned int 用 uint 代替。从例 10-5 的程序中可以看到,当需要定义 unsigned int 型变量时,并没有写"unsigned int i, j;",取而代之的是"uint i, j;",在一个程序代码中,只要宏定义过一次,那么在整个代码中都可以直接使用它的"新名称"。注意,对同一个内容,宏定义只能定义一次,若定义两次,将会出现重复定义的错误提示。

5. 循环语句 for 和 while

(1) for 语句

1)格式: for(表达式 1;表达式 2;表达式 3)

{语句}

2)说明:大括号中的语句如果没有,可以为空或不写大括号。3 个表达式之间必须用分号分隔。

3)for 语句执行步骤:

第 1 步,求解一次表达式 1,设置初始条件,可以为 0 个、1 个或多个变量赋初值。

第 2 步,求解循环条件表达式 2,若其值为真(非 0 即为真),则执行 for 中语句,然后执行第 3 步;否则结束 for 语句,直接跳出,不再执行第 3 步。

第 3 步,求解表达式 3。

第 4 步,跳到第 2 步重复执行。

for 循环在例 10-5 中的应用是利用 for 语句(或 while 语句)经过若干次循环以后,可以获得所需的延时时间。下面就是用 for 语句来写的一个简单的延时程序段:

unsigned int j;

for(j=1;j<=200;j++);

上面这个程序段首先定义了一个无符号整型变量 j,然后进入 for 循环。单片机在执行 for 语句的时候是需要时间的,上面的延时程序段中 for 语句重复执行了 200 次,从而可以获得一个延时时间。因此,我们就可以利用单片机执行 for 循环(或其他循环语句)来获得延时时间。

在语句"for(j=1;j<=200;j++);"中,如果将 j<=200 改为 j<=65536,程序运行时将会出现问题。这是因为 j 是一个无符号整数,其最大的值为 65535,所以,程序运行后就会出现问题,将达不到我们所需要的时间,这是很多初学者最容易犯的错误。因此尤其要注意,在使用变量时首先要考虑变量类型,然后根据变量类型赋一个合理的值。

那么,怎样才能通过 for 语句获得更长的延时时间呢?通过下面的程序段中使用的两层嵌套 for 语句即可获得。

uint i,j;

for(i=x;i>0;i--)

for(j=100;j>0;j--);

第一个 for 后面没有分号,那么编译器默认第二个 for 语句就是第一个 for 语句的内部语句,而第二个 for 语句内部语句为空。程序在执行时,第一个 for 语句中的 i 每减一次,第二个 for 语句便执行 110 次,因此上面这个例子便相当于共执行了 $100 \times x$ 次 for 语句。通过这种嵌套，便可以获得较长的时间延时，还可以进行更多层的嵌套来增加延时时间。当然，也可以通过改变变量类型等来增加执行时间。

在 C 语言中这种延时语句不容易算出精确时间。如果需要非常精确的延时时间，可以利用单片机内部的定时器来延时，它的精度非常高，可以精确到微秒级。而实际上一般的简单延时语句并不需要太精确。

（2）while 语句

1）格式：while（表达式）

      {语句}

2）特点：先判断表达式，后执行内部语句。

3）原则：若表达式为真，那么执行内部语句；否则跳出 while 语句，执行后面的语句。

4）需要注意以下 3 点：

①在 C 语言中一般把"0"认为是"假"，"非 0"认为是"真"。也就是说，只要不是 0 就是真，所以，非 0 的数都是真。

②"{}"中的语句部分可以是语句块，也可以为空，就是说"while（1）{};"或"while（1）;"都正确，但分号";"一定不能少，否则 while（）会把跟在它后面第一个分号前的语句认为是它的内部语句。例如：

while(1)

P0 = 11;

P1 = 22;

……

上面这个程序段中，while（）会把"P0 = 11;"当做它的内部语句，即使这条语句并没有加大括号。因此，在写程序时，如果 while（）内部只有一条语句，就可以省去大括号，直接将这条语句跟在它的后面。例如：

while(1)

P0 = 11;

③表达式可以是一个常数、一个运算或一个带返回值的函数。

在例 10-5 中我们将使用 while 语句不停地循环点亮发光二极管，因为语句 while（1）中的条件是 1，非 0 即为真，条件永远为真，因此只要程序运行，发光二极管将不停地被依次循环点亮。

初学者可能会这样想：让单片机把发光二极管点亮后，就让它停止工作，不再执行别的指令，这样不是更好吗？请大家注意，单片机是不能停止工作的，只要它有电，有晶体振荡器在起振，它就不会停止工作，每过一个机器周期，它内部的程序指针就要加 1，程序指针就指向下一条要执行的指令。让单片机停止工作的办法就是断电，不过这样发光二极管也就不会亮了。不过可以将单片机设置为休眠状态或掉电模式，这样可以最大限度地降低它的功耗。

6. 自定义子函数

在 C 语言中，除了系统自带的库函数（如求平方根函数 sqrt、求绝对值函数 fabs 以及例 10-5 中用到的移位函数 _crol_等）外，用户也可以根据编程需要自定义一些子函数。例如，有一些程序段不止一次要被用到，为了不重复编写相同代码，可以把这样的程序段写成一个子函数，当在主函数或其他函数中需要用到这个程序段时，直接调用这个子函数就可以了。C 语言中的自定义子函数主要分为有两种：不带参数的自定义子函数和带参数的自定义子函数。

(1) 不带参数子函数的定义、声明及调用

1）不带参数子函数的定义：以下面的 for 嵌套延时程序为例，其写法如下：

```
void delay ()
{
    for( i = 100; i > 0; i − − )
        for( j = 200; j > 0; j − − );
}
```

其中，void 表示这个函数执行完后不返回任何数据，即它是一个无返回值的函数。delay 是函数名，这个名字只要符合 C 语言标识符的命名规则即可，但是注意不要和 C 语言中的关键字相同。一般写成方便记忆或容易读懂的名字，也就是一看到函数名就知道此函数实现的内容是什么。在这里写成 delay 是因为这个函数是一个延时子函数。紧跟函数名后面的是一个括号，这个括号里没有任何数据或符号（即 C 语言当中的"参数"），因此这个函数是一个无参数的函数。接下来两个大括号中包含着其他要实现的语句。以上讲解的是一个无返回值、不带参数的函数的定义。

2）不带参数子函数的声明：声明子函数的目的是为了使编译器在编译主程序的时候，当它遇到一个子函数时知道有这样一个子函数存在，并且知道它的类型和带参数情况等信息，以方便为这个子函数分配必要的存储空间。

子函数可以写在调用函数（如 main() 函数）的前面或后面。

●当写在 main() 函数后面时，必须要在调用函数之前声明子函数，声明方法如下：将返回值特性、函数名及后面的小括号完全复制（无参函数则小括号内为空）。最后在小括号的后面必须加上分号";"。

●当写在 main() 函数前面时，不需要声明，因为写函数体的同时就已经相当于声明了函数本身。

3）不带参数子函数的调用：采用格式"函数名();"即可，举例如下。

[例 10-6] 编写程序实现在主函数中调用延时子程序，从而获得一定的延时时间。

解: 程序代码如下：

```
#include < reg51. h >          //包含头文件
#define uint unsigned int      //宏定义
void delay ();                 //子函数声明
void main()
{   ……
    delay ();                  //子函数调用
    ……
}
void delay ()                  //子函数定义
{
```

```
    uint i,j;
    for(i = 500;i > 0;i − −)
        for(j = 110;j > 0;j − −);
}
```

本例中，我们注意到"uint i，j;"语句，i 和 j 两个变量的定义放到了子函数里，而没有写在所有函数的最外面。在函数外面定义的变量叫做全局变量；在某个函数内部定义的变量被叫做局部变量，这里 i 和 j 就是局部变量。注意：局部变量只在当前函数中有效，程序一旦执行完当前函数，在它内部定义的所有变量都将自动销毁，当下次再调用该函数时，编译器重新为其分配内存空间。在一个程序中，每个全局变量都占据着单片机内固定的 RAM 单元；局部变量是用时随时分配，不用时立即销毁。一个单片机的 RAM 是有限的，如 8051 系列单片机只有 128B 的 RAM，如果要定义 unsigned char 型变量的话，最多只能定义 128 个。很多时候，当写一个比较大的程序时，经常会遇到内存不够用的情况，因此从一开始写程序时就要坚持能用局部变量就不用全局变量的原则，以节省内存空间。

(2) 带参数子函数的定义、声明及调用

1）带参数子函数的定义：例 10-5 中"void delay(uint x)"是延时 1ms 的带参数子函数，其定义如程序中所示。

2）带参数子函数的声明：因 delay 写在了被调用函数 main() 的后面，所以需在前面进行函数声明。声明时必须带参数类型，如果有多个参数，多个参数类型都要写入，类型后面可以不跟变量名，也可以写上变量名。

3）带参数子函数的调用：例 10-5 中 delay 后面的括号中多了一句"uint x"，x 就是这个子函数所带的参数，它是一个 unsigned int 型变量，又叫这个函数的形参。当进行函数调用时我们用一个具体真实的数据代替这个形参，这个真实数据被称为实参，形参被实参代替之后，在子函数内部所有和形参名相同的变量将都被实参代替。有了这种带参函数，要调用一个延时 300ms 的函数就可以写成"delay(300);"，要延时 200ms 可以写成"delay(200);"，十分方便。

10. 2. 3 单个中断系统设计举例

【例 10-7】 用 C51 编写程序实现例 5-3 的功能。

解：程序代码如下所示：

```
#include < reg51. h >              //包含头文件
sbit CINT0 = P3^0;                //声明清除中断的引脚
void delay(unsigned int i);       //delay 函数声明
unsigned char arr[100];           //声明数组用于存储外设数据,容量为100
unsigned int a;                   //定义无符号整型变量 a
void main(void)
{
    CINT0 = 0;                    //清除 INT0 时提供负脉冲
    IT0 = 0;                      //低电平触发外部中断 0
    EX0 = 1;                      //允许外部中断 0
```

```
    EA = 1;                          //CPU 开中断
    a = 0;
    while(1)
    {
    ……
    }
}
// INT0 中断服务程序
void counter0(void) interrupt 0
{
    CINT0 = 1;                       //不清除 INT0 时提供负脉冲
    delay(100);                      //调用延时子程序
    CINT0 = 0;                       //清除 INT0 时提供负脉冲
    arr[a] = P1;                     //将数据存入数组
    delay(100);                      //调用延时子程序
    a++;
}
void delay(unsigned int i)          //定义延时子程序
{
    char j;
    for(i; i > 0; i--)
        for(j = 200; j > 0; j--);
}
```

C51 的中断函数格式如下:

```
void 函数名() interrupt 中断号 [using 工作组]
{
    中断服务程序代码
}
```

其中:

①函数名前有 void, 中断函数不返回任何值。

②函数按 C 语言标识符来命名, 但不要与 C 语言中的关键字相同。

③函数名后面的括号是空的, 中断函数不带任何的参数。

④中断号是指单片机的几个中断源的序号, 见表 10-5, 例 10-7 中所使用的是外部中断 0, 所以中断号为 0。

表 10-5 51 系列单片机的中断级别及序号

中断源	默认级别	序　号	中断源	默认级别	序　号
INT0-外部中断 0	1	0	T1-定时器中断	4	3
T0-定时器中断 0	2	1	TI/RI-串行接口中断	5	4
INT1-外部中断 1	3	2			

⑤"[using 工作组]"可选，用来确定中断函数使用单片机内存中 4 组工作寄存器中的哪一组，C51 编译器在编译程序时会自动分配工作组，因此可以省略不写。

10.2.4 定时器程序设计举例

【例 10-8】 用 C51 编写程序实现例 6-4 的功能。

解：程序代码如下：

```
#include < reg51.h >              //头文件
sbit WORK = P1^0;                //WORK 为 1 时包装机工作
/* 系统初始化子函数 */
void system _ Init( )
{
    TMOD = 0x06;                 //使 T0 工作于计数模式 2
    TH0 = 0xE8;                  //装入计数初值
    TL0 = 0xE8;
    ET0 = 1;                     //T0 开中断
    EA = 1;                      //CPU 开中断
    TR0 = 1;                     //启动 T0
}
/* 延时子函数 */
void delay( unsigned int i)
{
    char j;
    for( i;i > 0;i - - )
        for( j = 200;j > 0;j - - );
}
/* 主函数 */
void main( )
{
    system _ Init( )  ;          // 系统初始化
    while( 1 )
    {
    …
    }
}
/* 定时计数器 0 的中断函数 */
void T0zd( void) interrupt 1
{
    TH0 = 0xE8;                  //给定时器 T0 赋初始值
    TL0 = 0xE8;
```

```
    WORK  = 1;                      //包装机工作
    delay(100);                     //延时
    WORK  = 0;                      //包装机停止工作
}
```

10. 2. 5 串行通信程序设计举例

【例 10-9】 用 C51 编写程序实现例 7-2 的功能。
解：程序代码如下：

```
#include  <reg51. h>
#include  <intrins. h>
#define uchar unsigned char
#define uint unsigned int
sbit STB  = P1^0;
uchar led;
void delay(unsigned int i);        //函数声明
/* 主函数 */
void main (void)
{
    SCON  = 0x00;                   //置串行接口工作方式 0
    ES   = 0;                       //禁止串行接口中断
    led  = 0x80;                    //拟先点亮最左边一位
  while(1)
  {
    STB  = 0;                       //关闭并行输出
    SBUF = led;                     //启动串行输出
    while(! TI);                    //等待数据传送(TI 发送中断标志)
    TI = 0;                         //清除数据传送标志
    STB  = 1;                       //打开并行接口输出
    delay(100);                     //延时一段时间
    led = _ cror _(led,1);          //循环右移
    STB  = 0;                       //关闭并行接口输出
    }
}
/* 延时子函数 */
void delay(unsigned int i)
{
    unsigned char j;
    for(i; i > 0; i - -)
        for(j = 200; j > 0; j- -);
}
```

说明：

1)"while(! TI);"等待 TI 变为 1,即等待数据发送完,之后清除 TI 为发送下一个数据做准备。

2)程序开头有"#include <intrins. h>"是因为后面使用了"_cror_"函数。

思考题

【10-1】　试简述用 C51 语言开发单片机程序的优点和缺点?

【10-2】　在 C51 中,请举例说明什么是常量和变量。在使用变量时为什么要进行类型声明?

【10-3】　在编写 C51 程序时,经常需要在程序的开头加上"#include <reg51. h>"(或"#include <reg52. h>")等头文件,试说明其作用是什么。在代码中加入头文件有几种写法,其区别是什么?

【10-4】　简述有参函数和无参函数的区别。

【10-5】　请举例说明什么是函数的声明、函数的定义及函数的调用。

【10-6】　51 系列单片机中有 5 个中断,请简述它们的优先级顺序。在编写 C 程序时它们的序号分别是什么?

【10-7】　请说明在下面的程序段中出现的语句"#define uchar unsigned char"的作用。

```
#include <reg51. h>
#define uchar unsigned char
uchar a;
void main()
{……}
```

【10-8】　举例说明循环左移位和循环右移位的操作步骤。

【10-9】　参考第 2 章的图 2-12,用 C51 编写程序实现如下功能:让图中的发光二极管 VL_1,交替亮灭闪烁,亮的时间为 400ms,灭的时间为 700ms(软件延时)。

【10-10】　参考第 2 章的图 2-12,用 C51 编写程序实现如下功能:利用定时器 0 工作于方式 1,产生 1s 的定时时间,每隔 1s 使 VL_1、VL_3、VL_5、VL_7 这 4 个发光二极管和 VL_2、VL_4、VL_6、VL_8 这 4 个发光二极管交替点亮。

【10-11】　用 8751 串行接口外接 CD4014 扩展 8 位并行输入口,输入数据由 8 个开关提供,另有一个开关 S 提供联络信号,电路连接如图 10-5 所示。当 S=0 时,要求输入数据,并连续输入 8 组数据,读入到一数组中。P/S=0 将并行输入的数据锁存,P/S=1 允许串行移位输出操作。用 C51 编写程序实现上述功能。

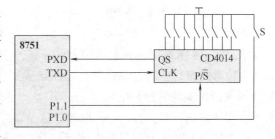

图 10-5　思考题 10-11 图

第 11 章　串行扩展技术

【学习纲要】

随着单片机芯片的集成度和结构的发展，单片机的并行总线扩展（利用三总线 AB、DB、CB 进行的系统扩展）已不再是单片机系统唯一的扩展方式，除并行总线扩展技术之外，近年来又出现了串行总线扩展技术。

学习本章时首先要理解单片机串行扩展技术的优势；了解几种目前常用的串行扩展接口，如 PHILIPS 公司的 I^2C 总线、DALLAS 半导体公司的单总线及 Motorola 公司的 SPI 总线等；理解几种常用串行接口的工作原理及应用特点；重点掌握 I^2C 串行扩展技术，特别是利用 80C51 系列单片机的 I/O 接口结合软件模拟 I^2C 串行接口总线时序来实现 I^2C 接口的方法。

单片机总线扩展技术，按照数据传送方式可分为两大类：并行总线扩展技术和串行总线扩展技术。并行总线速度快，适合短距离高速传送；串行总线连线少，结构简单，占用单片机的 I/O 接口资源少，可直接与许多外围设备连接，适合远距离慢速传送。

近年来由于半导体芯片技术迅速发展，单片机应用系统越来越多地采用串行扩展技术。单片机的串行扩展技术与并行扩展技术相比具有显著的优点，串行接口器件与单片机接口时需要的 I/O 接口线很少（仅需 1～4 条），可以使系统的硬件设计简化、体积减小、可靠性提高。同时，系统的扩充极为容易。串行接口器件体积小，因而占用电路板的空间小，仅为并行接口器件的 10%，明显减少了电路板的空间和成本。除上述优点外，串行扩展还有工作电压宽、抗干扰能力强、功耗低、数据不易丢失等特点。因此，串行扩展技术在 IC 卡、智能仪器仪表以及分布式控制系统等领域得到了广泛的应用。

目前，单片机应用系统中常用的串行扩展总线有：单总线（1-Wire BUS）、SPI 总线（Serial Peripheral Interface BUS）、I^2C 总线（Inter-Integrated Circuit BUS）及 SMBus 总线（System Management Bus）等。

11.1　单总线串行扩展

单总线（1-Wire Bus）是美国 Maxim 的全资子公司达拉斯（DALLAS）半导体公司推出的一项特有的串行扩展总线技术，已经集成到各种类型的芯片中，如存储器、温度传感器、A/D 转换器、实时时钟和电池管理芯片等。单总线只有一条数据输入/输出线 DQ，总线上的所有器件都挂在 DQ 上，电源也通过这条信号线供给，这种使用一条信号线的串行扩展技术，称为单总线技术。与目前多数标准总线不同，单总线技术采用单根信号线，既能传输时钟，又能传输数据，而且数据传输是双向的，实现半双工通信。因此它具有线路简单、硬件开销少、成本低廉、便于总线扩展和维护等诸多优点，在测量、控制、认证和识别等领域的应用越来越广泛。

　　单总线系统中配置的各种器件，由 DALLAS 半导体公司提供的专用芯片实现。每个芯片都有 64 位 ROM，厂家对每一个芯片用激光烧写编码，其中存有 16 位十进制编码序列号，它是器件的地址编号，确保它挂在总线上后，可以被唯一确定。除了器件的地址编码外，芯片内还包含收发控制和电源存储电路，如图 11-1 所示。这些芯片的耗电量都很小（空闲时为几微瓦，工作时为几毫瓦），工作时从总线上馈送电能到大电容中就可以工作，故一般不需另加电源。下面通过一个例子说明单总线技术的具体应用。

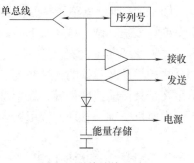

图 11-1　单总线芯片的内部结构示意图

　　【例 11-1】　图 11-2a 为一个由单总线构成的分布式温度监测系统实例，也可用于各种狭小空间内设备的数字测温。图中多个带有单总线接口的数字温度传感器 DS18B20 芯片都挂在单片机的 1 根 I/O 接口线（即 DQ 线）上。单片机对每个 DS18B20 通过总线 DQ 寻址。DQ 为漏极开路，需加上拉电阻。

　　DS18B20 芯片的封装形式多样，其中一种封装形式如图 11-2b 所示。DS18B20 是美国 DALLAS 半导体公司生产的单总线数字温度传感器，在该单总线数字温度传感器系列中还有 DS1820、DS18S20、DS1822 等其他型号，工作原理与特性基本相同。DS18B20 具有以下特点：

　　1）体积小、结构简单、使用方便。

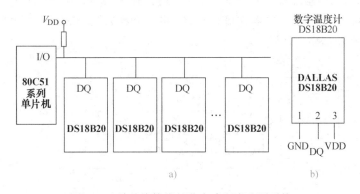

图 11-2　单总线构成的分布式温度监测系统

　　2）每个芯片都有唯一的 64 位光刻 ROM 编码，家族码为 28H。

　　3）温度测量范围 −55 ~ +125℃，在 −10 ~ +85℃ 范围内，测量精度可达 ±0.5℃。

　　4）DS18B20 的分辨率为可编程的 9 ~ 12 位（其中包括 1 位符号位），对应的温度变化量分别为 0.5℃、0.25℃、0.125℃、0.0625℃。

　　5）DS18B20 的转换时间与分辨率有关。当设定为 9 位时，转换时间为 93.75 ms；当设定为 10 位时，转换时间为 187.5ms；当设定为 11 位时，转换时间为 375 ms；当设定为 12 位时，转换时间为 750ms。

　　6）DS18B20 片内含有 SRAM（暂存寄存器）和 EEPROM（非易失寄存器），单片机写入 EEPROM 的上、下限温度值以及对 DS18B20 的设置，这些数据在芯片掉电的情况下也不会丢失。

DS18B20 的功能命令包括两类：1 条启动温度转换命令（44H）；5 条读/写 SRAM 和 EEPROM 命令。

图 11-2a 所示电路如果再扩展几位（根据需要）LED 数码管显示器，即可构成简易的数字温度计系统。读者可在图 11-2a 的基础上，自行进行扩展设计。

在单总线传输的是数字信号，数据的传输均采用 CRC 码校验。DALLAS 半导体公司为单总线的寻址及数据的传送制定了总线协议，具体内容读者可查阅相关资料。单总线协议的不足在于其传输速度稍慢，故单总线协议特别适用于测控点多、分布面广、种类复杂，而又需集中监控、统一管理的应用场合。

11.2 SPI 总线串行扩展

SPI（Serial Peripheral Interface）的中文含义就是串行外部设备接口。SPI 总线是由 Motorola 公司最先推出的全双工同步串行总线，允许单片机与各种外围设备以串行方式进行通信，主要应用在 EEPROM、FLASHRAM、实时时钟、LCD 显示驱动器，A/D 转换器，D/A 转换器等芯片中。

标准的 SPI 总线可直接与各个厂家生产的具有 SPI 总线接口功能的各种 I/O 器件进行连接，只需通过 4 条信号线就可以实现主、从设备之间的通信，被称为四线制同步串行总线，但更多时候被称为三线制总线（不考虑片选线时）。图 11-3 为 SPI 外围串行扩展结构，SPI 使用 4 条线：串行时钟 SCK、主器件输入/从器件输出数据线 MISO，主器件输出/从器件输入数据线 MOSI 和从器件选择线 $\overline{CS}$。

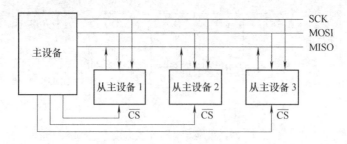

图 11-3　SPI 外围串行扩展结构

SPI 的典型应用是单主系统，即只有一台主器件，从器件通常是外围接口器件，单片机扩展多个外围器件时，SPI 无法通过数据线译码选择，故外围器件都有片选端 $\overline{CS}$。在扩展单个 SPI 器件时，外围器件的片选端 $\overline{CS}$ 可以接地或通过 I/O 接口控制；在扩展多个 SPI 器件时，单片机应分别通过 I/O 接口线来分时选通外围器件。在 SPI 串行扩展系统中，如果某一从器件只作输入（如键盘）或只作输出（如显示器），可省去一条数据输出（MISO）线或一条数据输入（MOSI）线，从而构成双线系统（$\overline{CS}$ 接地）。

SPI 系统中单片机对从器件的选通需控制其 $\overline{CS}$ 端，由于省去了传输时的地址字节，数据传送软件十分简单。但在扩展器件较多时，需要控制较多的从器件 $\overline{CS}$ 端，连线较多。

在 SPI 串行扩展系统中, 作为主器件的单片机在启动一次传送时, 便产生 8 个时钟, 传送给接口芯片作为同步时钟, 控制数据的输入和输出。数据的传送格式是高位（MSB）在前, 低位（LSB）在后, 如图 11-4 所示。数据线上输出数据的变化以及输入数据时的采样, 都取决于 SCK。但对于不同的外围芯片, 有的可能是 SCK 的上升沿起作用, 有的可能是 SCK 的下降沿起作用。SPI 有较高的数据传输速度, 最高可达 1.05 Mbit/s。

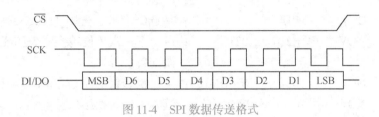

图 11-4　SPI 数据传送格式

Motorola 公司为广大用户提供了一系列具有 SPI 接口的单片机和外围接口芯片, 如存储器 MC2814、显示驱动器 MC14499 和 MC14489 等。

SPI 外围串行扩展系统的从器件要具有 SPI 接口, 主器件是单片机。目前已有许多机型的单片机都带有 SPI 接口。但是对于 80C51 系列单片机, 由于不带 SPI 接口, SPI 接口的实现可采用软件与 I/O 接口结合的方法来模拟 SPI 的接口时序。

【例 11-2】　设计 80C51 系列单片机与串行 A/D 转换器 TLC2543 的 SPI 接口。

TLC2543 是美国 TI 公司的 12 位串行 SPI 接口的 A/D 转换器, 转换时间为 10μs。片内有 1 个 14 路模拟开关, 用来选择 11 路模拟输入以及 3 路内部测试电压中的 1 路进行采样。

图 11-5 为 80C51 系列单片机与 TLC2543 的 SPI 接口电路。TLC2543 的 I/O CLOCK、DATA INPUT 和 $\overline{CS}$ 端由 80C51 系列单片机的 P1.0、P1.1 和 P1.3 来控制。转换结果的输出数据（DATA OUT）由单片机的 P1.2 串行接收, 80C51 系列单片机将命令字通过 P1.1 输入到 TLC2543 的输入寄存器中。下面的子程序为 80C51 系列单片机选择某一通道（如 AIN0 通道）进行 1 次数据采集, A/D 转换结果共 12 位, 分两次读入：先读入 TLC2543 中的 8 位转换结果到单片机中, 同时写入下一次转换的命令, 然后再读入 4 位的转换结果到单片机中。

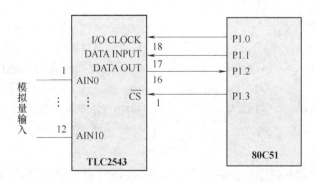

图 11-5　80C51 系列单片机与 TLC2543 的 SPI 接口

注意：TLC2543 在每次 I/O 周期读取的数据都是上次转换的结果, 当前的转换结果要在下一个 I/O 周期中被串行移出。由于内部调整, TLC2543 A/D 转换第 1 次读数读取的转换结果可能不准确，应丢弃。

具体的程序如下：

```
            ADCOMD  BYTE   6FH          ; 定义命令存储单元
            ADOUTH  BYTE   6EH          ; 定义存储转换结果高 4 位单元
            ADOUTL  BYTE   6DH          ; 定义存储转换结果低 8 位单元
ADCONV:     CLR     P1.0                ; 时钟脚为低电平
            CLR     P1.3                ; 片选CS有效，选中 TLC2543
            MOV     R2,    #08H         ; 送出下一次 8 位转换命令和读 8 位转换结果
                                          做准备
            MOV     A,     ADCOMD       ; 下一次转换的命令在 ADCOMD 单元中送 A
LOOP1:      MOV     C,     P1.2         ; 读入 1 位转换结果
            RRC     A                   ; 1 位转换结果带进位位循环右移
            MOV     P1.1,  C            ; 送出命令字节中的 1 位
            SETB    P1.0                ; 产生 1 个时钟
            NOP
            CLR     P1.0
            NOP
            DJNZ    R2,    LOOP1        ; 是否完成 8 次转换结果读入和命令输出？
                                          未完则跳 LOOP1
            MOV     ADOUTL, A           ; 读入的 8 位转换结果存入 ADOUTL 单元
            MOV     A,     #00H         ; A 清 0
            MOV     R2,    #04H         ; 为读入 4 位转换结果做准备
LOOP2:      MOV     C,     P1.2         ; 读入高 4 位转换结果中的 1 位
            RRC     A                   ; 带进位位循环右移
            SETB    P1.0                ; 产生 1 个时钟
            NOP
            CLR     P1.0
            NOP
            DJNZ    R2,    LOOP2        ; 是否完成 4 次读入？未完则跳 LOOP2
            MOV     ADOUTH, A           ; 高 4 位转换结果存入 ADOUTH 单元中的高
                                          4 位
            SWAP    ADOUTH              ; ADOUTH 单元中的高 4 位与低 4 位互换
            SETB    P1.0                ; 时钟无效
            RET
```

执行上述程序中的 8 次循环，执行 "RRC A" 指令 8 次，每次读入转换结果 1 位，然后送出 ADCOMD 单元中的下一次转换的命令字节 "G7 G6 G5 G4 G3 G2 G1 G0" 中的 1 位，进入 TLC2543 的输入寄存器。经 8 次右移后，8 位 A/D 转换结果数据 "××××××××" 读入累加器 ACC 中，上述的具体数据交换过程如图 11-6 所示。子程序中的 4 次循环，只是读入转换结果的 4 位数据，图中没有给出，读者可自行画出 4 次移位的过程。

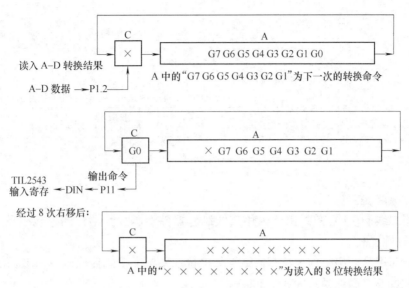

图 11-6 80C51 系列单片机与 TLC2543 的 8 位数据交换示意图

由例 11-2 可见，80C51 系列单片机与 TLC2543 的接口电路十分简单，只需用软件控制 4 条 I/O 脚，按照规定的时序对 TLC2543 进行访问即可。

11.3 I²C 总线扩展

标准型 80C51 系列单片机没有配置 I²C 总线接口，但是可以利用其并行口线模拟多种串行总线的时序，这样就可以广泛地利用串行接口芯片资源。本节将对 I²C 总线及其接口进行介绍。

11.3.1 I²C 总线基础

1. I²C 总线的架构

I²C 总线（Inter-Integrated Circuit BUS）是 PHILIPS 公司开发的一种双向两线制同步串行总线，用于连接微控制器及其外围设备，实现连接于总线上的器件之间的信息传送，是近年来微电子通信控制领域广泛采用的一种总线标准。目前许多接口器件采用了 I²C 总线接口，如 AT24C 系列 EEPROM 器件、LED 驱动器 SAA1064 等。PHILIPS 公司推出的包括 LED 驱动器、LCD 驱动器、A/D 转换器、D/A 转换器、RAM、EPROM 及 I/O 接口在内的 I²C 接口电路芯片。

对于原来没有 I²C 总线的单片机，如 8031 等，可以使用 I²C 总线接口器件 PCD8548 扩展出 I²C 总线接口，也可以采用软件模拟 I²C 总线时序，编写出 I²C 总线驱动程序来完成总线运行操作。

I²C 总线只有两根双向信号线。一根是数据线 SDA，另一根是时钟线 SCL。所有连接到 I²C 总线上的器件的数据线都接到 SDA 线上，各器件的时钟线均接到 SCL 线上。I²C 总线的基本架构如图 11-7 所示。

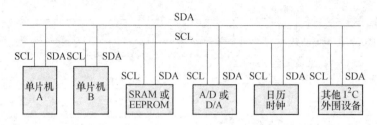

图 11-7   I²C 总线的基本架构

2. I²C 总线的特点

1）采用二线制。I²C 总线由于采用二线制，器件引脚少，器件间连接简单，电路板体积减小，可靠性提高。

2）传输速率高。串行的 8 位双向数据传输位速率标准模式传输速率为 100Kbit/s，快速模式为 400Kbtit/s，高速模式为 3.4Mbit/s。

3）每个连接到总线的器件都可以通过软件以唯一的地址寻址，并建立简单的主机/从机关系，主器件既可以作为发送器，也可以作为接收器。

4）支持主/从和多主两种工作方式。多主方式时，要求单片机配备 I²C 总线接口。标准型 80C51 系列单片机没有 I²C 总线接口，只能工作于单主方式（扩展外围从器件）。本节仅就这种方式进行介绍，并将 80C51 系列单片机称为主机，扩展的接口器件称为从器件。

3. I²C 总线的数据传输

在 I²C 总线上，每一位数据位的传输都与时钟脉冲相对应。逻辑 0 和逻辑 1 的信号电平取决于相应的电源电压 V_{CC}（I²C 总线可适合于不同的半导体制造工艺，如 CMOS、NMOS 等各种类型的电路都可以接入总线）。

数据传输时，SCL 为高电平期间，SDA 上的数据必须保持稳定；在 SCL 为低电平期间，SDA 上的电平状态才允许变化。数据传输时序如图 11-8 所示。

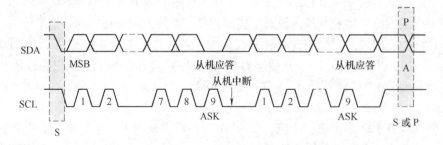

图 11-8   数据传输时序

（1）**起始和终止信号**   I²C 总线规定，SCL 线为高电平期间，SDA 线由高电平向低电平的变化表示起始信号；SCL 线为高电平期间，SDA 线由低电平向高电平的变化表示终止信号。起始和终止信号如图 11-9 所示。

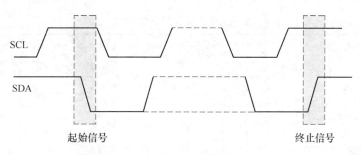

图 11-9　起始和终止信号

起始信号和终止信号由主机发出。在起始信号发出后，总线就处于被占用的状态。在终止信号发出后，总线就处于空闲状态。

从器件检测起始和终止信号。从器件收到一个数据字节后，如果可以马上接收下一字节，要发出应答信号。若无法立刻接收下一个字节，可将 SCL 线拉成低电平，使主机处于等待状态，直到准备好接收下一个字节时，再释放 SCL 线使之为高电平。

（2）字节传送与应答　数据传输字节数没有限制，但每个字节必须是 8 位长度，先传最高位（MSB），每个被传输的字节后面都要跟随应答位（即一帧共有 9 位），应答时序如图 11-10 所示。

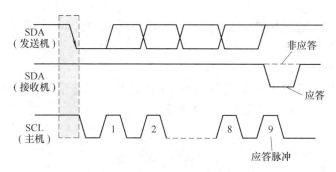

图 11-10　应答时序

如果从器件进行了应答，但在数据传输一段时间后无法继续接收更多的数据时，从器件可以通过对无法接收的第一个数据字节的"非应答"通知主机，主机则应发出终止信号以结束数据的继续传输。

当主机接收数据时，它收到最后一个数据字节后，必须向从器件发出一个结束传输的"非应答"信号，然后从器件释放 SDA 线，以允许主机产生终止信号。

（3）寻址字节　在主机发出起始信号后要再传输 1 个寻址字节，包括 7 位从器件地址和 1 位传输方向控制位（用 0 表示主机发送数据，1 表示主机接收数据），格式如图 11-11 所示。

图 11-11　寻址数据格式

D7 ~ D1 位组成从机的地址，D0 位是数据传送方向位。主机发送地址时，总线上的每个从机都将这 7 位地址码与自己的地址进行比较。如果相同，则认为自己正被主机寻址。器件地址由固定部分和可编程两部分组成。AT24C 系列存储器器件地址表见表 11-1。

表 11-1　AT24C 系列存储器器件地址表

器件型号	字节容量	寻址字节					内部地址字节数	页面写字节数	最多可挂器件数
		固定标识		片选		R/W			
AT24C01A	128B			A2	A1	A0	1/0		8	8
AT24C02	256B			A2	A1	A0	1/0		8	8
AT24C04	512B			A2	A1	P0	1/0	1	16	4
AT24C08A	1KB			A2	P1	P0	1/0		16	2
AT24C16A	2KB	1　0　1　0		P2	P1	P0	1/0		16	1
AT24C32A	4KB			A2	A1	A0	1/0		32	8
AT24C64A	8KB			A2	A1	A0	1/0		32	8
AT24C128B	16KB			A2	A1	A0	1/0	2	64	8
AT24C256B	32KB			A2	A1	A0	1/0		64	8
AT24C512B	64KB			A2	A1	A0	1/0		128	8

由表 11-1 可见，AT24C02 器件地址的固定部分为 1010，器件引脚 A2、A1 和 A0 的不同连接可以选择 8 个同样的器件，片内 256 个字节可以由单字节寻址，页面写字节数为 8。

11.3.2　80C51 系列单片机的 I^2C 总线时序模拟

对于没有配置 I^2C 总线接口的单片机（如 80C51 等），可以利用通用并行 I/O 口线模拟 I^2C 总线接口的时序。

1. I^2C 总线的典型信号

I^2C 总线的数据传输有严格的时序要求。I^2C 总线的起始信号、终止信号、发送应答（0）及发送非应答（1）的时序如图 11-12 所示。

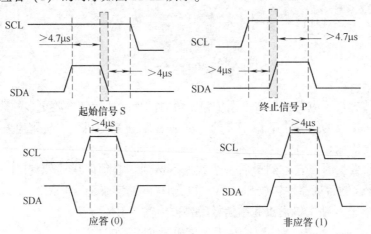

图 11-12　典型信号的时序

2. I^2C 总线典型信号模拟子程序

设主机采用 80C51 系列单片机，晶体振荡频率为 6 MHz（即机器周期为 $2\mu s$），则几个典型信号的模拟子程序如下所述。

（1）起始信号

```
STA: SETB    SDA
     SETB    SCL
     NOP
     NOP
     CLR     SDA
     NOP
     NOP
     CLR     SCL
     RET
```

（2）终止信号

```
STP: CLR     SDA
     SETB    SCL
     NOP
     NOP
     SETB    SDA
     NOP
     NOP
     CLR     SDA
     RET
```

（3）发送应答位 0

```
ASK: CLR     SDA
     SETB    SCL
     NOP
     NOP
     CLR     SCL
     SETB    SDA
     RET
```

（4）发送非应答位 1

```
NAS: SETB    SDA
     SETB    SCL
     NOP
     NOP
     CLR     SCL
     CLR     SDA
     RET
```

注意：使用这些子程序时，在主程序中应设置如下语句：

```
     SDA     EQU    P1.7
     SCL     EQU    P1.6
```

11.3.3 80C51 系列单片机与 AT24C02 的接口

串行 EEPROM 的优点是体积小、功耗低、占用 I/O 口线少、性能价格比高。典型产品如 Atmel 公司的 AT24C02，其引脚定义如图 11-13 所示，80C51 系列单片机与 AT24C02 的连接如图 11-14 所示。

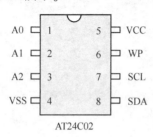

图 11-13 AT24C02 的引脚

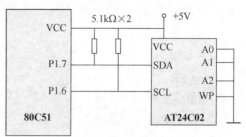

图 11-14 80C51 系列单片机与 AT24C02 的连接

AT24C02 内含 256B(2Kbit)，擦写次数大于 10000 次，写入速度小于 10ms。图 11-14 中仅扩展一个器件，所以将 A2、A1、A0 这 3 条地址线接地。WP 为写保护控制端，接地时允许写入。SDA 是数据输入/输出线，SCL 为串行时钟线。

1. 写操作过程

对 AT24C02 写入时，单片机发出起始信号之后再发送的是控制字节，然后释放 SDA 线并在 SCL 线上产生第 9 个时钟信号。被选中的存储器器件在确认是自己的地址后，在 SDA 线上产生一个应答信号，单片机收到应答后就可以传送数据了。

传送数据时，单片机首先发送一个字节的预写入存储单元的首地址，收到正确的应答后，单片机就逐个发送各数据字节，但每发送一个字节后都要等待应答。单片机发出停止信号 P 后，启动 AT24C02 的内部写周期，完成数据写入工作（约 10 ms 内结束）。

AT24C02 片内地址指针在接收到每一个数据字节后自动加 1，在芯片的"一次装载字节数"（页面字节数）限度内，只需输入首地址。装载字节数超过芯片的"一次装载字节数"时，数据地址将"上卷"，前面的数据将被覆盖。

当要写入的数据传送完后，单片机应发出终止信号以结束写入操作。写入 n 个字节的数据格式如图 11-15 所示。

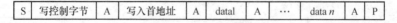

图 11-15 写入 n 个字节的数据格式

2. 读操作过程

对 AT24C02 读出时，单片机也要发送该器件的控制字节（"伪写"），发送完后释放 SDA 线并在 SCL 线上产生第 9 个时钟信号，被选中的存储器在确认是自己的地址后，在 SDA 线上产生一个应答信号作为响应。然后，单片机再发送一个字节的要读出器件的存储区的首地址，收到器件的应答后，单片机要重复一次起始信号并发出器件地址和读方向位（1），收到器件应答后就可以读出数据字节，每读出一个字节，单片机都要回复应答信号。当最后一个字节数据读完后，单片机应返回以"非应答"（高电平），并发出终止信号以结束读出操作。

读出 n 个字节的数据格式如图 11-16 所示。

S	伪写控制字节	A	读出首地址	A	S	读控制字节	A	data1	A	⋯	data n	Ā	P

图 11-16　读出 n 个字节的数据格式

3. 基本操作子程序

（1）**应答位检查**　正常应答时 F0 标志为 0，否则 F0 为 1。

```
ASKC：   SETB    SDA
         SETB    SCL
         CLR     F0
         MOV     C，SDA
         JNC     EXIT
         SETB    F0                      ；非正常应答
EXIT：   CLR SCL
         RET
```

（2）**发送一个字节**　预发送的数据在 A 中，程序中要用到 R0。

```
WRB：    MOV     R0，        #8
WLP1：   RLC     A
         JC      WR1
         AJMP    WR0
WLP2：   DJNZ    R0，        WLP1
         RET
WR1：    SETB    SDA
         SETB    SCL
         NOP
         NOP
         CLR     SCL
         CLR     SDA
         AJMP    WLP2
WR0：    CLR     SDA
         SETB    SCL
         NOP
         NOP
         CLR     SCL
         AJMP    WLP2
```

（3）**从 EEPROM 读一个字节**　读取的一个字节数据存于 R2 或 A 中，程序中要用 R0 作计数器。

```
RDB：    MOV     R0，        #8
```

```
RLP:    SETB    SDA
        SETB    SCL
        MOV     C,      SDA
        MOV     A,      R2
        RLC     A
        MOV     R2,     A
        CLR     SCL
        DJNZ    R0,     RLP
        RET
```

（4）**向 EEPROM 发送 n 个字节**　入口条件：向 R1 送入发送数据缓冲区首地址；向 SNUM 送入发送字节数；向 SLAW 送入写寻址字节。

```
WRNB:   LCALL   STA
        MOV     A,      SLAW
        LCALL   WRB
        LCALL   ASKC
        JB      F0,     WRNB
WLP:    MOV     A,      @R1
        LCALL   WRB
        LCALL   ASKC
        JB      F0,     WRNB
        INC     R1
        DJNZ    SNUM,   WLP
        LCALL   STP
        RET
```

（5）**从 EEPROM 读取 n 个字节**　入口条件：向 R1 送入接收缓冲区首地址；向 RNUM 送入接收字节数；向 SLAR 送入读寻址字节。

```
RDNB:   LCALL   STA
        MOV     A,      SLAR
        LCALL   WRB
        LCALL   ASKC
        JB      F0,     RDNB
RNLP:   LCALL   RDB
        MOV     @R1,    A
        DJNZ    RNUM,   FASK
        LCALL   NAS
        LCALL   STP
        RET
FASK:   LCALL   ASK
        INC     R1
```

```
              STMP      RNLP
```

【例11-3】　编程实现向 AT24C02 的 50H ~ 57H 单元写入 00H、11H、22H、33H、44H、55H、66H、77H 共 8 个数据，接口电路如图 11-14 所示。

解：由题意及图 11-14 可知，SLA2 = A0H，AT24C02 接收数据区首地址 50H 及 8 个数据先放在单片机内部 RAM 的 30H ~ 38H 单元。程序如下：

```
SDA      EQU      P1. 7
SCL      EQU      P1. 6
SNUM     EQU      40H
SLAW     EQU      41H
         ORG      0000H
         AJMP     MAIN
         ORG      0040H
MAIN：    MOV      SP,      #5FH
         LCALL    LDATA                  ; 初始化
         MOV      SLAW,    #0A0H         ; 设寻址控制字节
         MOV      SNUM,    #9
         MOV      R1,      #50H
         LCALL    WRNB
         SJMP     $
LDATA：   MOV      R0,      #30H          ; 初始化数据区：50H、00H、11H、……
         MOV      @R0,     #50H          ; AT24C02 接收区首址
         INC      R0
         MOV      @R0,     #00H
         INC      R0
         MOV      @R0,     #11H
         INC      R0
         MOV      @R0,     #22H
         INC      R0
         MOV      @R0,     #33H
         INC      R0
         MOV      @R0,     #44H
         INC      R0
         MOV      @R0,     #55H
         INC      R0
         MOV      @R0,     #66H
         INC      R0
         MOV      @R0,     #77H
         RET
         END
```

【例 11-4】 编程实现从 AT24C02 的 50H~57H 单元读出 8 个字节数据，并将其存放在单片机内部 RAM 的 40H~47H 单元，接口电路如图 11-14 所示。

解： 由题意可知，SLAW = A0H，SLAR = A1H，AT24C02 读数据区首地址 50H。程序如下：

```
SDA     EQU     P1.7
SCL     EQU     P1.6
SNUM    EQU     4AH
SLAW    EQU     4BH
RNUM    EQU     4CH
SLAR    EQU     4DH
        ORG     0000H
        AJMP    MAIN
        ORG     0040H
MAIN:   MOV     SP,     #5FH
        MOV     R1,     #50H
        MOV     SLAW,   #0A0H
        MOV     SNUM,   #1
        LCALL   WRNB            ; 伪写
        MOV     SLAR,   #0A1H   ; 设寻址控制字节（读）
        MOV     RNUM,   #8
        MOV     R1,     #40H
        LCALL   RDNB
        SJMP    $
        END
```

思考题

【11-1】 单片机总线扩展技术，按照数据传送方式，可分为两大类：（　　）和（　　）。速度快，适合短距离高速传送的是（　　）总线；连线少，结构简单，占用单片机的 I/O 接口资源少，可直接与许多外围设备连接，适合远距离慢速传送的是（　　）总线。

【11-2】 列举几种目前常用的串行总线。

【11-3】 列举一种一线制总线，并简述其主要特性。

【11-4】 单总线的（　　）命令主要用来管理和识别单总线器件，实现器件的"片选"功能。

【11-5】 列举一种三线制总线，并简述其主要特性。

【11-6】 标准的 SPI 接口一般使用的 4 条导线，分别为（　　）、（　　）、（　　）和（　　）。

【11-7】 用于提供时钟脉冲将数据一位位地传送的是（　　），用于串行接收和发送数据的是（　　）和（　　）。

【11-8】 图 11-17 为 MCS-51 系列单片机与 SPI 芯片接口电路原理。其中，P1.0 模拟

SPI 的数据输出端 MOSI，P1.1 模拟 SPI 的 SCK 输出端，P1.2 模拟 SPI 的从机选择端 SS，P1.3 模拟 SPI 的数据输入端 MISO。请完成相应连线，注意信号线的方向。

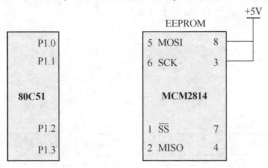

图 11-17　MCS-51 系列单片机与 SPI 芯片接口电路原理

【11-9】　列举一种二线制总线，并简述其主要特性。

【11-10】　I²C 总线由（　　）和（　　）构成通信电路，既可以发送数据，也可以接收数据，由于只有两条线，因此新从器件只需接入总线即可，而无需附加逻辑。

【11-11】　I²C 总线在传送数据过程中共有 3 种类型的信号，它们分别是：（　　）、（　　）和（　　）。

【11-12】　I²C 总线在传送数据过程中的开始信号是在 SCL 为（　　）电平时，SDA 由（　　）电平向（　　）电平跳变，开始传送数据；结束信号是在 SCL 为（　　）电平时，SDA 由（　　）电平向（　　）电平跳变，结束传送数据；总线空闲状态时 SDA 和 SCL 两条信号线都处于（　　）电平。

附　　录

附录 A　ASC Ⅱ表

列	0[③]	1[③]	2[③]	3	4	5	6	7[③]

行	位 654→ ↓ 3210	000	001	010	011	100	101	110	111
0	0000	NUL	DLE	SP	0	@	P	、	p
1	0001	SOH	DC1	!	1	A	Q	a	q
2	0010	STX	DC2	"	2	B	R	b	r
3	0011	ETX	DC3	#	3	C	S	c	s
4	0100	EOT	DC4	$	4	D	T	d	t
5	0101	ENQ	NAK	%	5	E	U	e	u
6	0110	ACK	SYN	&	6	F	V	f	v
7	0111	BEL	ETB	,	7	G	W	g	w
8	1000	BS	CAN	(	8	H	X	h	x
9	1001	HT	EM	)	9	I	Y	i	y
A	1010	LF	SUB	*	:	J	Z	j	z
B	1011	VT	ESC	+	;	K	〔	k	{ {
C	1100	FF	FS	,	<	L	\	l	ǀ
D	1101	CR	GS	–	=	M	〕	m	} }
E	1110	SO	RS	.	>	N	Ω[①]	n	~
F	1111	SI	US	/	?	O	_[②]	o	DEL

注：① 取决于使用这种代码的机器，它的符号可以是弯曲符号、向上箭头或（一）标记；

② 取决于使用这种代码的机器，它的符号可以是在下面画线、向下箭头或心形；

③ 第 0、1、2 和 7 列中特殊控制功能解释如下：

NUL	空	VT	垂直制表
SOH	标题开始	FF	走纸控制
STX	正文结束	CR	回车
ETX	本文结束	SO	移位输出
EOT	传输结果	SI	移位输入
ENQ	询问	SP	空格
ACK	承认	DLE	数据转换符
BEL	报警符（可听见的信号）	DC1	设备控制 1
BS	退一格	DC2	设备控制 2
HT	横向列表（穿孔卡片指令）	DC3	设备控制 3

LF	换行	DC4	设备控制 4
SYN	空转同步	NAK	否定
ETB	信息组传送结束	FS	文字分隔符
CAN	作废	GS	组分隔符
EM	纸尽	RS	记录分隔符
SUB	减	US	单元分隔符
ESC	换码	DEL	作废

附录 B　MCS-51 系列单片机指令系统表

附表 B-1　数据传送类指令

助　记　符	机　器　码	功　　能	P	OV	AC	CY	字节数	晶体振荡周期数
MOV　A,Rn	E8H ~ EFH	A←(Rn)	✓	×	×	×	1	12
MOV　A,direct	E5H,direct	A←(direct)	✓	×	×	×	2	12
MOV　A,@ Ri	E6H ~ E7H	A←((Ri))	✓	×	×	×	1	12
MOV　A,#data	74H,data	A←data	✓	×	×	×	2	12
MOV　Rn,A	F8H ~ FFH	Rn←(A)	×	×	×	×	1	12
MOV　Rn,direct	A8H ~ AFH,direct	Rn←(direct)	×	×	×	×	2	24
MOV　Rn,#data	78H ~ 7FH,data	Rn←data	×	×	×	×	2	12
MOV　direct,A	F5H,direct	direct←(A)	×	×	×	×	2	12
MOV　direct,Rn	88H ~ 8FH,direct	direct←(Rn)	×	×	×	×	2	24
MOV　direct1,direct2	85H,direct2,direct1	direct1←(direr2)	×	×	×	×	3	24
MOV　direct,@ Ri	86H ~ 87H,direct	direct←((Ri))	×	×	×	×	2	24
MOV　direct,#data	75H,direct,data	direct←data	×	×	×	×	3	24
MOV　@ Ri,A	F6H ~ F7H	(Ri)←(A)	×	×	×	×	1	12
MOV　@ Ri,direct	A6H ~ A7H,direct	(Ri)←(direct)	×	×	×	×	2	24
MOV　@ Ri,#data	76H ~ 77H,data	(Ri)←data	×	×	×	×	2	12
MOV　DPTR,#data16	90H,dataH,dataL	DPTR←data16	×	×	×	×	3	24
MOV　C,bit	A2H,bit	CY←(bit)	×	×	×	✓	2	12
MOV　bit,C	92,bit	bit←(CY)	×	×	×	×	2	24
MOVC　A,@ A + DPTR	93H	A←((A)+(DPTR))	✓	×	×	×	1	24
MOVC　A,@ A + PC	83H	A←((A)+(PC))	✓	×	×	×	1	24
MOVX　A,@ Ri	E2H ~ E3H	A←((Ri))	✓	×	×	×	1	24
MOVX　A,@ DPTR	E0H	A←((DPTR))	✓	×	×	×	1	24
MOVX　@ Ri,A	F2H ~ F3H	(Ri)←(A)	×	×	×	×	1	24
MOVX　@ DPTR,A	F0H	(DPTR)←(A)	×	×	×	×	1	24
PUSH　direct	C0H,direct	SP←(SP)+1,(SP)←(direct)	×	×	×	×	2	24
POP　direct	D0H,direct	direct←((SP)),SP←(SP)-1	×	×	×	×	2	24

（续）

助 记 符	机 器 码	功 能	对标志位影响				字节数	晶体振荡周期数
			P	OV	AC	CY		
XCH A,Rn	C8H ~ CFH	A↔(Rn)	√	×	×	×	1	12
XCH A,direct	C5H,direct	A↔(direct)	√	×	×	×	2	12
XCH A,@Ri	C6H ~ C7H	A↔((Ri))	√	×	×	×	1	12
XCHD A,@Ri	D6H ~ D7H	$A_{3 \sim 0}$↔$((Ri))_{3 \sim 0}$	√	×	×	×	1	12
SWAP A	C4H	$A_{3 \sim 0}$↔$(A)_{7 \sim 4}$	×	×	×	×	1	12

附表 B-2　算术运算类指令

助 记 符	机 器 码	功 能	对标志位的影响				字节数	晶体振荡周期
			P	OV	AC	CY		
ADD A,Rn	28 ~ 2FH	A←(A) + (Rn)	√	√	√	√	1	12
ADD A,direct	25H,direct	A←(A) + (direct)	√	√	√	√	2	12
ADD A,@Ri	26H ~ 27H	A←(A) + ((Ri))	√	√	√	√	1	12
ADD A,#data	24H,data	A←(A) + data	√	√	√	√	2	12
ADDC A,Rn	38H ~ 3FH	A←(A) + (Rn) + (CY)	√	√	√	√	1	12
ADDC A,direct	35H,direct	A←(A) + (direct) + (CY)	√	√	√	√	2	12
ADDC A,@Ri	36H ~ 37H	A←(A) + ((Ri)) + (CY)	√	√	√	√	1	12
ADDC A,#data	34H,data	A←(A) + data + (CY)	√	√	√	√	2	12
DA A	D4H	对 A 进行十进制调整	√	√	√	√	1	12
DEC A	14H	A←(A) − 1	√	×	×	×	1	12
DEC Rn	18H ~ 1FH	Rn←(Rn) − 1	×	×	×	×	1	12
DEC direct	15H,direct	direct←(direct) − 1	×	×	×	×	2	12
DEC @Ri	16H ~ 17H	(Ri)←((Ri)) − 1	×	×	×	×	1	12
DIV AB	84H	A(商),B(余数)←(A)÷(B)	√	√	×	√	1	48
INC A	04H	A←(A) + 1	√	×	×	×	1	12
INC Rn	08H ~ 0FH	Rn←(Rn) + 1	×	×	×	×	1	12
INC direct	05H,direct	direct←(direct) + 1	×	×	×	×	2	12
INC @Ri	06H ~ 07H	(Ri)←((Ri)) + 1	×	×	×	×	1	12
INC DPTR	A3H	DPTR←(DPTR) + 1	×	×	×	×	1	24
MUL AB	A4H	B(高8位),A(低8位)←(A)×(B)	√	√	×	√	1	48
SUBB A,Rn	98H ~ 9FH	A←(A) − (Rn) − (CY)	√	√	√	√	1	12
SUBB A,direct	95H,direct	A←(A) − (direct) − (CY)	√	√	√	√	2	12
SUBB A,@Ri	96H ~ 97H	A←(A) − ((Ri)) − (CY)	√	√	√	√	1	12
SUBB A,#data	94H,data	A←(A) − data − (CY)	√	√	√	√	2	12

附表 B-3　逻辑运算类指令

助记符	机器码	功　能	P	OV	AC	C	字节数	晶体振荡周期
ANL　A，Rn	58H～5FH	A←(A)∧(Rn)	✓	×	×	×	1	12
ANL　A,direct	55H,direct	A←(A)∧(direct)	✓	×	×	×	2	12
ANL　A,@Ri	56H～57H	A←(A)∧((Ri))	✓	×	×	×	1	12
ANL　A,#data	54H,data	A←(A)∧data	✓	×	×	×	2	12
ANL　direct,A	52H,direct	direct←(direct)∧(A)	×	×	×	×	2	12
ANL　direct,#data	53H,direct,data	direct←(direct)∧data	×	×	×	×	3	24
ANL　C,bit	82H,bit	CY←(CY)∧(bit)	×	×	×	✓	2	24
ANL　C,/bit	B0H,bit	CY←(CY)∧(/bit)	×	×	×	✓	2	24
CLR　A	E4H	A←0	✓	×	×	×	1	12
CLR　C	C3H	CY←0	×	×	×	✓	1	12
CLR　bit	C2H	bit←0	×	×	×	×	2	12
CPL　A	F4H	A←(/A)	×	×	×	×	1	12
CPL　C	B3H	CY←(/CY)	×	×	×	✓	1	12
CPL　bit	B2H	bit←(/bit)	×	×	×	×	2	12
ORL　A,Rn	48H～4FH	A←(A)∨(Rn)	✓	×	×	×	1	12
ORL　A,direct	45H,direct	A←(A)∨(direct)	✓	×	×	×	2	12
ORL　A,@Ri	46H～47H	A←(A)∨((Ri))	✓	×	×	×	1	12
ORL　A,#data	44H,data	A←(A)∨data	✓	×	×	×	2	12
ORL　direct,A	42H,direct	direct←(direct)∨(A)	×	×	×	×	2	12
ORL　direct,#data	43H,direct,data	direct←(direct)∨data	×	×	×	×	3	24
ORL　C,bit	72H,bit	CY←(CY)∨(bit)	×	×	×	✓	2	24
ORL　C,/bit	A0H,bit	CY←(CY)∨(/bit)	×	×	×	✓	2	24
RL　A	23H	A 循环左移一位	×	×	×	×	1	12
RLC　A	33H	CY，A 循环左移一位	✓	×	×	✓	1	12
RR　A	03H	A 循环右移一位	×	×	×	×	1	12
RRC　A	13H	CY,A 循环右移一位	✓	×	×	✓	1	12
SETB　C	D3H	CY←1	×	×	×	✓	1	12
SETB　bit	D2H	bit←1	×	×	×	×	2	12
XRL　A，Rn	68H～6FH	A←(A)⊕(Rn)	✓	×	×	×	1	12
XRL　A，direct	65H,direct	A←(A)⊕(direct)	✓	×	×	×	2	12
XRL A，@Ri	66H～67H	A←(A)⊕((Ri))	✓	×	×	×	1	12
XRL A,#data	64H,data	A←(A)⊕data	✓	×	×	×	2	12
XRL direct,A	62H,direct	direct←(direct)⊕(A)	×	×	×	×	2	12
XRL direct, #data	63H,direct,data	direct←(direct)⊕data	×	×	×	×	3	24

附表 B-4　控制转移类指令

助记符	机器码	功　　能	对标志位影响 P	OV	AC	CY	字节数	晶体振荡周期
ACALL　addr11	a10a9a8 00001, addr (7~0)	$PC \leftarrow (PC) + 2, SP \leftarrow (SP) + 1,$ $(SP) \leftarrow (PCL), SP \leftarrow (SP) + 1, (SP)$ $\leftarrow (PCH), PC_{10-0} \leftarrow addr11$	×	×	×	×	2	24
AJMP　addr11	a10a9a8 10001, addr (7~0)	$PC \leftarrow (PC) + 2, PC_{10~0} \leftarrow addr11$	×	×	×	×	2	24
CJNE　A, direct, rel	B5H, direct, rel	若(A) = (direct), 则 $PC \leftarrow (PC) + 3$ 若(A) > (direct), 则 $PC \leftarrow (PC) + 3 + rel, CY \leftarrow 0$ 若(A) < (direct), 则 $PC \leftarrow (PC) + 3 + rel, CY \leftarrow 1$	×	×	×	✓	3	24
CJNE　A, #data, rel	B4H, data, rel	若(A) = data, 则 $PC \leftarrow (PC) + 3$ 若(A) > data, 则 $PC \leftarrow (PC) + 3 + rel, CY \leftarrow 0$ 若(A) < data, 则 $PC \leftarrow (PC) + 3 + rel, CY \leftarrow 1$	×	×	×	✓	3	24
CJNE　Rn, #data, rel	B8H~BFH, data,	若(Rn) = data, 则 $PC \leftarrow (PC) + 3$ 若(Rn) > data, 则 $PC \leftarrow (PC) + 3 + rel, CY \leftarrow 0$ 若(Rn) < data, 则 $PC \leftarrow (PC) + 3 + rel, CY \leftarrow 1$	×	×	×	✓	3	24
CJNE　@Ri, #data, rel	B6H, B7H, data,	若((Ri)) = data, 则 $PC \leftarrow (PC) + 3$ 若((Ri)) > data, 则 $PC \leftarrow (PC) + 3 + rel, CY \leftarrow 0$ 若((Ri)) < data, 则 $PC \leftarrow (PC) + 3 + rel, CY \leftarrow 1$	×	×	×	✓	3	24
DJNZ　Rn, rel	D8H~DFH, rel	若(Rn) − 1 ≠ 0, 则 $PC \leftarrow (PC) + 2 + rel$ 若(Rn) − 1 = 0, 则 $PC \leftarrow (PC) + 2$	×	×	×	×	2	24
DJNZ　direct, rel	D5H, direct, rel	若(direct) − 1 ≠ 0, 则 $PC \leftarrow (PC) + 3 + rel$ 若(direct) − 1 = 0, 则 $PC \leftarrow (PC) + 3$	×	×	×	×	3	24
LCALL　addr16	12H, addr(15~8), addr(7~0)	$PC \leftarrow (PC) + 3, SP \leftarrow (SP) + 1,$ $(SP) \leftarrow (PCL), SP \leftarrow (SP) + 1,$ $(SP) \leftarrow (PCH), PC \leftarrow addr16$	×	×	×	×	3	24
LJMP　addr16	02H, addr(15~8), addr(7~0)	$PC \leftarrow addr16$	×	×	×	×	3	24

（续）

助记符	机器码	功　能	对标志位影响				字节数	晶体振荡周期
			P	OV	AC	CY		
JB　bit,rel	20H,bit,rel	若(bit)=1,则PC←(PC)+3+rel 若(bit)=0,则PC←(PC)+3	×	×	×	×	3	24
JBC　bit,rel	10H,bit,rel	若(bit)=1,则(bit)←0,PC←(PC)+3+rel 若(bit)=0,则PC←(PC)+3	×	×	×	×	3	24
JC　rel	40H,rel	若(C)=1,则PC←(PC)+2+rel 若(C)=0,则PC←(PC)+2	×	×	×	×	2	24
JMP　@A+DPTR	73H	PC←(A)+(DPTR)	×	×	×	×	1	24
JNB　bit,rel	30H,bit,rel	若(bit)=0,则PC←(PC)+3+rel 若(bit)=1,则PC←(PC)+3	×	×	×	×	3	24
JNC　rel	50H,rel	若(C)=0,则PC←(PC)+2+rel 若(C)=1,则PC←(PC)+2	×	×	×	×	2	24
JNZ　rel	70H,rel	若(A)≠0,则PC←(PC)+2+rel 若(A)=0,则PC←(PC)+2	×	×	×	×	2	24
JZ　rel	60H,rel	若(A)=0,则PC←(PC)+2+rel 若(A)≠0,则PC←(PC)+2	×	×	×	×	2	24
NOP	00H	PC←(PC)+1	×	×	×	×	1	12
RET	22H	PCH←((SP)),SP←(SP)-1, PCL←((SP)),SP←(SP)-1	×	×	×	×	1	24
RETI	32H	PCH←((SP)),SP←(SP)-1, PCL←((SP)),SP←(SP)-1	×	×	×	×	1	24
SJMP　rel	80H, rel	PC←(PC)+2+rel	×	×	×	×	2	24

主编寄语大学生

自 2003 年进入高校从事单片机教学工作已近十年。在这十年中，随着国家对大学生实践动手能力的重视，单片机这门课程在电类相关专业的地位显得更加重要。如果单片机学得好，那么你可以参加全国大学生电子设计大赛（一年省赛，一年国赛，每年 9 月份举行）、"飞思卡尔"杯全国大学生智能赛车（每年的暑假举行国赛），这些比赛都是指定题目的赛事。如果你对应用电子技术感兴趣，可以利用单片机做些与实际相关的应用项目，这样就可以参加鼎鼎有名的全国大学生"挑战杯"大赛（学术作品和创业大赛一年一轮换）。加上毕业设计阶段的作品，你会成为一名具有真正专业特长的学生，这样的学生才是社会急需和欢迎的。

工厂的产品是机器设备，大学的产品是学生。工厂出品的车、铣、刨、磨机床可以加工零件；生产的汽车可以提高我们的生活品质，加快我们的生活节奏；生产的手机能胜任远距离的沟通和交流。而我们的大学生在毕业时一般都已经达到 23、24 岁，可是很多同学都不知道自己能做什么？四年大学生活结束后，当他们进入人才市场，他们没想到自己会这么失落。用人单位说他们没有实践经验，他们自己对专业的理解还主要是课程，不知道自己如何利用专业服务社会。

为了能够更好的培养社会需求的专业技术人才，课题组在学校大学生创新项目经费的支持下（每项约 2000 元），自 2009 年始，尝试了以项目带动专业特长生培养的全新电类本科生培养模式。现在我们每年都会从本科生中挑选一些学生，规模大约是每个老师指导六、七人左右，他们并不是传统意义上的高分学生。高分的学生很难在实验室长期工作，他们要考研究生，现在各类研究生的复习班从大三的第二学期就已经进入校园，近一年的时间这些学生除了上课，就是要学习外语和数学。"分"仍然是他们追求的目标。因此我们选拔的都是外语不太好的学生，他们考研无望，但是他们好学、上进、有理想。一般我们会从大二下学期近期末的时候选拔、然后在暑期进行单片机培训。大二的电自化学生单片机课程还未开设，因此培训是从零起点开始的。

这种培养模式经过近四年的实验，目前已经取得了一些的成绩。例如我们其中的一位老师，没有自己的创新实验室，但是管理着一个电机绕组实训室，这个实训室在工程楼的六楼，房间号是 611，因此同学们都亲切的称它为 611 实验室。下面给大家介绍一下这位老师指导 2008 级电自化专业 1-2 班七名学生取得的一些成果。这些传统意义上学习成绩中等，拿不到一等奖学金的同学，课余时间几乎都泡在实验室里。这些作品都在他们参加的各类大赛中取得了很好的成绩，下面第一部分就是他们 2011 年的获奖作品。在我写这个序言的时候他们正在进行毕业设计工作，从三月份进入课题已经有 1 个半月。他们的毕业设计题目分别是基于图像处理技术的大蒜切割机装置设计；小型无线通信智能气象站的设计；水下鱼群探测器的设计；太阳能光伏板控制装置设计；自主识别旱情的智能灌溉系统设计；玉米籽粒水分含量传感器设计等题目。这些项目在毕业设计结束时都要求交出实物或模型。由于大部分同学做的是纯电路设计，在目前的阶段都是一些半成品的电路，拍摄效果区分度不好。因此我选择机电结合的大蒜智能切根机和小型无线智能气象站两个项目在下面的第二部分给大家作一下展示。

这七名同学在大四第一学期均成功签约，并且都进入了企业的技术开发岗位。他们去面试都是带着自己的作品面对用人单位。由于他们选择的企业都是高新技术企业，因此与他们竞争的大部分都具有硕士学历，在一轮一轮的淘汰中，用人单位最终选择了他们，因为他们已经成长为具有实用价值和社会价值的高新技术人才。

（一）611 实验室 2008 级学生 2011 年获奖作品及展示

作品名称：基于 MSP430 的多光谱新型水质分析仪

获奖情况：2011 年全国"挑战杯"大学生课外学术科技作品竞赛山东赛区一等奖、全国三等奖

作品简介：作品由 MSP430F2618 作为核心，可以快速测定水样中氨氮、亚硝酸盐的含量。系统通过设计等精度频率计，读取颜色传感器数据，通过编程显示在液晶上，同时单片机读取温度及时间数据，对传感器数据进行一定的非线性温度补偿；系统传感器选用的是 TCS230 可编程彩色光到频率的颜色传感器，通过识别滴定显色的化合物的 RGB 颜色参数，实现水体中化合物含量的测量。测量水样的数据可以分组编号储存在内置 SD 卡中，方便查阅。该作品的实物外形如图 1 所示。

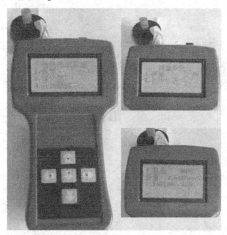

图 1　基于 MSP430 的多光谱新型水质分析仪

作品名称：基于智能机械臂的自动大蒜播种机

获奖情况：山东省第八届机电产品创新大赛一等奖、第十二届大学生机器人大赛一等奖

作品简介：本作品首创性的将智能机械臂应用到大蒜播种中，有效地解决了播种时种子正立入土的技术问题，同时种子损伤极小、株距整齐均匀，提高了播种效率。该作品由单片机控制机械臂自动完成抓取、移动、播种等复杂动作；可以通过键盘调节行距，并将设置数据、前进距离和播种面积数据实时显示在液晶屏（见图 3）上；播种中，每播完一个后，小车按设定行距前进；种盘播完一排后，自动移动到下一排；播完一盘后，发出报警，提示放入下一种盘。种盘由步进电动机驱动，测距由均匀安装在前轮的磁钢和霍尔传感器完成，供配电源系统包括大容量的蓄电池、调压电路和电源分配控制开关。此外，本作品为适应小区播种增加了 GPS、温湿度传感模块，可以将实时的位置、温湿度数据发送给数据库。（图 2

中外露的电路是留给操作人员使用的键盘，在后轮上部的车体内封装着学生自己设计的核心电路。四个轮子是从一个汽车模型上拆下来的，图中所有的焊接、机械、电路设计均由这一团队完成。）

图 2　基于智能机械臂的自动大蒜播种机

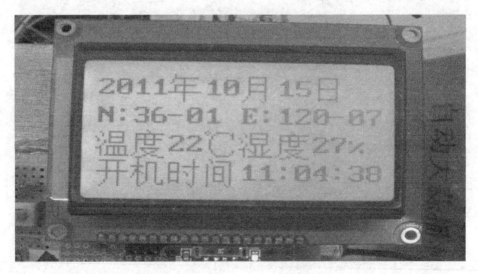

图 3　时间、GPS、温湿度显示屏

作品名称：基于自由摆的平板控制系统（2011 全国电子设计大赛 B 题）

获奖情况：2011 年全国大学生电子设计竞赛山东赛区一等奖

作品简介：该系统以单片机作为控制核心，单片机通过摆杆上的角度传感器采集偏移角度，然后控制步进电动机的旋转角度。摆杆的一端通过转轴固定在一支架上，另一端固定安装一台电动机，平板固定在电动机转轴上；当摆杆自由摆动时，驱动电动机可以控制平板转动。系统起动后伺服电动机拨动开关释放摆杆让其自由摆动，在摆杆摆动过程中，控制平板状态，使平板中心稳定叠放的 8 枚 1 元硬币在 5 个摆动周期中不从平板上滑落，并尽量少滑离平板的中心位置。该作品及比赛调试现场分别如图4、图5所示。

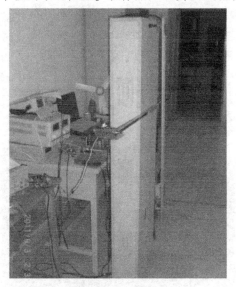

图4 基于自由摆的平板控制系统

图5 山东大学比赛调试现场

作品名称：智能小车（2011 全国电子设计大赛 C 题）

获奖情况：2011 年全国大学生电子设计竞赛山东赛区二等奖

作品简介：该作品由单片机控制完成在规定跑道内前进、拐弯和超车区内的交替超车。小车的两侧装有红外传感器，实时监测小车与跑道两侧的距离，不断校正前进方向；下部装有红外传感器用于检测起跑线、拐弯线和超车线。小车驱动采用两相步进电动机，由 L298N 驱动，控制运动精度比较高。两个小车上装有 PT2272/PT2262 无线模块，可以控制两车同时起动。智能小车实物及其在跑道上的运行情况如图6、图7所示。

图6 智能小车

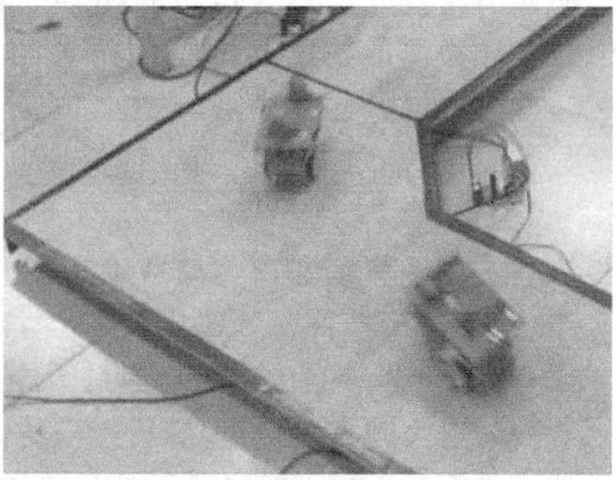

图7 小车在跑道上的运行情况

作品名称：多功能智能防盗保险柜系统

获奖情况：校级电子设计大赛一等奖

作品简介：这款多功能智能防盗保险柜系统采用 AT89C52 单片机，系统功能如下：

1）系统设置6位密码，密码通过键盘输入，若密码正确，则将锁打开。

2）密码由用户自己设定，在输入原有密码状态下，用户可自行修改密码。

3）具有火灾、防盗报警功能。

4）具有自动报警功能。出现密码输入错误 3 次、火灾、盗窃等状况则报警，自动报警分现场报警和 GSM 远程报警两种。现场报警由扬声器发出双频报警声；远程报警通过将该系统与 GSM 系统连接，在发出报警信号的同时拨通事先存在电话机内的电话号码，通知外出的主人来实现。作品外观及内部电路分别如图 8、图 9 所示。

图 8　作品外观

图 9　作品内部电路

作品名称：简易信号检测仪

获奖情况：校级电子设计大赛一等奖

作品简介：本作品是基于 52 单片机的正弦、锯齿波、三角波等信号检测仪，实时测量输入信号的频率和幅值，并通过 12864 液晶屏显示，采用直流稳压电源双电源供电，信号源使用实验室现有的信号发生器。本作品可准确测量的信号频率范围为 100Hz ~ 300kHz，频率测量精度（测量的结果相对于被测量真值的偏离程度）≤2%；峰值为 50mV ~ 2.5V，峰值测量精度≤5%。作品由五部分组成：峰值检测部分；波形转换部分；计数显示部分；A-D 转换部分；四分频电路部分。作品的电路连接及信息显示屏如图 10、图 11 所示。

（二）611 实验室 2012 年毕业设计进展

作品名称：基于图像处理技术的大蒜智能切根机装置设计

作品简介：本项目的目的是通过图像处理算法识别大蒜的脐、肉分界线（这部分工作由另外一名学生完成），通过串行接口通信将该位置传给单片机，单片机控制电动机运行到该位置并旋转切割，解决了目前蒜片加工企业完全人工切割大蒜脐部的问题。该项目已经开始执行一个半月左右。图中圆盘装置作为上料系统，在单片机的控制下不断旋转送料，当某个蒜头到达切割位置其将被机械锁死，为切割作准备。该系统利用电动机带动滚珠丝杠旋转，从而控制刀具下行，但由于系统要求的下行精度更高，因此还利用电子技术对其设计了细分功能。（除图像处理算法由其他学生完成，上料盘是机械厂加工，方案由老师设计，具体的电路以及装置的其他机械加工及装配均由该学生完成。）设计过程如图 12 所示。

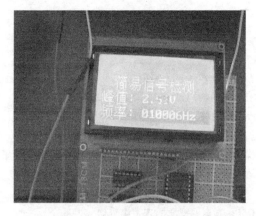

图 10　简易信号检测仪电路连接

图 11　信息显示屏

图 12　基于视觉技术的大蒜智能切根机设计过程

作品名称：基于单片机的无线智能气象站

作品简介：本项目利用空气质量传感器、温度传感器、湿度传感器、风速传感器等检测相应的气象参数，然后将这些数据通过无线传输模块传输室内计算机。本仪器主要应用于温室大棚等对小气候环境检测要求严格的场合，如图 13 所示。

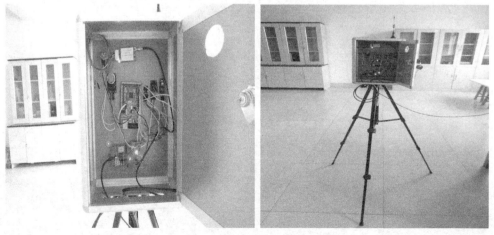

图 13　基于单片机的无线智能气象站

参 考 文 献

[1] 赵丽清. 51 单片机开发与应用 [M]. 东营：中国石油大学出版社，2009.

[2] 张毅刚. 新编 MCS-51 单片机应用设计 [M]. 哈尔滨：哈尔滨工业大学出版社，2006.

[3] 谭浩强. C 语言程序设计 [M]. 3 版. 北京：清华大学出版社，2005.

[4] 李全利. 单片机原理及应用 [M]. 北京：清华大学出版社，2006.

[5] 郭天祥. 新概念 51 单片机 C 语言教程——入门、提高、开发、拓展全攻略 [M]. 北京：电子工业出版社，2010.

[6] 求是科技. 8051 系列单片机 C 程序设计完全手册 [M]. 北京：人民邮电出版社，2006.

[7] 李朝青. 单片机原理及串行外设接口技术 [M]. 北京：北京航空航天大学出版社，2008.

[8] 林志琦. 单片机原理接口及应用（C 语言版）[M]. 北京：中国水利水电出版社，2006.

[9] 汪贵平. 新编单片机原理及应用 [M]. 北京：机械工业出版社，2009.

[10] 王君. 单片机原理及控制技术 [M]. 北京：清华大学出版社，2010.

[11] 林土胜. 单片机技术及工程实践 [M]. 北京：机械工业出版社，2010.

[12] 徐爱钧. 单片机原理及应用——基于 Proteus 虚拟仿真技术 [M]. 北京：机械工业出版社，2010.

[13] 万隆. 单片机原理及应用技术 [M]. 北京：清华大学出版社，2010.

[14] 朱定华. 单片机微机原理、汇编与 C51 及接口技术 [M]. 北京：清华大学出版社，2010.

[15] 尹静. 单片机原理及应用技术 [M]. 北京：清华大学出版社，2011.